版权声明

So This Is Normal Too?, second edition by Deborah Hewitt

Copyright © 1995, 2012 by Deborah Hewitt

Published by arrangement with Redleaf Press c/o Nordlyset Literary Agency through Bardon-Chinese Media Agency

Simplified Chinese translation copyright © 2024 by China Light Industry Press Ltd./Beijing Multi-Million New Era Culture and Media Company, Ltd.

ALL RIGHTS RESERVED

保留所有权利。非经中国轻工业出版社"万千教育"书面授权，任何人不得以任何方式（包括但不限于电子、机械、手工或其他尚未被发明或应用的技术手段）复印、拍照、扫描、录音、朗读、存储、发表本书中任何部分或本书全部内容（包括但不限于光盘、音频、视频等）。中国轻工业出版社"万千教育"未授权任何机构提供源自本书内容的电子文件阅览、收听或下载服务。如有此类非法行为，查实必究。

So This Is Normal Too?
(Second Edition)

幼儿这样的表现也算正常吗？
教师和家长观察与应对儿童"问题行为"的策略
（原著第二版）

［美］德博拉·休伊特（Deborah Hewitt）／著

季云飞　李　静／译

中国轻工业出版社

图书在版编目(CIP)数据

幼儿这样的表现也算正常吗?:教师和家长观察与应对儿童"问题行为"的策略:原著第二版/(美)德博拉·休伊特(Deborah Hewitt)著;季云飞,李静译.—北京:中国轻工业出版社,2024.8

ISBN 978-7-5184-4626-1

Ⅰ.①幼… Ⅱ.①德…②季…③李… Ⅲ.①幼儿-行为分析 Ⅳ.①B844.12

中国国家版本馆CIP数据核字(2024)第080470号

责任编辑:张天怡　　　　责任终审:张乃柬
文字编辑:李芳芳　　　　责任校对:刘志颖
策划编辑:吴　红　　　　责任监印:吴维斌

出版发行:中国轻工业出版社(北京鲁谷东街5号,邮编:100040)
印　　刷:三河市鑫金马印装有限公司
经　　销:各地新华书店
版　　次:2024年8月第1版第1次印刷
开　　本:787×1092　1/16　印张:17.75
字　　数:320千字
书　　号:ISBN 978-7-5184-4626-1　定价:72.00元
读者热线:010-65181109
发行电话:010-85119832　010-85119912
网　　址:http://www.chlip.com.cn　http://www.wqedu.com
电子信箱:1012305542@qq.com
版权所有　侵权必究
如发现图书残缺请拨打读者热线联系调换
201324Y1X101ZYW

致所有全力以赴的幼儿以及为他们提供支持的成人。

兔子们想了又想："如果我们是正常的，利奥也是正常的，那么，无论你是什么样子，都是正常的！"

——《我是利奥》①（*Leo the Lop*，Stephen Cosgrove）

---

① 该书已由北京联合出版有限公司于 2021 年出版。——译者注

译者序

在翻译这本书的时候，我常常感叹：它应该作为幼儿园教师们案头的一部工具书！

对于一日生活中让教师们备受困扰的层出不穷的幼儿行为"问题"，比如入园焦虑、发脾气、过度寻求关注、告状、过度活跃、退缩或者攻击性行为；家长在孩子成长过程中感到焦虑的发展"问题"，包括语言、认知或者动作方面的"还不能"问题，本书中都有解释、观察、分析，以及在此基础上提出的既有挑战性又可实现的相应的具体活动指导。

教育面对的是一个个具体的孩子。讲教育理念和立场很容易，回答关于"我的孩子该怎么办？"的问题则很难。再资深的教师或者专家，如果没有和孩子在一起相处一段时间、没有了解孩子的家庭文化经验，其提出的建议总脱不了隔靴搔痒的嫌疑。能回答问题、做出行动的选择并进行尝试的，只有实践者——教师和家长。但其中的挑战在于大家都应该先回答"是什么""为什么"的问题，而非习惯性的"怎么办"的问题。在做出行动的选择之前，能否对孩子的行为进行恰当的判断、理解孩子行为的原因，是实践者们的困难所在。比如，一位幼儿园中班的新手教师感到很困扰，因为她班上的一个小姑娘在游戏时间一直处于旁观状态，迟迟不加入同伴们的游戏。她说："我不知道是应该随她去，还是继续观察，或者是给她一些建议。这个小姑娘已经游离了一个星期了，我还要继续放任她吗？"

这位教师将小姑娘的行为定性为"游离"，为自己的"放任"感到不安，迫切地想"做点什么"，这是自然展现的教育之心。但是如果继续追问：这个小姑娘是在游离吗？如果继续观察，要具体观察哪些方面，获得哪些讯息？如果是给她一些建议，可以以何种方式给哪些建议？这位教师很有可能是茫然的。

如果这位教师翻开本书的第四章，她将发现自己茫然的轻纱会被一层层掀开，从如何看待幼儿不加入同伴游戏的行为到七个具体的观察问题，进而确定小姑娘的确切状态和困难的原因，最后发现相对应的可操作的建议。循着这些线索，教师将更自信地确定教育的时机，选择自己的教育行为，与小姑娘互动。

本书每一章的"观察并决定如何支持"部分，应该是对初次使用者来说最具支持性、引导性的部分。一个个可以从日常生活中观察到并进行回答的具体问题，向我们展现了某一类幼儿"问题行为"的可能图景。这个图景不是单一的、简单化的，但也没有复杂到让人无所适从，产生退却之感。比如，针对入园焦虑这一话题列出的五个观察问题，分别指向五种不同的分离焦虑状态，教师们按图索骥，总能给幼儿找到在这个图景中的位置，并找到相应的具体支持策略。你如果希望为某个幼儿提供数概念方面的支持，就可以翻到本书中相应的章节，那里会有六个问题等待你的观察和回答。观察之后，你基本可以确定这名幼儿在数概念方面的发展水平，是还没有表现出对数字的兴趣还是虽然已经可以数数了但还不能比较多少。确定了发展水平，就可以找到具体的支持方法。

此外，本书不仅仅可以作为一本即时的工具书——我们找到答案便将其合上即可，还是一本可以长期使用的综合性引导书——它能够帮助我们在一日生活和游戏中评估幼儿各方面的发展和学习，理解每一个具体的幼儿，基于对幼儿当下状况的理解设定具体、可衡量、可实现、真实且即时的教育目标，设计环境和活动，引导我们和幼儿有效地互动，手把手带着我们和家长沟通，创建充满关爱和信任的教育共同体。我们如果能够跟随这个不断循环的过程，就会在不知不觉中践行发展适宜性教育，构建理解的、温暖的、积极的关系生态。这一路走来，我们将离"卓越教师"越来越近。

随着翻译工作进入尾声，我发觉自己对这本书的定位再次发生了变化。在我们真正看到每一个鲜活的孩子、理解他们、和他们在一起、成功发展出支持性关系的过程中，最终改变的是我们自己——因为我们能看到孩子的多样性和多样性的合理性，真正理解"正常"一词涵盖着广泛的多样性和发展的个体速率，所以我们变得不再焦虑，而是更自信地在日常教育情境中为幼儿提供教育支持。我们的儿童观将由此而改变，或者变得更确定——"正常"就是我们看到的每一个孩子的样子。所以，这是一本可以帮助我们在日常教育实践中改变儿童观、教育观的工具书。

本书的翻译工作分工如下：李静负责翻译第四编，季云飞负责翻译其他部分并统整全书。对于翻译过程中的不足之处，期望读者批评指正。

季云飞

2024 年 3 月

前　言

在儿童读物《我是利奥》一书中，小兔子们努力变得彼此相同，直到他们明白，无论你什么样，都是正常的。对于人类来说，正常包含了行为和发展的巨大范畴。"无论你是什么样子，都是正常的！"它是你所习惯的，是你所知道的样子。

但有时，孩子们目前所掌握的知识并不能为他们提供进一步发展或与他人相处的技能。他们需要教师和家长教给他们技能，让他们为未来做好充分的准备。家长和教师通过研究来了解对幼儿行为的期望以及幼儿需要学习什么。在美国的大多数州中，这些期望已在一系列指南或标准中阐明，这些指南或标准概述了目前已知的幼儿到一定年龄应能达到的技能。当家长和教师知道标准或期望是什么时，他们就可以创设环境和互动，让幼儿有机会尽其所能达到这些目标。

孩子们带着各种各样的背景、经验和技能来到幼儿教育机构。这些都是他们的"正常"状态。教师需要接受幼儿目前所处的发展阶段，并设计出有助于他们成长和发展的活动及教学策略。幼儿以自己的速度和方式发展。因此，即使一群幼儿按照一个标准前进，他们的技能水平也会有很大差异。本书帮助你认识到，许多技能发展滞后和具有挑战性的行为都是正常的，但仍可加以改进并按照标准迈进。

本书简要讨论了营造良好的班级环境的一些基本要素以及关系的重要性。这些对于教师成功地开展幼儿教育工作至关重要。本书基于这样一个假设，即这些要素已被理解和掌握。如果没有，请参加相关课程并寻找进一步学习的资源。

本书无意提供广泛的内容，也无意提供幼儿发展的顺序。它旨在为你提供学龄前儿童正在学习的各种技能和行为的基本信息，希望能帮助你确定哪些幼儿需要更具体的计划和支持，以扩展他们的技能。它为你提供了观察问题和策略，以帮助个别有困难或需要额外支持的幼儿，并鼓励你与家长合作，在家庭和幼儿教育机构之间建立一致性。这种一致性有助于幼儿更快地学习技能。家长的参与能帮助幼儿认识到教育的价值。本书还提供了可分发给家长的实用的信息和建议。

自 1995 年本书的上一版出版以来，人们又进行了大量的研究，并促成了各州早期学习标准的制定。在本书中，早期学习标准被用作帮助教师为每名幼儿制定目标的指南。书中提供了实现每个目标的策略，同时根据每名幼儿的正常需求进行调整。书中重点介绍了有关大脑发育的新近研究，并将其贯穿全书。本书还包含了有关教育双语学习者的观点和策略。我们将提供有关压力对幼儿影响的信息，供你在与努力应对压力的幼儿相处时参考。本书旨在成为一本易于使用的实践指南。

本书的使用方法

本书讨论了儿童从3岁到进入学前班①期间所要发展的许多技能。在第一编"奠定基础"之后，本书根据学习的领域或范畴分为五编，包括社会情感发展、学习方式、语言和读写能力发展、认知发展和运动能力发展。在介绍每个领域时，都会介绍该领域是什么、为什么重要、幼儿需要什么才能取得成功，以及包含了哪些标准。本书所选的领域都是常见领域。每个领域都包括根据许多州的指南中的标准编写的章节。根据你所居住的州，标准的数量会有所不同。

每章分为两部分。第一部分是写给教师的，介绍了在幼儿教育机构中如何看待某种行为或发展某种技能，并提供了供你使用的活动建议。它还包括"行动计划"，由推荐的目标陈述以及教师和家长可采取的行动构成。第二部分是写给家长的，提供类似的信息。这一部分是根据家庭情况编写的，举例说明了某种行为或技能在家庭中的表现形式。你会发现，这些部分有意地相似，为家长和教师提供了类似的信息基础。书末附有计划表。

写给教师的部分包括五个小节，如下所示。

是什么？这是对该标准的描述，明确了幼儿需要学习的内容以及他们在学习技能时面临的一些挑战。

观察并决定如何支持。在这一节中，我们鼓励你观察幼儿，以收集有关正在发生的事情的信息，并思考你可以采取的行动。你会发现一些具体的观察问题，以及基于发展适宜性实践的教学建议。利用这些教学策略帮助你开始思考在你所在的机构中可以做的事情。我们鼓励你发挥创意，添加自己的活动，帮助幼儿学习所需的技能。此外，也涉及与表现出不当行为（如发脾气或攻击）的幼儿打交道的方法。这一节还就如何避免出现问题情境以及如何应对无法避免的情境提出了建议。

我希望那些初涉幼儿教育领域或初为父母的人，发现这些建议既是真知灼见，又充满常识。与幼儿相处或一起生活了多年的人会发现，当遇到一时难以理解的情况

---

① 英文原文为 kindergarten，即美国小学体系中的学前班，相当于我国的幼儿园大班，招收5—6岁儿童。——译者注

时，这些建议值得重新审视。你的努力可能不会在第一天、第一周甚至第一个月就见成效，但当你提供支持和指导时，你就在向幼儿表明你对他们的信任，他们值得你付出努力。

与家长合作。这一节内容将提醒你与幼儿的家长合作。你可以找到帮助你支持家长和了解他们的观点的信息。这种洞察力可以让教师与家长坦诚地沟通实用的教育方法。

何时寻求帮助。当你需要额外的帮助时，可以遵循这一节中的指导建议，包括何时对幼儿的技能进行筛查，以便进一步评估。此外，还包括有关联系对象的一般建议。了解社区中的资源，以便在需要时进行更具体的转介。

另一种寻求帮助的方法是进一步了解标准中提出的期望、达到标准的技能以及如何进行教学。参加培训课程或研讨会。在公共图书馆、学院或大学图书馆以及附近的家长教育项目图书馆中查找书籍和期刊。在互联网上搜索可靠来源的信息；与同事或导师交流；请顾问、教练或家长教育工作者帮助制定针对具体情况的策略（在与他人分享私密信息之前，请务必获得家长的书面许可）。与家长分享对幼儿有益的信息。

行动计划。这一节帮助教师与家长合作制定行动方案。其中，概述部分包含可作为目标基础的语言。此外，它还包含一份教师和家长都可以使用的建议清单。这份清单可以帮助教师和家长把注意力集中在他们可以做的事情上，以促进幼儿教育机构和家庭之间的一致性。当家长和教师使用相同的策略时，幼儿就会在所需的技能发展方面得到更多的练习和更清晰的信息。接下来是一些适合在幼儿教育机构中实施的建议。最后，还列出了家庭环境中特有的行动。

每章的第二部分是专门为家长提供的信息，包括一些实用的信息和方法，供家长在家尝试使用，以支持幼儿的能力发展。你可以根据需要复印几份，交给与你合作的家长，或作为告家长书的一部分，或张贴在家长园地上。除家长手册外，还要确保定期与家长沟通，以建立牢固的关系，并加深他们对幼儿技能发展的理解。

附录中的"家长和教师行动计划表"可以帮助你在制订计划时整理思路。这一表格为你提供了确定目标、家长和教师将采取的行动以及将独立采取的行动的空间，还让你设定一个时间与家长一起了解幼儿所取得的进步。其中的反思问题会让你思考哪些方法有效、哪些方法无效。它可以作为非正式的工具，在计划会议期间提供帮助，也可以作为各方都同意的协议（更多信息，请参阅第一章的相关内容）。

本书的阅读对象是在各种机构中为幼儿提供保育服务的人员，包括托育中心、家庭托儿所、幼儿园、州立幼儿教育项目、幼儿家庭教育项目、特殊教育项目、"开端计划"（Head Start）项目等。没有一个术语适合所有的机构。我们努力使用包容性的语言，把各种各样的项目都称为"幼儿教育机构"。同样，没有一个术语适合所有照顾和教育幼儿的人。无论你自称为教师、照护者、保育员、教育者还是从业者，只要你经常与幼儿接触，你就在教育他。你通过自己的言行以及与幼儿和他人互动的方式进行教学。本书使用"教师"一词，指代所有从事学前儿童教育工作的人员。

父母是孩子的第一任老师，也是最重要的老师。在与孩子相处的过程中，与家长建立合作关系极为重要，尤其是与那些自己的孩子需要额外支持的家长密切合作。本书通篇使用了"家长"一词，但许多其他的家庭成员也在孩子的生活中扮演着重要角色。你的合作对象可以包括祖父母和其他家庭成员等监护人。这些建议适用于所有人。

目 录

第一编　奠定基础

第一章　何为正常？　// 3
　　　　早期学习标准　// 4
　　　　创设支持性环境　// 7
　　　　指导取向教学法的价值　// 12
　　　　与家长合作　// 18
　　　　综合运用　// 21

第二编　社会情感发展

第二章　"妈妈别走！"——分离　// 37
　　　　给教师　// 37
　　　　标准：与家人分离，进入幼儿园　// 37
　　　　什么是分离？　// 37
　　　　观察并决定如何支持　// 37
　　　　与家长合作　// 41
　　　　行动计划　// 41
　　　　给家长　// 44

第三章　"看这个！"——寻求关注　// 46
　　　　给教师　// 46
　　　　**标准：表现出对自己能力的信心；与他人互动和玩耍；大多数时候能调
　　　　　　　节自己的情绪和行为**　// 46
　　　　什么是寻求关注？　// 46
　　　　观察并决定如何支持　// 46

与家长合作 // 49

行动计划 // 49

给家长 // 52

第四章 "我也想玩!" —— 加入游戏小组 // 54

给教师 // 54

标准：加入小组并与其他人一起游戏 // 54

什么是加入游戏小组? // 54

观察并决定如何支持 // 54

与家长合作 // 59

行动计划 // 60

给家长 // 62

第五章 "这是我的，我的，我的!" —— 轮流 // 64

给教师 // 64

标准：在适当的时候分享材料 // 64

什么是轮流? // 64

观察并决定如何支持 // 64

与家长合作 // 69

行动计划 // 70

给家长 // 73

第六章 "我要告诉老师!" —— 告状 // 75

给教师 // 75

标准：在需要时寻求成人的帮助 // 75

什么是告状? // 75

观察并决定如何支持 // 75

与家长合作 // 78

行动计划 // 79

给家长 // 81

第七章　"##@&！！"——说脏话和咒骂　// 83
　　给教师　// 83
　　标准：使用合适的话语表达感受　// 83
　　什么是不当语言？　// 83
　　观察并决定如何支持　// 83
　　与家长合作　// 86
　　行动计划　// 87
　　给家长　// 89

第八章　"我要踢打尖叫，直到我得偿所愿！"——发脾气　// 91
　　给教师　// 91
　　标准：越来越多地使用语言而不是动作表达情感　// 91
　　什么是发脾气？　// 91
　　观察并决定如何支持　// 91
　　与家长合作　// 95
　　行动计划　// 96
　　给家长　// 98

第九章　"重击！"——攻击性行为　// 100
　　给教师　// 100
　　标准：使用问题解决方法来解决冲突　// 100
　　什么是攻击性行为？　// 100
　　观察并决定如何支持　// 101
　　与家长合作　// 106
　　行动计划　// 106
　　给家长　// 109

第三编　学习方式

第十章　"让我们冲、冲、冲！"——活力水平　// 113
　　给教师　// 113
　　标准：表现出专注并坚持完成任务的能力　// 113

什么是活力水平？ // 113

观察并决定如何支持 // 113

与家长合作 // 116

行动计划 // 116

给家长 // 119

第十一章 "嗨！这是什么？"——好奇心与提问 // 121

给教师 // 121

标准：对新事物充满好奇并愿意尝试 // 121

什么是好奇心？ // 121

观察并决定如何支持 // 122

与家长合作 // 124

行动计划 // 124

给家长 // 127

第十二章 "假装我有特异功能！"——超级英雄游戏 // 129

给教师 // 129

标准：尝试扮演假装的游戏角色 // 129

什么是超级英雄游戏？ // 129

观察并决定如何支持 // 129

与家长合作 // 134

行动计划 // 135

给家长 // 137

第四编 语言和读写能力发展

第十三章 "轮到我说啦！"——说话 // 145

给教师 // 145

标准：使用语言交流想法、感受和经历 // 145

什么是说话？ // 145

观察并决定如何支持 // 145

　　　　与家长合作 // 148

　　　　行动计划 // 149

　　　　给家长 // 151

第十四章 "我不听!"——遵从指令和权力争夺 // 153

　　　　给教师 // 153

　　　　标准：遵从简单的口头指令 // 153

　　　　什么是遵从指令和权力争夺? // 153

　　　　观察并决定如何支持 // 154

　　　　与家长合作 // 159

　　　　行动计划 // 161

　　　　给家长（1）// 165

　　　　给家长（2）// 167

第十五章 "再读一遍!"——阅读萌发 // 169

　　　　给教师 // 169

　　　　标准：对阅读表现出初始的兴趣 // 169

　　　　什么是阅读萌发? // 169

　　　　观察并决定如何支持 // 169

　　　　与家长合作 // 174

　　　　行动计划 // 175

　　　　给家长 // 177

第十六章 "我会写自己的名字了!"——书写萌发 // 179

　　　　给教师 // 179

　　　　标准：对书写表现出初始的兴趣 // 179

　　　　什么是书写萌发? // 179

　　　　观察并决定如何支持 // 179

　　　　与家长合作 // 184

　　　　行动计划 // 184

　　　　给家长 // 187

第五编 认知发展

第十七章 "一、二、五、六"——数字 //193

给教师 //193

标准：表现出对数字、计数和分类的兴趣 //193

什么是数字？ //193

观察并决定如何支持 //193

与家长合作 //199

行动计划 //200

给家长 //202

第十八章 "红的，绿的，红的，绿的"——模式 //204

给教师 //204

标准：识别、复制和扩展简单的模式 //204

什么是模式？ //204

观察并决定如何支持 //205

与家长合作 //209

行动计划 //209

给家长 //211

第十九章 "来看这个！"——观察 //213

给教师 //213

标准：通过观察来收集信息 //213

什么是观察？ //213

观察并决定如何支持 //213

与家长合作 //217

行动计划 //217

给家长 //220

第二十章 "我要试试！"——调查 //222

给教师 //222

标准：通过提问和调查环境来收集信息 //222

什么是调查？ // 222

观察并决定如何支持 // 222

与家长合作 // 227

行动计划 // 228

给家长 // 230

第六编 运动能力发展

第二十一章 "我能奔跑、跳跃、飞速前进！"——大肌肉运动技能 // 237

给教师 // 237

标准：表现出大肌肉的力量、平衡和协调性 // 237

什么是大肌肉运动技能？ // 237

观察并决定如何支持 // 237

与家长合作 // 242

行动计划 // 243

给家长 // 246

第二十二章 "我能剪、画、串珠子！"——精细运动技能 // 248

给教师 // 248

标准：表现出手眼协调能力及小肌肉的力量和控制 // 248

什么是精细运动技能？ // 248

观察并决定如何支持 // 248

与家长合作 // 253

行动计划 // 253

给家长 // 256

附录 // 259

参考文献 // 261

第一编

奠定基础

为了为日后的学校学习和生活做好准备，年幼的儿童在幼儿园期间就要学习许多必要的技能。他们发展社会情感技能，包括表达自己的感受、以适当的方式满足自己的需求，以及与他人互动。他们还学习认知技能，例如观察和提问、使用语言描述他们的所见、计数以及确定事物的数量。在此期间，幼儿的身体得到发展，学习坐、站、走和跳跃等大肌肉技能。同时，他们还学习使用手和手指的小肌肉来操作工具，并学习穿衣和使用勺子吃饭。大多数幼儿都以一种可预测的模式发展他们的能力。然而，每一个个体都在按照自己的速度学习。

大多数州制定了早期学习标准，以描述幼儿到某个年龄时，可能达到的发展和学习水平。这些标准阐明了幼儿应该知道和能够做的事情，帮助幼儿教师了解应该对幼儿期待什么，这样他们就能安排学习活动和机会让幼儿实践。

根据标准支持幼儿的学习，教师可以做很多事情。他们与每名幼儿建立的教育关系是一个关键因素。通过基于每名幼儿的兴趣和能力的互动，教师帮助幼儿成长、发展和学习。除此之外，教师还要创设能够鼓励班上所有幼儿积极探索的环境，安排有助于满足幼儿需求的时间表，鼓励幼儿基于已有经验练习新技能。

那些想方设法帮助每名幼儿发挥最大潜力的教师，会发现每名幼儿的喜好、兴趣以及当前的技能和能力。他们知道幼儿发展的典型路径，提供既有挑战性又可成功的活动来拓展每名幼儿的兴趣，以帮助他们从当前的状态发展到下一个水平。在幼儿可能需要更专注地发展某些能力时，这些教师能够有所发现并为他们设计个性化的指导方案。

当教师认识到父母和其他家庭成员是"孩子的第一任老师"这一角色，并努力与他们建立伙伴关系时，就会有助于幼儿的发展。这样的伙伴关系能帮助幼儿获得多方一致的关于对其期望的信息，增加练习富有挑战性技能的机会，也能帮助幼儿意识到教师很重视他们的家人以及家人的参与。

家长与幼儿建立充满爱的关系、谈论他们的经验、满足幼儿的基本需求、提供支持学习的活动，以帮助幼儿发展标准中描述的能力。幼儿进入幼儿教育机构后，家长可以与教师一起关注幼儿难以学习的技能和行为并采取行动。当知道了幼儿和教师在群体环境中所面临的挑战后，家长可以更好地支持他们的孩子。

当教师和家长建立合作伙伴关系，并专注于帮助幼儿学习入学准备所需的技能时，幼儿会在他们的帮助下前进。当他们致力于共同合作并表现出自信的态度时，他们可以一起解决与幼儿发展相关的问题。接下来的一章将着眼于早期学习标准、教师可以做些什么来帮助幼儿发展这些技能，以及教师和家长可能的合作方式。

第一章 何为正常？

格蕾丝是一个 4 岁幼儿班级的教师，她讲述了三名幼儿的故事。这三名幼儿在想要加入其他幼儿游戏群体时使用了不同的方法。"乔舒亚一进教室，脱掉外套，就迫不及待地冲向积木区，加入那些已经在那里玩耍的孩子们当中。海登来了之后通常会拿着拼图四处移动，但眼角的余光关注着其他孩子。这种情况下，十有八九会有孩子过来和他一起玩。伊莎贝尔来到教室后，会先在娃娃家附近徘徊，看着其他孩子玩。她会在其他孩子需要帮助的时候搭把手，或者在孩子们提到某个玩具时帮忙找到它。就这样，伊莎贝尔最终能加入游戏中。"这三种方法都是正常的吗？格蕾丝应该对其中某个孩子感到担忧吗？

布赖恩是两个男孩的父亲，谈到自己的经历时，说："我的大儿子满 4 岁后的几个月就开始写自己的名字，而我的小儿子托马斯快满 5 岁了，却仍然对此不感兴趣。每次我提出练习的建议，他都会找到其他更愿意做的事情。我好不容易抓住他去试一试时，他要费好大的劲儿才能写出那些字母。"托马斯的技能发展速度正常吗？他父亲应该为他担心吗？

"正常"一词涵盖了广泛的变化和个体的发展速度。它描述了社会对行为、技能以及学习方法的广泛期望。它还包括大量的个体差异，例如格蕾丝班上的孩子们所用的加入游戏群体的不同方式都是正常的方式。"正常"还描述了一个时间段，在此期间我们期待幼儿的某些技能得以发展。布赖恩的两个儿子对写名字的兴趣发生在不同的年龄，但是他们的成长速度都是正常的。当幼儿在预期的时间范围内表现出典型的行为和技能时，他们的成长就被认为是正常的。绝大多数幼儿的技能和行为会在预期范围内发展。

儿童在学龄前就开始学习调节自己的情绪并发展内部控制能力。当他们学习这些重要的技能时，行为上的错误总是难免的。当然，诸如咒骂、打人和发脾气这样的行为会让成人沮丧。但是在大多数情况下，本书中提及的这些行为以及其他行为都被认为是正常的。了解这些行为是正常的，虽然能让我们稍稍安心，但这不会让应对这些行为变得更容易。教师要意识到，幼儿在学习适当行为时会犯错。在帮助幼儿学习那些能让他们更成功的新技能时，接受幼儿的错误，这一点非常重要。

学龄前儿童还要发展许多学业和认知技能，例如读写以及诸如计数、模式之类的数学概念。一些幼儿对这些技能表现出极大的兴趣，似乎很容易学会。其他幼儿则似乎一点都不想做与这些基础技能有关的任何事情，或者他们可能发现做这些事情有困难。成人可以用很多策略，比如在游戏中练习，以帮助幼儿以对他们有意义的方式练习技能。本书提供了有关如何吸引幼儿的兴趣、如何帮助他们发展这些重要技能的方法，为他们迈向成功做准备。

有时幼儿家长和教师担心幼儿没有以正常的速度发展技能或行为。当你将他与其他孩子进行比较时，你可能会认为他发展滞后。也有可能，你认为他的行为超出了同龄孩子的正常水平。尽管存在典型的发展模式，但每个孩子都是以自己的速度成长的。你对典型的发展模式越熟悉，就越有可能认为某个孩子的技能和行为是正常的。幼儿以各自的速度成长，且发展速度并不总是稳定的。有时，他需要额外的帮助来发展所需的技能。

所有幼儿教育机构里的幼儿都需要与他们的教师建立牢固的教育关系。他们需要精心准备的环境、一日流程和活动来帮助他们走向成功。他们需要的，是能以他们的兴趣为基础设计活动并挑战他们发展新认知的教师。有了这些支持，大多数幼儿能够发展入学准备所需的技能和行为。一些幼儿需要明确的指导和更多结构化的机会来学习重要的技能。本书将简要介绍适用于所有幼儿的一些基本内容，帮助你思考个性化的方法，以便为有需要的幼儿提供额外的学习支持。如果幼儿的发展不像预期的那样（这种情况并不常见），本书将帮助你与幼儿家长一起识别何时寻求其他帮助以及应采取哪些措施来帮助他充分发挥潜力。

早期学习标准

美国每个州为幼儿制定的早期学习标准反映了当前的研究，阐明了什么被认为是正常的，并描述了对那些发展中的儿童通常应该知道什么并能够做到什么的期望。标准的确立是基于相信大多数儿童将在一定年龄之前能达到这些标准。对标准的理解，可以使幼儿教师安排环境和学习机会，以确保儿童能够达到标准。

本书中的早期学习标准描述了大多数儿童在入学前可能学习的技能和行为。本书提供了一些想法和建议，以帮助 3 岁幼儿为进入小学[①]做好准备。我们可以将一条标

[①] 美国的免费教育体系是从设置在小学的学前班（5—6 岁）开始，这里的进入小学就是指进入学前班。——译者注

准视为发展道路上的一步。这样，我们就很容易理解，发展某种技能，要经过很多步，这又是未来更多技能发展的基础。早期学习标准通常与 K-12① 标准保持一致，环环相扣。标准为教师提供了明确的指标，以确定幼儿是在通往未来的正确道路上。你可以设定目标，计划活动并提供学习机会，以帮助幼儿达到相应年龄水平的标准。为幼儿未来的成功做准备，是幼儿教师的目标之一。另一个目标是，确保幼儿是为了学习本身、为了乐趣并带着一颗好奇心而学习的。

标准通常是按照不同的学习领域划分的。这样是为了方便整理有关学习的思考和讨论，但是在一个领域中列出的标准也很可能在另一个领域中出现。它们通常是内在相关的，即发生在一个领域的学习会影响其他领域的学习。例如，幼儿的精细运动发展会关联并影响他的前书写技能的萌发。

尽管各个州可能有所不同，但本书中涉及的五个领域基本都被包含在早期学习标准中。

- 社会情感发展：包括学习调节情绪、行为，以及与他人相处。
- 学习方式：包括儿童如何获取信息、形成对学习的态度，以及如何将信息汇总以形成新的理解。
- 语言和读写能力发展：包括学习倾听他人、表达自我的能力，以及发展早期的阅读和书写能力。
- 认知发展：包括数学和科学思维。
- 运动能力发展：协调大小肌肉的运动。

帮助幼儿达到早期学习标准

幼儿是在做中学的。教师通过创设幼儿可以安全探索的环境，并提供可供他们自由使用的玩具以及可以进行实验的材料，来帮助幼儿学习。当幼儿被给予足够的时间玩耍，他们就会学习与他人相处，共享资源并表达思想和观念。有很多方法可以帮助你确保幼儿达到标准。

- 与每名幼儿建立亲密的关系。
- 保持积极的态度，相信：在给予指导和机会的情况下，每名幼儿都将学到必要的技能和行为。

---

① 即从学前班到 12 年级的教育，其中 K 是指 Kindergarten，"12" 是指 12 年级，相当于我国的高中三年级。——译者注

- 创设一个安全的探索环境,帮助每名幼儿获得成功。
- 制定一个能帮助每名幼儿调整自己的活动水平并满足其身体需求的日程安排。
- 安排幼儿感兴趣的活动并挑战他学习新事物。

游戏、一日流程和活动为幼儿发展早期学习标准中提及的技能提供了绝佳的机会。比如,如果一条标准说:"表现出对数字、计数和分类的兴趣",那么幼儿就可以在进餐前帮忙摆桌时,在每一张餐垫上放一张餐纸来练习。当幼儿假装自己是故事《三只公山羊》①(The Three Billy Goats Gruff)中的一只,在过操场上的一座桥时,他就实践了标准"表现出大肌肉的力量、平衡和协调性"和标准"尝试扮演假装的游戏角色"。

有效的指导很重要

使用有效的指导策略可以对幼儿的感受、行为和学习方式产生重大影响。首先,设定课堂的情绪基调,以培养幼儿的归属感和幸福感。

- 建立一种支持、关怀和尊重的关系。
- 开始并维持长期的关系,这有助于幼儿发现如何对待他人并发展对周围世界的兴趣。
- 当幼儿感觉失控时提供支持,并以保护他自尊的方式进行引导。

其次,把时间用在提供优质的幼儿活动上。
- 注意你的一日流程和日常安排。
- 在活跃的活动和安静的活动之间保持平衡。
- 教师主导和儿童主导的活动都提供。
- 计划等待时间和例行程序,让一日环节更高效,幼儿不必等待很长时间。
- 将过渡环节作为学习的机会。

最后,支持幼儿的学习。
- 设定清晰的学习目标,让幼儿参与能够促进这些技能发展的活动。
- 为不同类型的学习者提供包含视觉、听觉和运动的活动。

---

① 该书已由商务印书馆于 2006 年出版。——译者注

- 吸引并保持幼儿的注意力,让他充分参与学习活动。
- 扩展幼儿当前的理解。
- 提出开放性问题,以拓展幼儿的思维。
- 帮助幼儿将新信息与过去的经验联系起来。

创设支持性环境

当成人提供支持健康发展的情感和物质环境时,幼儿才能得到最好的发展。通过创设情感安全的环境,帮助幼儿在你的教育机构中感到安全。与每名幼儿建立支持性、培育性的关系。表现出自信的态度,相信每名幼儿都会被教导如何表达自己的感受和解决问题,学习新事物并以适当的方式行事。设置一个稳定、一致的一日流程,幼儿可以依靠这个时间表来满足他们的需求。创设环境,一个允许幼儿在安全活动的同时通过与玩具和他人互动来探索和学习。计划具有挑战性但可完成的活动,让幼儿有机会成功。

发展支持性关系

感到安全、被重视和被接受的幼儿,更有可能对学习和与他人相处感兴趣。在支持性关系中成长的幼儿会意识到,世界是一个他们可以信任的地方,它会满足他们的需求,并且他们值得关心和关注。支持性关系是由建立在儿童独特的兴趣和能力基础上的互动组成的。当幼儿与成人处于支持性关系时,成人的认可、关注和理解是具有激励性的。幼儿想要取悦成人,并会更愿意回应成人的建议。幼儿与成人分享自己的兴奋点并喜欢与他们接触(Gallagher & Mayer,2008)。只有与每名幼儿建立牢固的、支持性的关系,才能帮助他们学习必要的技能。

建立或加强与幼儿的关系,需要时间和精力。当你看到他蓬勃发展时,会发现这一切都很值得。这里有很多方法帮助你在班级中与幼儿建立牢固的关系。

- 热情地迎接每名幼儿和他的家人。
- 幼儿园要有反映每名幼儿的习俗、活动与日常生活的玩具和材料。
- 与每名幼儿谈论他的家庭。
- 了解每名幼儿生活的社区。
- 与每名幼儿度过一对一的时光。

- 了解每名幼儿的好恶。
- 谈论每名幼儿的经历和想法。
- 做每名幼儿最喜欢的饭菜。
- 计划每名幼儿最喜欢的活动。
- 对每名幼儿的活动感兴趣。
- 在每名幼儿旁边游戏并遵循他们的游戏建议。
- 喜欢你们的共同点。
- 一起看书,谈论所读内容。

与表现出挑战性行为的幼儿建立关系,可能很困难。但每名幼儿都有值得培养的可爱品质和强项。透过表面现象,找出让每名幼儿与众不同的原因。如果一名幼儿有令人不安的行为,那么在和他相处之前,请确保你的情绪得到控制。花点时间让自己冷静下来,然后帮助幼儿学习在心烦意乱的情况下所需的技能(Croft & Hewitt, 2004)。

关系可以缓冲压力的影响

许多人认为,童年应该是没有压力的。现实是所有的儿童都会经历压力,但压力的程度和影响是不同的。美国国家儿童发展科学委员会(National Scientific Council on the Developing Child,2007)已经确定了三个级别的童年压力,分别是积极的压力、可忍受的压力和有害的压力。这些级别取决于儿童暴露于压力情境的频率,它是否可控,并且在很大程度上取决于儿童是否容易与成人建立关系以及关系的质量。成人可以充当儿童的"压力缓冲器",帮助儿童学会应对压力。

当儿童正在学习新事物、应对挫折或学习分离时,就会产生积极的压力。儿童对压力的自主反应会暂时导致其心率加快、血压升高、激素和蛋白质水平受到影响。这时如果有成人支持他的学习或减少可怕的情况,他将学会应对。他的身体反应将消失,身体很快恢复正常。

当压力情况出现的时间有限,且成人能够帮助儿童应对时,这样的压力就是可忍受的压力。当父母离婚、亲人长期患病或遇到自然灾害时,儿童可能会经历可忍受的压力。他们对这种程度的压力反应强烈。所有的生存机制都开始启动了,他们为"战斗或逃跑"做好了准备。自主反应可能是有害的。但是当有成人帮忙缓解压力时，他们的身体将在负面影响发挥作用之前恢复正常。

当儿童经历不可预测、无法控制的可怕情况时，就会出现有害的压力。如果这些儿童在家庭或社区中遭受暴力，成为虐待或被忽视的受害者，或者有严重的抑郁症的母亲，他们就会体验到有害的压力。处于这些情况下的儿童通常缺乏与可以帮助他们应对的人的支持性关系。有害的压力会激活身体的自主反应系统。当儿童的反应系统长时间处于高度警戒状态时，与压力相关的激素和蛋白质将长期高水平地释放，这会对他正在发育的大脑产生负面影响，导致学习、记忆和行为方面的问题。

你在帮助正在经历这些级别压力的儿童方面发挥着关键作用。虽然你无法取代支持性的、积极回应的父母或家庭成员，但你可以帮助儿童渡过难关。你可以这样做。

- 建立促进成长和发展的长期的、积极的关系。
- 提供持续的、安全的教养环境。
- 对于那些面临长期压力，或行为中传达出感受到压力的儿童，学习如何有效地和他们相处。
- 学习辨识儿童和家庭需要额外支持的迹象。
- 如果你认为儿童发展滞后，请安排对他的技能进行评估。
- 在社区中寻找可以在家庭遇到压力时为他们提供支持的资源，例如家长教育学习班、财务支持服务和家庭咨询计划。
- 鼓励需要帮助的家长寻求帮助。
- 举报涉嫌虐待和忽视儿童的案件。

表现出自信的态度

幼儿需要信任成人。有韧性的幼儿可以很好地应对生活中的压力，部分原因是他们与相信自己能力的成人建立了密切的关系。这些关爱他们的成人可以是家人、教师或社区成员（Hewitt & Heidemann，1998）。在你的行为中表现出你对幼儿学习新技能或展现友好行为的信心，表达你对他们的信任。此外，你所表达的态度可以成为一种自我实现的预言，因为幼儿的表现水平会随着别人的期望或高或低。

你对儿童的能力发展和行为的看法及感受为你与幼儿的相处奠定了基础。当你认为他令人讨厌、无能为力、想要让你难堪或故意行为不端，而不是相信他尚未学会一项技能或缺乏经验时，你会做出截然不同的反应。例如，如果一个孩子在一个装满沙子的塑料桶里玩耍并洒了一些沙子，你可能认为他很粗心，不在乎环境是否干净，或者你可能认为他玩得很开心，没有意识到沙子飞出，又或者你可能假设他还没有达到标准"分担照顾环境的责任"。

针对这种情况，你可能会选择非常不同的处理方式。你的语气、面部表情和肢体语言都将反映你的感受。这些微妙之处可能比你使用的语言更有力。如果你相信孩子故意弄得一团糟，你更可能会板着脸去找他，用严厉的声音告诉他："你需要把这个烂摊子收拾干净！快去弄！去！现在！"类似这样的话语，以及你说话的方式，会暗示孩子——你已经受够了，也许没有足够的策略来应对这种情况。

但是，如果你能意识到这是一个促进孩子发展早期学习标准能力的机会，你就会帮助孩子学会收拾他的烂摊子。如果你认为这是一个教育契机，你就更有可能用实事求是的方式鼓励他。你可能会说："当你玩的时候，一些沙子掉了。我需要你清理溢出物。这是扫帚和簸箕，我会用大扫帚，我们可以一起清理它。"在这种情况下，你假设孩子没有意识到混乱，他需要更多的信息或指导来清理。通过这种方式回应，你已经教会了他，他是负责任的，他可以为自己做很多事情。

安排一日流程

持续一致的一日流程和精心设计的日常活动，可以给幼儿带来舒适感和安全感。一日流程必须满足班级幼儿的身体需求。它需要一日流程，让幼儿知道会发生什么。精心设计的日常活动帮助幼儿知道如何从一项活动过渡到另一项活动。当他们知道一日流程和日常活动时，他们可以更加自信和轻松地度过一天。

仔细思考你安排的一日流程。你可以通过安排动静交替的一日流程帮助幼儿在一天中调整自己的节奏。平衡幼儿选择的活动与教师指导的活动，帮助幼儿学习独立和互动技能。设计好过渡环节，告诉幼儿你对他们的期待，并通过做好准备来减少等待时间。在过渡环节说清楚幼儿要去哪里、做什么。每天保持相似的流程，可以减少幼儿的困惑。

你安排的一日流程不应该太死板，过于僵化，否则一旦出现问题（或意外）就无法更改。你可能会发现需要调整一日流程，以便饥饿的幼儿有几分钟的时间可以吃点东西。尽管现在还不是午睡时间，但也许你可以让疲惫的幼儿休息一下以避免问题。或者，你可能需要从繁忙的一日流程中抽出时间，帮助受挫的幼儿找到冷静下来或取得成功的方法。

设计环境

布置环境是帮助幼儿取得成功的一个重要因素。他们需要一个舒适的空间，让他们可以安全地走动，他们在这里能够通过实际操作进行探索和学习。他们需要一个能让他们与他人互动的空间，并在分享材料时学会合作。幼儿也需要一个能让他们做出选择的环境，以学会独立和自我控制。在设计环境时，请仔细检查周围的环境。你可以问自己以下几个问题。

- 材料和玩具的摆放是否便于幼儿自主选择游戏？
- 东西是否太多，使幼儿难以选择？
- 是否有足够的材料让每名幼儿玩？
- 游戏空间是否足够大？
- 材料是否具有挑战性，但又不会难到令人沮丧？
- 是否有每名幼儿都熟悉的东西？
- 每名幼儿都能从这些材料中看到自己和自己的文化吗？

调整你的空间，让幼儿感到安全和舒适，并鼓励他们尝试新事物，练习现有的技能。

要为幼儿提供练习新技能的机会，改变环境是一种简单而有效的方式。安排活动和材料，让幼儿可以用相关的方式练习技能。例如，如果你们正在练习精细运动中的剪纸技能，那么你可以摆放夹子让幼儿夹棉花球，摆放橡皮泥让他们捏橡皮泥，摆放剪刀让他们剪纸。你还可以改变环境，在水池旁放一个凳子和图片说明，让幼儿自己洗手，从而鼓励他们练习标准"表现出良好的卫生习惯"。

当出现行为问题时，思考如何改变环境以避免出现这种情况或减少问题出现的频率。例如，如果两个孩子坐在一起就会有纷争，那么你在集体活动时可以提前做好座位安排，或者给他们之间留出更多空间。

计划发展适宜性活动

当幼儿积极使用材料并与他人互动时，他们的学习效果最好。幼儿需要与他们的发展水平相匹配的活动。如果活动太难，他们可能会感到沮丧或力不从心；如果材料太简单，他们可能会觉得没趣，从而走神或无所事事。材料和活动如果与幼儿的能力匹配得当，就会让他们感到有挑战和成功。

在小组活动中，提供不同难度的同类材料。例如，如果你知道班里有一些幼儿在练习手眼协调能力，那么你可以提供带大旋钮的钉板和钉子、带小旋钮的钉板和钉子，以及简易的套装（不带旋钮的钉板和钉子）。多次提供活动及其变体，让幼儿有足够的机会练习。

了解并计划如何改变集体活动，以满足每个人的需要。如何调整活动以符合每名幼儿的技能水平？如何使活动具有参与性，以吸引幼儿的注意力？如何缩短活动时间，让不能长时间坐着的幼儿也能参与？有位教师知道，她班级中的孩子们在集体面前说话的放松程度以及语言发展水平参差不齐。她认为，让孩子们练习在集体面前说话很重要，并希望在结束集体活动时间之前给每名幼儿一个回答问题的机会。她仔细思考如何以符合每名幼儿技能水平的方式提出问题。她向一些幼儿提出了一个可以用一句简短的话来回答的开放式问题，向另一些幼儿提出了可以用一个词来回答的问题，还向其他幼儿提出了可以用"是""不是"或点头来回答的问题。她先让在集体环境中表现最放松的幼儿回答问题，然后让他们离开。当人数变少时，她再请那些不太放松的幼儿只在几个同伴面前回答问题。

指导取向教学法的价值

指导取向教学法（instructional approach to teaching），是指幼儿教师为集体和个别幼儿规划学习活动的方式。指导取向，是基于对总体期望、早期学习标准和儿童发展的理解。当教师使用指导取向教学法进行教学时，通过设定明确的目标并让幼儿参与发展其技能的活动，以促进幼儿的学习。

指导取向要求教师不仅要为集体制订计划，还要了解每名幼儿的技能水平、兴趣和学习风格。然后，教师利用他对每名幼儿的了解来指导自己的计划。你可以根据本书中提及的早期学习标准采用指导取向进行教学。以下内容概述了教师在帮助幼儿达到标准时应采取的措施。

持续改进循环

指导取向教学法包含一个持续改进循环。许多教师通过非正式地观察幼儿，了解他们的能力，并在此基础上向他们传授新的技能，从而实现这一循环。当幼儿学习新技能时，教师从循环的第一步——观察——重新开始。认真地参与这些步骤可以提高你的效率，帮助幼儿达到你为他们设定的目标。这个持续改进循环包括以下几个步骤

（Heidemann & Hewitt，2010）。

1. 观察。
2. 确定幼儿的发展情况。
3. 制定一个目标。
4. 计划和实施活动。
5. 重复这个过程。

观察孩子

教师需要关注的事情太多，他们很少有时间进行全面观察。但是，如果不花时间退后一步对情况进行评估，就可能会错过有关幼儿技能发展或行为的重要信息。为一名幼儿制订计划时，首先要系统地观察他，了解他的好恶、他目前的技能水平、他与他人的互动方式、他对新活动的态度以及他可能变得沮丧的迹象。

寻找幼儿的长处和他做得很好的方面。思考他有待成长或发展新技能的领域。也要观察其他孩子。观察班级中年龄和气质大致相同的其他幼儿。这可以给你提供一个视角，也是比较其他同龄孩子表现的基准。从观察中获得的信息将有助于你开展以下工作。

- 确定技能优势和需要改进的地方。
- 洞察行为。
- 获得观点。
- 与他人讨论幼儿的技能和行为。
- 确定是否需要对幼儿的技能进行筛查以获得特殊服务。
- 确定如何行动。
- 衡量你是否取得了进步。

如果你正在与表现出具有挑战性行为的幼儿相处，请在观察时问自己以下这些常见问题。

- 该行为是在什么情况下发生的？
- 还有谁参与？
- 它发生在一天中的某些时间，还是在某些活动中？
- 在该行为发生之前发生了什么？
- 接下来会发生什么？

- 该幼儿有完成任务所需的技能吗？
- 进行了多少言语或非言语的交流？

答案将指导你计划如何与这名幼儿相处。后面的章节将包含针对每条标准的特定问题。此外，你还可以提出以下一些常见的观察问题以帮助你确定幼儿的技能发展水平。

- 该幼儿是否像第一次看到一样在探索这些材料？
- 该幼儿看起来对这项活动很感兴趣吗？
- 该幼儿是否表现出沮丧的迹象？
- 是否有成人提供支持？
- 需要多少支持？

记录你的观察结果。保留每名幼儿的作品样本，向其父母或专家展示他的能力。给每名幼儿在他工作或玩耍时拍照，并标记他展示的技能。写下幼儿说的话，以提供他的语言样本。保留他使用精细运动技能的项目或显示他如何写自己名字的纸张。每隔几个月收集一次类似的样本。一定要注明每份样本的日期。将类似的样本按照时间顺序排列后，你就可以看到幼儿随着时间的推移所取得的进步，就像你可以通过一系列照片看到幼儿的成长一样。

真实性评价

许多幼儿教师都认为，以真实的方式评价幼儿的技能发展非常重要。这意味着，评价是日常活动的一部分，而不是单独的测试。在这种评价中，幼儿熟悉的成人会在他们熟悉的环境中观察幼儿在日常活动中的表现。真实性评价依赖多种信息来源，如观察、作业样本和家长报告。评价是持续性的，能提供丰富的信息。

真实性评价对教师与一群能力不同的幼儿相处特别有帮助。它能让学习双语的幼儿以不依赖语言的方式展示他们所知道的东西。它对教师与有特殊需要的幼儿相处也很有帮助，因为它关注的是进步，而不是在年龄标准方面的表现。

影响行为的可能因素

许多因素会影响幼儿的行为。有时,你很幸运能够意识到这些影响。但是,很多时候你并不知道是什么影响了幼儿的行为。有些因素可以控制,有些则不能。一些可能的影响因素如下所示。

- 一日流程、教师或家庭的变化。
- 挫折。
- 无聊。
- 太难或太容易的玩具。
- 感觉太拥挤。
- 缺乏语言技能。
- 疲劳。
- 过度刺激。
- 饥饿或营养不良。
- 疾病或即将发生的疾病。
- 家庭成员长期患病。
- 对关注的需求。
- 过高的成人期望。
- 过低的成人期望。
- 服药。
- 过敏。
- 与朋友、兄弟姐妹或成人意见不一。
- 亲戚来访。
- 期待一个即将进行的活动。
- 因离婚、调动或死亡而失去亲人。
- 经历或目睹暴力。

在观察幼儿工作和游戏时做记录。笔记可以帮助你回忆起你观察到的情况或技能,这样你就可以结合作品样本进行分析。当你与家长、同事或专家交谈时,笔记还可以帮助你提供具体的例子。使用描述性词语和短语,在纸上再现情境。使用客观的词语,不要给正在发生的事情赋予价值。例如,在观察泰勒时,记录"泰勒站在沙箱边。他没有回应休的评论。他低着头,用车画圆圈",这些都是大家可以观察到的事实。注意不要在描述发生的事情时加入自己的评判。如果你写道"泰勒噘着嘴。他站在沙箱旁,当休跟他说话时,他不理睬她",你就是在评判正在发生的事情。

除了书面描述外,有时如果你数一数幼儿在特定时间段内表现出某种行为或技能的次数,你的记录就可能会更有帮助,也更符合事实。幼儿主动与他人交谈的次数是多少?幼儿有多少次是应他人的要求轮流的?一周内幼儿打人的次数是多少?一天呢?一小时呢?在你记录你关心的情况时,一定也要记录幼儿遇到困难的例子。记录幼儿的长处和需要帮助的地方,这样可以取得平衡,并帮助你保持积极的态度。

在得出任何结论之前,要观察三四次或收集三四个样本。如果你使用的信息有限,你的结论就可能不准确。例如,如果你只观察一名幼儿一次,他所表现出的技能或行为可能会受到即将到来的感冒、与兄弟姐妹的争吵或祖父母即将到访的影响。这些以及许多其他因素都可能导致幼儿以不具代表性的方式进行表现,或不能以最佳状态展现他的能力。

确定儿童的发展水平

通过观察和查看幼儿的作品样本来确定他的发展水平。分析你的记录,确定幼儿能够独立完成的、需要帮助的以及尚未尝试的技能和行为。这可以帮助你决定幼儿目前能够做什么,以及下一步应该学习哪些技能。

明确幼儿能够在一定帮助下完成哪些技能。一般来说,幼儿正在尝试但需要一些帮助才能完成的技能是他在短时间内就能独立完成的技能。如果他正在尝试的技能过于复杂,而你在这个时候试图让他掌握这些技能,这会让他感到沮丧。当你帮助幼儿从需要帮助才能完成的事情过渡到独立完成时,你就是在 20 世纪初苏联心理学家列夫·维果茨基(Lev Vygotsky)所说的"最近发展区"(the zone of proximal development,ZPD)内进行操作。当你在最近发展区内帮助幼儿学习新技能时,你的努力将取得最大的成功。

制定一个 SMART 目标

使用你的观察、你有关幼儿总体期望的知识以及早期学习标准,制定一个具有挑战性但可以实现的适当目标。你的目标应该让幼儿从他现有的技能水平进步到稍有难度的水平。制定一个 SMART 目标,有助于你专注于期望的结果。SMART 目标如下所示。

- 具体的(Specific)。

- 可衡量的（Measurable）。
- 可实现的（Attainable）。
- 现实的（Realistic）。
- 及时的（Timely）。

SMART 目标包含特定信息——它们回答问题"谁？做什么？在哪里？做得多好或多久？到什么时候？"当你写一个目标时，要正面陈述，说明你希望幼儿在某一特定时间能够做什么。

确定你将如何使目标可衡量并判断你是否实现了它。你会计算你看到技能的次数并观察它增加吗？或者，你会通过了解幼儿目前正在做的事情并提高你的期望，使目标稍微复杂一些吗？例如，如果一名幼儿目前在 80% 的时间里都遵循一步指令，那么提高你的期望并写一个目标，要求幼儿在 25% 的时间里遵循两步指令。

期望一个孩子达到 100% 的熟练程度并不总是必要的，也不总是恰当的。例如，如果一名幼儿在一半的时间里能够轮流，那么他可能已经达到了与发展和个人情况相适应的水平。在这种情况下，让他总是放弃他正在玩的玩具既没有必要，也不合适。

你所写的所有目标都必须是可实现的、现实的。它必须有助于幼儿从现有的技能水平过渡到更高的难度水平。如果你的目标是在幼儿的最近发展区内，并且基于他在不久的将来有可能做到的事情，那么这个目标就更有可能是幼儿力所能及的。

及时关注你的目标，设定一个完成或评估进展的目标日期。目标日期应在两三个月后，以便你有时间教幼儿学习技能，幼儿也有时间练习（目标示例详见于每章末尾的"行动计划"中）。

计划和实施活动

一旦你决定教什么，你就必须决定如何教它。计划和实施活动，让幼儿有机会练习新技能。本书的每一章都提出了许多策略。通过参加课程或研讨会、阅读更多相关信息、与同事或导师交谈，了解更多关于你试图教授的标准中所设定的期望、达到标准的技能以及教授它的有效方法。咨询顾问、教练或家庭教育指导师，有助于制定针对特定情况的策略（在与他人分享私密信息之前，请务必获得家长的书面许可）。

制订一个帮助幼儿实现目标的计划，思考你会使用什么词、问什么问题、提供什么活动、将如何避免问题，以及如何应对错误行为（无意的不当行为）。使用脚手架帮助幼儿从需要帮助的技能过渡到他可以更独立完成的事情。当你为幼儿的学习搭建脚手架时，你为他进入下一阶段或发展水平提供了支持。例如，当他第一次学习新技能时，他可能需要你的手把手帮助。随着他变得更有能力，当你口头提醒他要采取的步骤时，他可能能够完成任务。也许下一步，幼儿可能只需要图片提示就可以完成任务，最终自己完成任务。这样，你从幼儿所需的帮助量开始，然后根据幼儿可以做的事情逐渐减少你的支持。

与家长合作

当整天与幼儿相处或照顾他们的人在信息和方法上保持一致时，学习新技能和新行为的幼儿会做得最好。一致能提供稳定性，帮助幼儿更容易地学习新技能。理想的状况下，你可以组建一个由家长、家庭成员、工作人员以及专家（如果需要）组成的团队。你的团队一起制定目标和实现目标的计划。把工作繁忙的人召集在一起，可能会很有挑战性，而且在任何情况下可能都不现实。但是，幼儿行为或技能落后的情况越严重，大家一起努力就越有必要。请记住，你收集的教学记录可能会在以后的正式评估过程中有用。至少要与家长一起制定目标，并讨论帮助幼儿实现目标的活动。如果不可能将儿童规划小组的更多成员召集到一起，那么一定要将你和家长制订的计划传达给所有相关人员。

你和幼儿家长必须共同努力，帮助幼儿学习所需的技能和行为，这一点很重要。众所周知，家长的参与对幼儿的学业成绩有着积极的影响。家长的参与始于幼儿时期，并为未来的参与奠定了基础。

向家长提出开放式的问题，以帮助你了解和理解他们。在与家长的交谈中，你们应该互相重视对方的经验、知识和价值观。大多数养育幼儿的做法都植根于文化信仰中。人们通过自己成长过程中受到的照顾以及观察周围的人如何与幼儿交谈以及抚摩、穿衣和喂养幼儿来了解这些做法。向和你一样的人学习，也要向那些与你的想法不同的人学习。应该假定家长都想给孩子最好的，并且有能力帮助孩子实现目标。记住：支持幼儿发展的方法有很多。

教师和家长需要相互交流。你可以分享你所在机构中幼儿的信息，以帮助弥合家庭和幼儿园之间的差距。一位教师把幼儿每天做的愉快、有趣的事情记在心里，和家长分享，这有助于让家长知道教师真的很关注他们的孩子。有些家长想知道孩子的饮食、睡眠和如厕习惯，有些家长对孩子正在建立的社会关系更感兴趣，还有些家长想知道他们的孩子参与的活动。发现家长最感兴趣的信息类型，并让他们了解最新信息。请家长通过分享可能有助于照顾幼儿的信息来支持你的努力，例如改变睡眠模式或生活中有压力的情况。当你需要分享敏感信息时，一定要保密，以保护幼儿的自尊心。向幼儿解释"我需要和你妈妈单独谈谈"，然后走到幼儿听不到地方，或者设定一个时间面对面或通过电话交谈。

> **开始对话**
>
> 从一开始就了解家长并建立团队。提出问题，以建立你们的关系并了解家长的经历、文化信仰、价值观和家庭风格。你提出问题并获得更多信息的目的是了解——不要评判可能与你不同的回答。努力了解他人的世界观并重视他们的优势。记住：支持成长和发展的方法不止一种。如果需要，请安排一名口译员。避免让家庭成员担任口译员，因为这样做可能会使他们陷入不舒服的境地。以下是你可能会问的一些问题，以开始对话。
>
> - 你希望你的孩子在我们的课程中做什么？
> - 你认为孩子学习什么很重要？
> - 你会如何教你的孩子_____？
> - 你如何和你的孩子谈论_____？
> - 你的孩子在什么情况下学得最好？
> - 请多给我讲一讲_____。
> - 关于_____，你有什么想法？
> - 给我讲一讲某一次_____的经历。
> - 当_____时，你发现什么最有效？
> - 当_____时，你是怎么回应的？
> - 当_____时，你尝试做过什么？
> - 你如何帮助你的孩子_____？
> - 当你的孩子做得好的时候，你的家人会以怎样的方式认可他？

技术提供了以多种方式与家长保持联系的机会。网站、电子通信、短信和电子邮件都是很有价值的沟通方式。它们是教师与家长沟通日常事务和即将到来的特别活动的好方法。但是，具有挑战性的情况或难以消化的信息最好还是当面讨论。短信和电子邮件往往会被误解或曲解。其他的交流方式，如社交网站，可能会很有趣，但使用时应谨慎。有关儿童的信息必须高度保密。在互联网上发布儿童照片会带来更多问题，因此需要采取保护措施。虽然计算机的普及率越来越高，很多家庭也发现用计算机方便沟通，但请记住，并不是所有家庭都能轻松使用计算机。请务必与每个家庭使用适当的沟通方式。

家长是孩子的专家，由于他们对孩子非常了解，因此往往最先发现问题。但有时，教师也会发现一些对家长来说并不明显的问题。教师提供了不同的视角，因为看到了所教幼儿群体中典型的发展模式。有时，因为某个问题只在集体环境中出现，所以教师能够注意到。有时，由于提供了"学业"活动，某个行为或技能水平较低在幼儿教育机构中会变得很明显。

双方都有权进行坦诚的交流，这可以促进照顾幼儿的团队合作。通常情况下，最好是在你第一次发现幼儿的行为模式正在形成或注意到幼儿在某项技能上遇到困难时就进行交流。如果你已经对你所看到的问题感到担忧，那么你可能已经晚了——不要等到你感到沮丧或确信幼儿的技能迟缓时才开始谈论它。告诉家长，你想和他们谈谈你注意到的情况。

有时家长和教师试图在接送幼儿时讨论他们关心的问题。这段时间一般都很忙乱；家长很匆忙，幼儿也很疲惫，而教师在应对了某一行为或某一群幼儿一天后可能会感到沮丧。最好另外安排一个时间来讨论你所担心的困难情况或技能。你可以说："我注意到内森最近经常骂人。我想和你谈谈这个问题。在接下来的两三天里，你什么时候方便面聊？"最好不要在幼儿需要关注的时候见面。在午睡时间或你的准备时间见面可能更好。留出足够的时间，以便你们在不被打扰的情况下交谈。

对于家庭能做什么，要保持现实的期望。如果像打人这样的问题似乎与集体经历有关，而且只发生在幼儿园中，那么家长可能无能为力。家长对孩子几小时前发生的事情进行惩罚是不恰当的，也是无效的。请明确指出，你并没有要求家长这样做。相反，你可以告诉他们这件事情，并表示希望和他们一起努力来处理，就如何最好地处理达成一致意见。

对教师所能做的事情的期望也必须切合实际。大多数教师都会尽力满足幼儿的个体需求。然而，教师负责的是一群幼儿，他们不可能满足幼儿复杂或耗时的要求。这并不是他们不愿意帮忙，而是因为大量的事情都需要他们的时间和注意力。

一定要承认家长对孩子的情感投入，同时你可能对自己的幼儿教育工作也很敏感。如果你不注意措辞的敏感性，你分享的信息就可能被家长视为人身攻击。如果你关注到了不止一个问题，在第一次讨论时，请根据自己的判断决定讨论几个问题。最好是谈一些容易理解的信息，这样不会让家长对进一步的讨论产生抵触情绪。先选择最重要的技能或行为作为讨论的重点，其他问题可在其他时间讨论。在关注幼儿的问题行为后，继续记录幼儿的进步情况，如有必要，以后再回来讨论这个问题。很有可能你一提到它，家长就会开始看到同样事情的例子。

与家长保持积极的合作态度。将幼儿新出现的技能和具有挑战性的行为视为教师和家长可以共同努力的事情，从而建立一种合作的关系。注意避免将幼儿的技能落后或错误行为归咎于任何人。这是徒劳的，会使家长产生怨恨，并导致防御心理。应关注当前的情况，并确定可以采取哪些措施来改进。

创建团队

只要有可能，邀请可以帮助幼儿发展他所需技能的团队参加你的计划会议，包括家长以及其他重要的照护者，如其他家庭成员或你的同事。在一天的特定时间内与幼儿相处或照顾幼儿的人，如助教、司机或祖父母，也会对达成目标有所帮助。在评估幼儿的发展时，一定要征求并考虑他们的意见。团队可以一起确定目标并制订教学计划。将计划传达给那些与幼儿相处但不能参加计划会议的人。

你所在机构的幼儿可能被认为有特殊教育需求。通过与其他幼儿一起上学，他们可以向发育更正常的同龄人学习，而同龄人也可以向他们学习。有特殊教育需求的幼儿很可能有"个性化教育计划"（Individualized Education Program，IEP），该计划概述了目标、完成或重新评估目标的日期以及帮助幼儿实现目标的策略。与该幼儿的特殊教育教师合作，在你的机构中实施该幼儿的个性化教育计划。

如果可能，参加该幼儿的特殊教育团队会议。特殊教育团队可能由幼儿特殊教育教师和专家组成。在这样的会议上，你将了解到他们为幼儿制定的目标，以及你能做些什么来支持幼儿的成长和发展。使用特殊教育教师认同的策略以及你为机构中所有幼儿制定的策略，可以帮助有特殊需要的幼儿取得更大的成功。

综合运用

以下内容将通过提供一系列步骤，让你在使用本书教授幼儿新技能时，将所有内容整合在一起。它向你展示了如何在这些步骤中嵌入持续改进的循环和有效的教学实践。在帮助幼儿发展某项技能时，请执行以下步骤。

1. 观察并评估。收集详细信息。
2. 通过关注你们的关系和态度，以及调整环境、一日流程和活动来满足幼儿的需求，为成功做好计划。
3. 阅读有关某项技能或行为的所有资料，以及与之密切相关的其他资料。

4. 给家长提供本书中为他们编写的相应章节内容。
5. 安排一次与幼儿计划团队的会议，以促进合作。确定幼儿目前的情况；制定目标，做好"行动计划"。
6. 实施你的计划。
7. 再次观察。
8. 开会讨论进展情况。
9. 必要时修改计划。返回步骤6。

观察幼儿。从观察幼儿开始，确定其学习的具体技能或行为。使用前面提出的观察建议。问自己相关章节中的具体问题，这些问题涉及你关注的内容，以帮助你收集更多的信息。

为成功制订计划。建立或重建你们的关系，并调整你的态度。改变环境、一日流程或活动的各个方面以避免出现问题。

阅读适当的章节。当你计划教授一项技能或行为时，你可能会发现不止一章适用。阅读与幼儿需要学习的技能相关的所有章节，将适当的信息组合在一起，并反思正在发生的事情。例如，扩大幼儿的词汇量可能在他需要使用单词来解决问题的情况下有所帮助。《"轮到我说啦！"——说话》和《"重击！"——攻击性行为》两章中的信息可能会帮助你确定与幼儿一起培养基本技能的适当方法。即使你认为某个观察问题并不完全适用，也请阅读整章内容。在一个问题下列出的诸多建议在许多情况下都是有用的，或者可以修改以适应不同的情况。

把为家长编写的相应章节交给家长。把为家长编写的章节内容交给与你合作的家长，这样当你们在一起交谈时，他们就能获得与你类似的发展性信息。如有必要，将材料翻译成家长最熟悉的语言。避免使用网络翻译程序——它们往往不够准确。在见面之前，给家长几天时间学习和消化这些信息，并寻找他们发现的例子。

开会制订"行动计划"。与家长和尽可能多的团队成员安排一次会议。见面时，设定一个期待的基调，当你们一起努力时，就可以帮助幼儿发展必要的技能。对家长可能想要讨论的话题保持敏感和开放的态度（有关家长会议的其他信息可以在本章后面找到）。

将你的计划付诸行动。见面后，实施你们商定的策略。用"家长和教师行动计划表"（见附录）提醒自己使用事先准备好的词语或开展计划中的活动。把你的计划张贴在你一定会看到的地方。当然，在人来人往的环境中，要注意保密。也许，你可以把它贴在你经常打开的柜门里。

一旦制订了"行动计划",就要注意限制每天与该技能有关的对话。每天都追求幼儿成长是没有必要的,也是没有成效的。相反,要为幼儿学习新技能提供充足的机会和时间。如果需要发泄不满或进一步倾诉你的担忧,那么你可以找一个可以保守秘密并能倾听你心声的局外人。同事、家人、主管或导师或许可以为你提供支持。

再次观察。在下次会议前一两个星期再次正式观察幼儿,以便你有最新的、准确的信息可以分享。在技能发展的道路上,发现幼儿的进步以及接下来应该发生的事情。

开会讨论进展。第二次会议,也许还有后续会议,目的是确定幼儿的技能是否有所提高,以及你的策略是否有帮助。当你们进行评估时,可能会发现他已经朝着你们设定的目标取得了良好的进步。如果是这样,你们可以相互拍拍背,祝贺对方帮助幼儿学会了这项新技能。还有些时候,你们可能会发现幼儿取得了一些进步,但还需要更多的努力。

> ### 持续改进循环
>
> 当你帮助幼儿学习新技能时,使用持续改进循环很重要。从观察和评估幼儿的技能开始,反思你所看到的和你收集的工作实例,以确定幼儿当前的发展水平。制定一个具有挑战性但可以实现的目标。计划并实施活动,教授幼儿新的技能。
>
>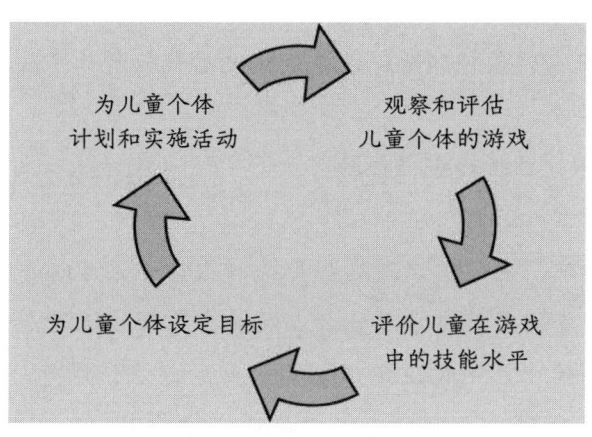

修改你的计划。如果你的目标没有达到,那么重新评估你的计划。确保目标适合幼儿;确保你的期望是适宜的,不要要求他迈出太大的一步。调整你的目标或改变你的策略，使之与目标相匹配。取消无效的策略，代之以你认为对幼儿更有意义的策略。再次与家长商定，两三个月后再互相检查。技能的提高既不是一蹴而就的，也不是轻而易举的。它需要时间和耐心。如果你正在努力改善幼儿的一种行为，即使幼儿改善明显，你仍然可以预期会发生错误。

如果你的目标实现了，请参与持续改进循环。每次达到目标后，都要确定下一步可以学习什么，以及如何继续支持幼儿的成长。

幼儿教师萨拉很高兴见到詹姆斯的父母、奶奶和她的助教。她和他的父母就帮助他学习分享玩具进行了几次快速交谈，她知道他们愿意尽其所能帮助詹姆斯达到标准"在适当的时候共享材料"。当整个团队开会时，他们完成了这里描述的步骤并就他们可以做的事情开始集思广益。他们的清单包括以下内容。

- ✦ 多买几份相同的幼儿最想要的玩具。
- ✦ 买他在幼儿园最难分享的玩具，将其放在家里。
- ✦ 将幼儿园的玩具称为"幼儿园玩具"。
- ✦ 阅读有关轮流的书籍和故事。
- ✦ 在家里的日常生活中示范分享，强调"分享"和"轮流"这两个词。
- ✦ 在幼儿园表演木偶戏，演示轮流等待的过程。
- ✦ 当詹姆斯需要等待轮到他时，帮助他找事情做。
- ✦ 教詹姆斯提出要轮流。
- ✦ 问詹姆斯是现在还是两分钟后把玩具给另一个孩子。
- ✦ 玩棋盘游戏，让詹姆斯练习轮流。
- ✦ 告诉詹姆斯什么时候轮到他，说"妈妈之后就轮到你了"。
- ✦ 教詹姆斯做交易。
- ✦ 教詹姆斯在遇到挫折时寻求帮助。

当他们查看清单时，他们意识到这些都是好主意，还可以添加其他想法。他们决定尝试更具体地说明詹姆斯需要学习什么以及最有帮助的活动是什么。他们将重点聚焦到教詹姆斯等待轮流上。他们决定限制要尝试的想法，以免一次尝试的想法过多，让自己和詹姆斯不知所措。当他们决定尝试以下方法时，他们的清单变得更容易管理了。

- ✦ 在幼儿园表演木偶戏，演示轮流等待的过程。
- ✦ 教詹姆斯提出要轮流。

✦ 当詹姆斯需要等待轮到他时，帮助他找事情做。
✦ 玩棋盘游戏，让詹姆斯练习轮流。
✦ 告诉詹姆斯什么时候轮到他，说"妈妈之后就轮到你了"。
✦ 教詹姆斯在遇到挫折时寻求帮助。

萨拉和詹姆斯的父母计划在再次见面之前多次尝试他们列出的活动。在此期间，他们会寻找詹姆斯成长进步的证据。他们同意在未来的六周内检查实现目标的进展情况。

当他们一起回来时，他们很高兴地报告詹姆斯在幼儿园和家里都取得了进步。当没有马上轮到他时，他会更冷静地等待；当他等不及时，他学会了寻求帮助。然而，他并不总是成功地等待而不感到沮丧。当没有立即轮到他时，他仍然会偶尔哭泣，但他已经取得了显著的进步，并且在这种情况下表现出与同龄人一样多的情绪控制能力。

他们知道，他们的工作并没有就此结束。他们决定继续努力达到这一标准并重新开始这个过程。现在，他们将专注于教詹姆斯在有人要求时放弃玩具。

解决问题的步骤

你可能会认识到，持续改进循环的步骤与解决问题的步骤相似。当幼儿和成人积极面对挑战、学习新知识或进行科学探究时，解决问题的步骤对他们都有帮助。教幼儿采用以下步骤。

1. 识别问题。
2. 收集信息。
3. 生成解决方案/策略。
4. 选择最佳方案。
5. 制订计划。
6. 实施计划。
7. 评估计划实施效果。
8. 根据需要修改计划。

当幼儿与另一个幼儿发生冲突时，你可以使用以下有用的话语帮助幼儿采用这些步骤。

> - "我看到了_____。"（描述你看到的情况，例如"我看到你们俩都想荡秋千"。）
> - "告诉我你们在争论什么。"
> - "你们可以做些什么来解决这个问题？"或"你们怎样才能解决这个问题，让你们俩都高兴？"
> - "你们试一试那个主意，可能会发生什么？"或"你们先试哪个主意？"
> - "试试看。"
> - "这个主意可行吗？"
> - "还有其他可行的办法吗？"或"还有更好的办法吗？"

一些计划无效的原因

有些帮助幼儿的建议要求改变常规、活动、环境或你的反应。改变往往会遇到阻力。然而，当你付出努力，看到自己可以成功地帮助幼儿学习或预防问题时，你就会发现付出努力是值得的。对有些幼儿来说，改变可能意味着成功与持续的挫折之间的区别。因此，在考虑一章中的哪些建议会对幼儿有帮助以及你将实施哪些建议时，请保持开放的心态。

计划无效还有其他原因。有时，如果计划过早中断，或者活动开展得不够频繁，无法让幼儿学会一项新技能，那么计划就会失败。学习一项技能需要时间和大量的练习，改变一种习惯或用另一种行为取代一种习惯可能需要更长的时间。一定要提供充足的时间和活动，让幼儿练习。如果目标与幼儿的技能水平不匹配，就可能超出他的最近发展区，对他的要求也会过高。如果不学习实现目标所需的技能或行为，他就无法达到目标。如果书面目标不够具体，或者没有反映出幼儿需要学习什么，那么计划也可能是无效的。例如，如果一个目标规定幼儿"学会轮流"，但没有指出轮流的技能之一，那么这个目标就不实用。具体而言，目标应该指明幼儿需要学习索要玩具和等待回应。如果计划的策略对幼儿没有意义，或者没有以他的兴趣为基础，都会导致计划失败。如果目标是鼓励幼儿写出自己的名字，那么策略就需要包括在幼儿喜欢的活动中签自己的名字，而不是把他从这些活动中拉出来，让他在桌子前练习写字。

何时寻求帮助

许多幼儿学习技能和行为的时间比预期技能出现的平均年龄早或晚几个月，但他们仍然被认为是正常的。如果有教师与他们建立具有滋养性、支持性的关系，提供高质量的学习环境，并采用有效的教学方法，发育速度正常的儿童就能发展他们所需的技能。其他儿童可能在神经、身体、认知、语言或环境方面遇到困难，导致技能发展滞后。他们可能会避免使用某些技能，可能无法独立完成某项活动，或者缺乏熟练使用某项技能的能力。如果你已经很努力地教某项技能，但有些儿童的技能发展似乎滞后了六个月或更长时间，那么他们很可能需要从专门的帮助中受益。

此外，有些幼儿不能像其他幼儿那样很快学会控制不当行为。他们的行为可能比其他人更严重或更频繁，或者持续的时间更长。如果你已经采用了本书中建议的方法——这些方法通常都很有帮助——但幼儿的挑战性行为仍没有明显减少，那么你可能需要寻求额外的帮助。早期干预可以帮助有挑战性行为的幼儿在学习与他人成功互动方面取得很大进步。你将在每一章中找到有关何时寻求帮助的指南（通用信息如下所示）。

如果你仍然担心幼儿的技能发展，你可能想和他的家人商量进一步评估他的技能。对教师和家长来说，决定采取下一步行动都可能很困难。寻求更多帮助，并不意味着你没有成功。相反，这意味着你已经认识到你所在机构或专业知识的局限性。你没有必要，也不应该试图做出诊断。幼儿遇到困难，有很多不同的原因。这需要一个专家团队来确定潜在的原因，并在必要时做出诊断或确定接受服务的资格。即便如此，诊断也可能无法完全反映幼儿经历的复杂性。

通常情况下，如果存在疑虑，就应该对幼儿的技能进行筛查。筛查是对幼儿健康和发育进展情况的快速了解。它可以帮助确定幼儿的技能发展是否滞后。鼓励家长通过学区的儿童早期筛查计划、早期干预计划或"寻找儿童"（Child Find）活动对幼儿的技能进行筛查。

如果发现幼儿有学习问题方面的风险，幼儿很可能会被转介接受进一步的测试。测试包括由一组专家对他的技能和能力进行全面评估。通过这些测试，专家或医务人员会确定幼儿是否有资格获得服务，或者做出诊断或确定他是否患有可能影响学习的残疾。如果是这种情况，幼儿就有资格接受早期干预服务，并将从中受益。早期干预计划以多种方式为有特殊教育需求的儿童提供服务，包括直接与幼儿接触、为幼儿及其家庭提供支持，以及在许多情况下为班级教师或托儿所提供咨询。

除了你所在学区的资源外，还可以联系的专家可能包括初级卫生保健提供者、家长资源中心、社区或公共卫生服务机构、县/地区或州的社会服务计划或私人机构。县或地区服务可能提供各种有用的程序。他们的服务通常包括经济援助、儿童保育资源和心理健康服务。请查看你所在地区有哪些项目。收集支持服务机构的名称和电话号码。在考虑各种选择的同时，打电话获取更多服务信息。本书的每一章都有与谁联系的建议。

有限的收入使某些人无法获得所需的服务。公立学校提供的服务是免费的。但是，如果你需要寻求学校以外的服务，可以联系那些根据家庭收入按比例收费的项目。服务组织，都是可以提供经济帮助的团体。你所在的社区，可能还有其他组织。

与家长讨论幼儿是否需要额外的服务。讨论社区内的资源。确定一个在筛查或评估之后的日期进行交谈。在与专家会面后，鼓励家长讨论他们所了解到的任何对你们与幼儿相处有帮助的事情。

你对幼儿技能和行为的观察记录，对特殊教育专家很有帮助。这些信息如果写得客观，就可以成为重要数据。你可以将记录寄给专家或直接与专家讨论你所关心的问题。发布任何信息都必须获得家长的书面许可。家长也可以要求你将你的记录作为背景资料分享给专家。

如果发现幼儿有残疾，你有关他的工作就没有结束。有特殊教育需求、行为需求或残疾的幼儿有权被纳入所有幼儿教育机构中。当残疾幼儿被纳入普通的教育机构中时，他们会从与发育较正常的同龄人一起学习中受益。技能发展正常的幼儿将学会欣赏、接受和尊重与自己发展不同的儿童。他们还能通过教导和支持他人来提高自己的技能。

与家长会面

通过描述预期的标准或技能，开始你们的对话。使用"开始对话"了解家长的更多期望和观点。描述你在幼儿园环境中看到的幼儿所展示的技能水平。提供你观察到的具体、真实的例子，包括你担心的技能以及幼儿擅长的事情，询问家长是否看到类似的例子。他们很可能会看到。但是，有时幼儿会在不同的环境中做出不同的行为。即使家长没有看到你所担心的问题，他们也会尽力帮助幼儿学习所需的知识。

设定一个目标

根据你的观察、你对幼儿园的了解、课程的目标、家长的目标以及你所在州的早期教育标准等信息，为幼儿制定一两个SMART目标。把注意力集中在幼儿需要学习什么上，有助于你始终专注于教学方法，并用正向的语言来描述目标。请记住，不同的文化可能重视不同的目标。例如，有些文化重视并希望幼儿在很小的时候就学会独立，其他文化则重视并希望教导幼儿学会相互依存，在这样的文化中，父母会鼓励幼儿为了集体的利益而放弃个人的目标（Maschinot，2008）。

在每一章的"行动计划"中，你都可以找到基础目标的语言范例。修改或编写其他目标，以便更贴切地反映你正在与之相处的幼儿的需求。如果他需要达到的标准不止一个，那么你可能需要分清主次，决定先达到哪个标准。示例中可能会建议他需要在多大程度上实现目标，但这必须根据个人情况来决定。在幼儿的最近发展区内，制定他在没有帮助的情况下也能很快完成的目标。你的目标应该具有挑战性，但又是可以实现的。保持现实的期望。我们追求的是进步，而不是完美。

接纳有特殊需求的儿童

你所在机构中的幼儿的技能水平参差不齐，也会包括一些有特殊教育需求、行为需求和残疾的幼儿。接纳有特殊需求的幼儿，会给你的班级增加价值。它让残疾幼儿有机会与同龄人一起游戏和学习，也让发育正常的儿童有机会尊重具有不同能力的人。在机构中接纳残疾幼儿，请做到以下几点。

- 了解他的长处以及他需要额外支持的方面。
- 为所有幼儿创造一个充满关爱和支持的环境。
- 首先把他看作一名幼儿，其次才看他的残疾。
- 示范支持行为，允许他为自己做尽可能多的事情。
- 灵活安排你的一日流程和日常活动。
- 找到改变环境的方法，为辅具腾出空间。
- 添加展示残疾人正面形象的材料。
- 使用观察来制订计划，进行个性化指导。
- 学习如何在班级中使用辅助技术来支持残疾幼儿。
- 与专家合作，确定与幼儿相处的最佳行动方案。

头脑风暴策略

设定目标后，集思广益，提出实现目标的策略。尽可能多地列出实现目标的方法。从每章中给出的建议开始，并在"行动计划"中进行总结。这些建议基于合理的幼儿发展实践，通常能有效帮助幼儿学习技能。请添加自己的想法。

决定计划

谈话的重点应该是争取双方之间的理解，并确定计划。确定哪个活动设想最适合你的情况。在可复制的"家长和教师行动计划表"（见附录）中写下你们将在幼儿园和家里采取的三四项行动。写下在家中或幼儿园中使用的其他策略。注意不要让自己、家长或幼儿一下子接受太多的改变/活动。如果一次尝试过多的策略，那会很难实施。同时，采用多种策划也很难知道哪些策略是有帮助的，哪些策略是最需要继续采用的。

完成计划表，确定两三个月后（取决于情况的紧迫性）再次会面的日期。一定要向家长传达积极的期望，希望你们能够一起教会幼儿预期的技能和行为。"家长和教师行动计划表"上的签名是非强制性的，除非你们将该表用作协议。

达成一致

对幼儿技能发展的看法可能因多种原因而不同。家长可能不会将技能滞后视为问题。在他们看来，孩子所做的一切都很正常。他们可能没有机会看到其他幼儿的能力。他们可能在家里看不到这种行为，或者只有一两名幼儿在场时，这种行为可能不是问题。作为文化信仰的一部分，家长可能持有不同的期望或重视不同的行为。或者，他们可能会否认问题的存在，因为他们没有做好面对问题的准备。有时，家长可能会遇到需要你帮助的难题。询问他们想让孩子学习什么。找到一个可以达到目标行为的标准，并制定教学策略，你可以使用这些策略帮助他们的孩子朝着标准迈进。

显然，当出现分歧时，你和家长都希望达成某种有利于幼儿的协议。任何对话的核心都应该是"什么对幼儿最好？"，以幼儿为中心也有助于双方减少防御心理。当你和家长的观点出现分歧时，要避免非此即彼的思维方式。取而代之的是使用"两者兼顾"的思维方式，寻找新的解决方案和创造性的想法。

你们也可能对如何处理某种情况持有不同的意见。在制订计划时要灵活，对可能有效的不同方法持开放的态度。尊重家长的想法。也许你们可以同意在下次会议之前尝试他们建议的方法。如果这样做了，而且有帮助，就记录下来并继续下去，或者向他们解释为什么没有效果，并决定采用更有效的方法。在确定"行动计划"时，教师必须牢记最佳实践方法以及所在州的规定。你所在的州可能会要求你采取与本书建议或家长建议的不同的措施。如果你认为家长推荐的策略不近人情、不道德或不切实际，那么请说明你无法采用该想法，然后提供一个替代方案。你可以说："班上还有17名幼儿，我不能这样做；我可以那样做。""我们中心的规定不允许我这样做。你觉得更多的鼓励……怎么样？"你的职业许可要优先于家长的建议。

如果家长选择不与你合作，本书仍然可以作为一个有价值的工具。使用书中介绍的策略，继续努力实现你的目标。如果几个月后你仍有顾虑，请再次向家长提出。如果家长仍然不愿意与你合作或者与你的观点不一致，那么你可能想要使用"家长和教师行动计划表"作为正式的协议。在这些困难的情况下，你们关系的成功可能取决于采取某种行动，比如在下次见面前与专家合作。在这种情况下，召开你们的会议，说明在下次会议之前必须采取的行动，并明确指出，如果不完成这一行动，你们将无法再一起工作。在"家长和教师行动计划表"上签字，然后请家长签字。如果在下次会议之前仍未采取行动，你们可能必须做出一个艰难的决定。

在极少数的情况下，你们可能有必要决定幼儿参加某个机构是否将依然符合他的最佳利益。你们必须权衡稳定关系的重要性和达成一致所面临的挑战。你们需要思考是否继续尊重这名幼儿，是否在为其提供高质量的服务。发展那些使你能够有效地与表现出各种能力和行为的幼儿相处的技能。家长需要评估孩子在你的机构中是否得到了最好的照顾。让幼儿离开项目是一种罕见的解决办法，只能作为最后的手段，但有时这可能是对幼儿最好的办法。有时，转学另一个机构可以缓解问题。但更常见的情况是，如果幼儿在一个机构中没有学到所需的技能和行为，问题就会接踵而至。事实上，因改变而产生的感受可能会使问题复杂化，使幼儿更难应对。

通常情况下，你和幼儿的家长可以一起努力，帮助幼儿学习所需的技能和行为。与家长建立牢固、相互尊重的关系。向家长传达信心：只要你们共同努力，就能帮助幼儿掌握他所需要的技能。这样，家长就会更愿意与你合作。

教育幼儿是一项挑战。如果你花时间去观察、反思你所看到的一切，培养与孩子有效相处所需的技能，并制订和实施"行动计划"，你就会发现这一切都会变得更容易。当你这样做时，你就能帮助幼儿学习技能和行为，为今后的学习和成功奠定基础。

第二编

社会情感发展

社会情感领域涉及一系列复杂的技能。幼儿将学会与家人分离、进入幼儿园，以适合当下场景的方式表达各种情感，加入幼儿同伴群体并长时间互动，更多地承担解决问题的责任。

这些重要的技能在幼儿很小的时候就开始发展，并贯穿他们的一生。在与父母、家人和照护幼儿的成人的互动中，孩子们学习最初的社会情感技能。通过这些早期的关系，他们学习与同龄人成功互动所需的技能。比如，婴儿和成人轮流发出咕噜咕噜声音的简单游戏为他们学习轮流奠定了基础。

在童年的早期阶段，孩子们开始理解自己和他人的感受。他们会发展出各种调节自己强烈情绪的方法，并以不伤害他人的方式表达。他们学会以不侵犯他人权利的方式满足自己的需求。他们了解到，有时需要等待、轮流和与他人协调彼此的行为，以便游戏能够继续进行。当孩子们学习这些自我调节技能时，他们正在学习如何在小组中有效发挥作用并在各种情况下取得成功。

幼儿在学习社会情感技能的时候需要得到他们所在幼儿园的支持。他们需要幼儿园接受他们作为独立的个体，又要接纳他们成为班集体的一部分，并帮助他们在集体中感到如鱼得水。他们需要感到身体和情感上的安全，以便在获得自我控制的同时尝试不同的反应方式。他们需要教师为他们示范适当的回应。他们需要周围的成人接受他们的错误并教会他们什么是适当的。

幼儿还需要父母设定现实的界限，使他们能够探索并保持自身的安全。他们需要能够相信，父母会满足他们的身体需要。幼儿需要父母向他们展示所处的文化和群体中可接受的行为方式和互动方式。

第二编包含了社会情感发展领域的八个标准。就所有领域而言，各州的标准可能比本书中涉及的标准更多。此处介绍的标准或类似标准在许多州通行。许多人专注于表达感情和发展自我调节能力。重要的是，帮助幼儿学会达到每条标准，同时学会控制自己的情绪，适当地表达自己，以可接受的方式满足自己的需求，并与他人成功互动。标准如下所示。

- 第二章：与家人分离，进入幼儿园。
- 第三章：表现出对自己能力的信心；与他人互动和玩耍；大多数时候能调节自己的情绪和行为。
- 第四章：加入小组并与其他人一起游戏。
- 第五章：在适当的时候分享材料。
- 第六章：在需要时寻求成人的帮助。

- 第七章：使用合适的话语表达感受。
- 第八章：越来越多地使用语言而不是动作表达情感。
- 第九章：使用问题解决方法来解决冲突。

睡眠不足？

美国玛丽·希迪·库尔钦卡（Mary Sheedy Kurcinka）在她的《缺觉的美国：你的孩子有行为和睡眠问题吗？》(*Sleepless in America: Is Your Child Misbehaving...or Missing Sleep?*) 一书中描述了许多让成人难以应对的儿童行为问题，部分原因可能是过度疲劳。她提出，当孩子感到疲劳时，他们更难于集中注意力、专心、控制情绪、解决问题以及与他人相处。睡眠不足的孩子可能会发牢骚、争吵或笨手笨脚。过度疲劳的孩子可能看起来一点也不累，但实际上，他们正在努力保持清醒。过度疲劳的孩子更容易烦躁，难以入睡，睡不安稳。没有足够的睡眠，孩子的大脑会激活唤醒系统，这会让他们更加睡不着。对许多孩子来说，关闭唤醒系统可能很困难。

孩子们需要充足的睡眠来应对日常挑战。睡个好觉可能是良好行为的关键。从出生到12个月的婴儿平均需要睡眠14~18小时，包括小睡。学步儿平均需要13小时。3—5岁的学龄前儿童平均需要12小时才能感到休息良好。孩子们不太可能告诉你，他们已经累了。相反，他们的行为使你有理由怀疑他们是否已经有了足够的睡眠。如果你有理由相信孩子已经筋疲力尽，你就可以采取许多措施来帮助他们增加睡眠，做更充分的准备来应对新一天的挑战。

父母和教师可以这样做，如下所示。

- 保持孩子有规律地起床、进食和睡觉，以形成生物钟。
- 确保孩子在白天的早些时候有足够的运动。
- 避免含咖啡因的食物（巧克力）和苏打水。
- 留心让孩子过度兴奋或痛苦的事情并减少它们。
- 减少孩子受到的刺激。
- 限制屏幕时间；光线可以向孩子的身体发出信号，是醒来的时候了。
- 每天始终与孩子保持连接。
- 当孩子紧张或焦虑时及时安慰。

教师可以这样做，如下所示。
- 帮助孩子感到安全和被接受。
- 为午睡准备昏暗的房间、安静的睡前活动和让人感到平静的背景音乐。
- 在入睡时给孩子揉揉背部或额头，或轻摇他几分钟。
- 给孩子一个私密的午睡空间，远离玩具和其他孩子。

父母可以这样做，如下所示。
- 即使在周末也要按照时间表活动。
- 执行"睡眠第一"的原则，帮助孩子满足他们的睡眠需求。
- 选择活动，让孩子获得所需的睡眠。
- 睡前至少1小时避免刺激或活跃的游戏。
- 帮助孩子从刺激的活动中放松下来。
- 为孩子创设安全、舒适的睡眠环境。
- 建立例行的就寝时间表。
- 留意孩子已准备入睡的迹象，当这些迹象明显时，让孩子上床睡觉。
- 帮助孩子学习入睡。

第二章 "妈妈别走！"——分离

给教师

安娜已经来这儿几周了。可是令人意外的是，每当妈妈离开时，她都会哭泣。我不知道发生了什么。

※ 标准

与家人分离，进入幼儿园。

什么是分离？

孩子第一次与父母分离的经历是被其他人照顾时发生的。无论分离是短期的还是长期的，对分离的恐惧都会给孩子带来压力。孩子会周期性地经历分离焦虑的心理高峰。其中许多高峰发生在婴儿和学步儿阶段。学龄前儿童也会经历这些高峰。

所有学龄前儿童都会有分离焦虑，在父母离开时感到难过是正常的、可以接受的反应。但强度因孩子而异。他们表达情感的程度取决于他们的性格、文化和以往的分离经历。一些孩子可以热情地适应新环境，似乎不受分离的影响。一些孩子在父母离开时会变得沮丧、哭泣或紧抓着父母不放。一些孩子被教导不要哭泣，但仍会想念父母。还有一些孩子表现出退缩，拒绝说话或参加活动。帮助焦虑的孩子与父母分开，是帮助他们入园的重要一步。

观察并决定如何支持

观察孩子对你所在幼儿园的反应时，请提出以下问题。这些建议将帮助你制订计划以减轻他们的焦虑并帮助他们充分参与幼儿园活动。

被留在幼儿园之后，孩子是否会变得沮丧、哭泣或紧张不安？

一个孩子被留在幼儿园，沮丧、哭泣或紧张不安是他正常的初始反应，这样的反应会持续到孩子适应为止。让新生及其父母进入你所在的幼儿园，可以帮助他们有一个良好的开端。创建一个网站，向未来的家长和孩子们展示他们的新幼儿园的样子。重点展示教职员工的照片和任职资格、设施设备、学习区以及不同类型的活动（Stephens，2004）。父母和孩子可以实地参观你所在的幼儿园，了解可以期待些什么。

提供逐步过渡的入园适应培训，在此期间，家长和孩子可以来参观幼儿园。如果父母不方便，也可以由祖父母或其他受信任的成人代替。第一次来访可能很短，接下来的几天，孩子可以和父母一起参加并逐渐延长逗留时间。父母首先应该在孩子旁边玩耍，然后转移到教室的一侧作为安全基地。一旦孩子感到自在了，父母就应该说"再见"，到周围散散步或在车里读书。每次离开孩子的时间逐渐增加，直到孩子能够在幼儿园停留一整天。尝试将父母回来的时间安排在孩子玩得开心的时候。逐步过渡期的长短取决于个人。通过这种培训，孩子更有可能积极地应对日常的分离。

了解孩子的兴趣，以吸引孩子参加活动。当孩子到园时，准备好这些活动，并逐渐尝试邀请他参与。与孩子初次接触时，避免快速移动和身体接触（除非孩子要求）。允许孩子旁观其他幼儿，在房间的角落或游戏区的边缘，或从画架后面窥视以了解环境。如果孩子在玩某些材料，教师就可以在他旁边玩。描述你在做什么，但是不要期望得到孩子的回应。可以尝试与孩子分享材料时不说话。跟随孩子的游戏玩法。一旦孩子准备好与你交谈，就让他通过语言或行为指导你。

如果孩子在哭泣，请表达他可能的感受，说"妈妈不得不离开，你很伤心"，向他保证父母会回来。如果他想得到安慰，那就安慰他。尝试用吸引人的玩具分散他的注意力。表演一个木偶戏，其中的木偶被幼儿园的场景吓坏了。将教师如何帮助这个小木偶、小木偶如何结识他人并找到要做的事情这样的情节表现出来。

保持稳定的一日生活流程。这有助于孩子判断他的父母何时会回来，并有助于减少他们对未知的恐惧。制作一个带图画的时间表，与孩子谈论要做的事情，以便他知道将要做什么。谈论家人来接他的具体时间（例如在点心时间或游戏后）。允许孩子携带安抚物，如毯子、可爱的玩具或家人的照片。

一些觉得自己无法阻止父母离开的孩子，可能会试图控制他们能做的事情。他们可能会抓着一堆玩具不放手，或坚持使用某把椅子。教师应理解他们潜在的需要，同时向幼儿温柔地介绍与他人分享玩具的概念。其中，孩子的许多行为是过渡性的。你可以用关心和理解来引导孩子的行为。此时建立积极的关系很重要。在你过度担心之前，让孩子逐渐适应新的环境。

上学的第一天，一个以英语为第二语言的4岁男孩森，靠在门上，哭着用母语呼唤他的爸爸。教师拿着剪贴板和画纸小心翼翼地走近他。教师画了一个正在哭泣的男孩，又画了一个男孩开着卡车，然后是他爸爸出现在门口的图片。接下来，她画了一个面带笑容的男孩，然后画了一个家庭和房子。森为他的家人命名并更正了这幅画，以使其展现他的家庭。教师把剪贴板和记号笔递给他，在他画画的时候陪伴着他。

没过多久，教师宣布："五分钟后，我们去看看有什么玩具。"到了参观教室的时间，森拒绝了。教师拿起剪贴板和记号笔，开始画和标记教室里的玩具。几分钟后，森和教师一起在教室里走来走去。教师给森看了他们一天的日程安排，并再次解释了他爸爸什么时候回来。森开始玩一个引起他注意的玩具。不久，其他孩子也加入了。有人无意中听到一个孩子说："别担心，你爸爸很快就会回来，很快的。我保证。"

孩子是否会在午睡时间或进餐时间变得紧张不安？

午睡时间和进餐时间会使孩子想起家。午睡时，孩子可能会想念家庭日常活动，例如看书或与父母拥抱。为了帮助有困难的孩子，可以了解他们的午睡习惯，并尽可能地重复多次。鼓励孩子带一个他熟悉的毯子或可爱的动物玩具。播放安静、舒缓的音乐可以分散孩子的注意力并营造一种平静的气氛。考虑孩子是否会在第一次接触集体环境时感到过于疲劳。如果是这样，请在当天的早些时候允许额外的休息时间，或将午睡时间提前几分钟。可能孩子在家里并不午睡，他会对这个要求感到不安，那么可以和他讨论出一个折中方案，比如缩短午睡时间或者将午睡时间变成阅读时间。在进餐时间，提供孩子熟悉的膳食。如果可能，可以带他一起准备食物。向孩子解释进餐流程。鼓励孩子吃饭，但不要强迫他；他有可能因为太紧张而吃不下。

已经来园一段时间的孩子，现在在家长送他来园时仍会泪流满面或心烦意乱吗？

有些孩子在一开始来园的几周似乎适应得很好，然后就崩溃了。就好像他们意识到，幼儿园就是他们要生活的地方。这就是本章开头发生在安娜身上的事情。起初，她觉得幼儿园很有趣，但当她意识到幼儿园将是她基本上每天都要停留的地方的时候，她并不确定自己是否喜欢它。幼儿园里的工作人员认识到她需要支持。他们试图向她打招呼，帮助她找到激发她兴趣的玩具，并引导她建立同伴关系。教师和她的父母一起确定了早晨的日常活动。不久，安娜就做出了调整，每天都能笑着进园。

与家人度过一个美好的周末、一起度假或参加特别的庆祝活动后，不得不与家人分离的时候，孩子们有时会感到沮丧。通常，这些适应期很短，孩子很容易克服。如果你班里的孩子似乎有周期性的分离问题，那么可以看看是否有规律。他们是否遵循特殊的家庭时间？使用上面第一个问题下列出的适当建议。与孩子建立关系。每天问候他。找一些特别的东西来分享，比如一个笑话、一个他可以提供帮助的方式或一个共同的兴趣。思考孩子焦虑的来源。家里或幼儿园的环境是否发生了变化？孩子是否对另一个孩子或成人感到失望？他是否因为某事受到惩罚而难受？有没有某个特别的朋友或教师离开了幼儿园？应支持孩子，让他学会应对变化和自己的感受。

孩子是否充分参与了园内活动？

直到孩子完全参与幼儿园活动，帮助他们适应分离的工作才算完成。观察有困难的孩子现在是否参与活动，而不是敷衍了事（在回家之前不那么投入）。发现孩子最喜欢的活动，比如对孩子说"在幼儿园里画画很有趣"或"你今天真的听故事了"，以肯定他在这些活动中的参与。预告一下第二天值得期待的事情，可以说："下次你来的时候，我们一起阅读你现在正在看的书。"记得第二天一定要和他一起读这本书。

规划有很多孩子参与且具有高度激励性的角色游戏主题。如果孩子们乘坐公共汽车去上幼儿园，那么你可以在教室里设置一辆公共汽车，让孩子们轮流担任司机和乘客。通过假装有一只玩具狗试图上公共汽车来增加一些幽默感。设计幼儿可以高度参与或有较强的吸引力的小组活动。也许每个孩子都可以拿着你正在阅读的书中的动物玩具或动物图片。当你读这本书时，请他们举起他们的动物。设计吸引人的桌面活动，如橡皮泥活动。指定某个孩子给新来的孩子充当伙伴，帮助他完成日常活动。发现孩子积极参与游戏或与朋友一起玩的时刻，轻声地给他肯定的信息，例如"海伦喜欢和你一起玩"。组织一个能帮助孩子了解其他孩子名字的小组活动。例如，玩一个简单的游戏：孩子们围成一圈，互相滚球。当球滚到哪个孩子面前时，这个孩子先说出自己的名字，然后将球滚给其他人。

孩子是否不愿意离开幼儿园或与父母重聚？

有些孩子玩得太开心或太投入活动，以至于当父母来接他们时，他们会哭泣或举止不当。当一个孩子整天都在努力控制自己的情绪时，这也可能发生——他终于可以释放情绪。对于在一天结束时可能会有困难的孩子，可以提前告知他们，父母很快就会到达，以帮助他们。孩子离开前的一段时间不要做需要长时间专心投入的活动。向孩子保证，他正在玩的玩具下次还可以玩。鼓励父母留出足够长的时间来接孩子，以防孩子需要完成一个活动或游戏。减少成人之间的谈话时间，以便父母可以专注于孩子。以书面或电话形式向家长分享必要的信息，明确谁负责在接送时间指导孩子的行为。有时因为分工不明确，每个成人可能都在等着对方做些什么事情。

 何时寻求帮助

入园适应是因人而异的。有些孩子可能需要3小时，有些孩子需要3天，还有一些孩子需要3个月。如果孩子偶尔来园，或者在所有环境中都很害羞，那么分离焦虑可能会是一个长期的问题。如果一个孩子连续几周每天经常哭泣超过10分钟，他就可能需要额外的帮助。经历这种悲伤程度的孩子可能需要更长的适应期，或一天里更短的在园时间，他的父母有可能需要向家庭教育指导师或专门从事幼儿家庭工作的顾问咨询（Brodkin，2003）。

与家长合作

当你与对你所在的幼儿园感兴趣的家长交谈时，让他们了解你们灵活的入园适应规定，预知并接受分离会给父母带来的压力。鼓励他们花时间帮助孩子融入幼儿园生活，即使他们认为他们的孩子会很好地适应。与父母讨论让他们的孩子为入园做好准备的重要性。向他们提供后文中的为父母提供的信息。与他们一起制定告别策略，在孩子准备好开始常规日程时使用。该计划可能包括上车前在家中的特殊时间，快速参观教室以决定先玩什么，然后在离开前亲吻和拥抱。让父母知道他们的孩子在入园适应中取得的进展。向他们保证，你正在尽一切可能帮助他们的孩子感到放松。

行动计划

在制订你的行动计划时，可选择或修改下列某个建议的目标，使其符合你的实际情况。加上你期望的这些技能或行为表现到什么程度，或者幼儿表现该行为的频率。记住：你的目标是促进孩子的成长，而不是塑造一个完美的孩子，你要稍微提高你的期望值，帮助孩子在现有能力的基础上有所进步。然后，确定教师和家长将采取的三项或四项行动，再额外选择一些针对幼儿园和家庭的其他行动。在本书附录中的计划表上记录你选择的行动。

为有分离焦虑的孩子制定的目标示例
- 与父母分离时不会沮丧。
- 离开幼儿园时没有抗议的行为。
- 每天参与 _____ 和 _____（列出一两个活动）。

- 适应午睡时间，不会哭闹。
- 全面参与幼儿园活动。

家长和教师都可以采用的行动示例
- 参与孩子逐步适应的入园阶段。
- 接纳孩子的恐惧。
- 考虑孩子的其他焦虑来源。
- 向孩子保证他的父母会回来。
- 减少接送时间成人之间的谈话。

教师可以采用的行动示例
- 每天问候孩子。
- 一旦孩子进入幼儿园，就要对孩子的行为负责。
- 允许孩子从家中携带安抚物。
- 当孩子到园时，准备好他感兴趣的活动。
- 提供孩子喜欢吃的食物。
- 与孩子建立关系。
- 在孩子旁边玩游戏。
- 跟随孩子在游戏中的领导。
- 避免快速的动作和身体接触（除非孩子要求）。
- 讲述孩子可能有的感受。
- 表演关于与父母分离的木偶戏。
- 为孩子指定一个小伙伴。
- 和孩子谈论他会被接走的具体时间。
- 尽可能多地重复孩子家中的午睡习惯。
- 就午睡或休息时间的长短讨论出折中方案。
- 不要在孩子被接走前开展需要长时间投入的活动。

家长可以采用的行动示例
- 和孩子一起玩上幼儿园的游戏。
- 在送孩子入园前陪伴孩子一会儿。

- 带上安抚物。
- 确立关于父母离开和返回的常规活动。
- 计划回家后一起做的事情。
- 在离开前说"再见",然后迅速离开。
- 留出足够的时间来接孩子。
- 无论何时与孩子在一起,都要对孩子的行为负责。
- 如果孩子继续表现出分离困难,请与家庭教育指导师或专门从事幼儿家庭工作的顾问交谈,并与孩子的老师分享相关信息。

关于分离的一些信息

 **什么是分离？**

孩子们通常会在入园初期父母离开他们时感到不安。在新环境中，他们需要学习和适应很多东西。但不安的强度因孩子而异。有些孩子可以热情地适应新环境，有些孩子会变得非常沮丧或抱紧父母不愿放手，有些孩子不哭但仍然想念他们的父母，还有的孩子会退缩并拒绝参与活动。

观察和回应

安排适应期，以帮助孩子逐渐适应新的幼儿园。如果孩子的父母没有时间，那么可以请祖父母或其他可信赖的成人帮忙。第一次参观幼儿园通常时间较短，然后逐渐延长参观时间。首先在你的孩子旁边玩耍，然后转移到教室的一侧。一旦你的孩子看起来很自在，你就可以和他说"再见"，离开幼儿园去散散步或看看书。每次离开孩子的时间都要相应增加，直到孩子能够在幼儿园停留一整天。

帮孩子做入园准备时，可以阅读奥德丽·佩恩（Audrey Penn）的《魔法亲亲》①（*The Kissing Hand*）或安·汤珀特（Ann Tompert）的《你会回来接我吗？》（*Will You Come Back for Me?*）等图画书。玩假装去幼儿园或托儿所的游戏。轮流成为离开的人和被留下的人。坦诚地表达自己离开孩子时的感受，但要小心不要将这些感觉传染给孩子。

趁着你和孩子在家的轻松时光，为新幼儿园塑造积极的心理形象。向孩子强调，你会回来接他的。谈论可能发生的事情以及孩子将如何适应。找另一个参加同一所幼儿园的孩子，一起聚几次。与教师交谈，让他允许孩子携带安抚物，如可爱的玩具或家人的照片。

你最好在离开前说"再见"，即使你的孩子非常难过，也不要偷偷地溜出去。偷偷溜出去会使孩子学会对你什么时候可能离开保持警惕。你一旦说"再见"，就要立即离开。教师会尽一切可能帮助孩子参与活动并做出积极的调整。你的孩子很可能会在

---

① 该书已由明天出版社于2009年出版。——译者注

你关上门后立即停止哭泣并开始快乐地玩耍。

在入园几周后或一段特殊的家庭时光后,孩子有时会变得沮丧。看看是否有规律可循,例如在家里度过了一个美好的周末之后的每个星期一。想想你的孩子是否对某事感到焦虑。家里或幼儿园是否有什么变化?孩子是否对另一个孩子或成人感到不安?孩子是否因某事受到惩罚而感到沮丧?孩子需要你们的支持来学习应对变化和新的感受。

直到孩子完全参与幼儿活动,入园适应的工作才算完成。询问教师你的孩子是全心全意地参与活动,还是只是敷衍了事,直到离园回家的时间。查看家园沟通手册或课程计划,这样你就可以提出有关特定活动的问题,并预告第二天的事情,说:"明天你要在操场上假装洗车。"

一些孩子会在父母来园接他们时哭泣或行为失当。在离园时崩溃的孩子可能正在释放他们努力控制了一天的情绪。他们可能参与了一项有趣的活动,也有可能玩得很开心以至于难以离开。

设定固定的到达时间,以帮助孩子更积极地看待你来园接他的时间。确保孩子有足够的时间完成活动。强调你打算在家做的有趣的事情来吸引他。此时专注于孩子,而不是与教师交谈。明确谁在接送时间负责指导孩子的行为。有时,每个成人可能都在等着对方做些什么事情。

寻求支持

对新环境的适应是因人而异的。这可能需要孩子用 3 小时、3 天或 3 个月的时间。如果孩子偶尔去幼儿园,或者在所有环境中都很害羞,那么分离可能会是一个长期的问题。如果一个孩子连续几周每天哭泣超过 10 分钟,那么他可能需要额外的帮助。如果孩子正在经历这种程度的痛苦,那么他可能需要更长的适应期,或缩短一天的在园时间。你也可能需要向家庭教育指导师或专门从事幼儿家庭工作的顾问咨询。

第三章 "看这个！"——寻求关注

给教师

布雷迪想让我看着他的一举一动。我和他在一起的时间，似乎永远都不够。我觉得他需要太多的关注，以至于我没有足够的时间照顾其他孩子。

※ 标准

表现出对自己能力的信心；与他人互动和玩耍；大多数时候能调节自己的情绪和行为。

什么是寻求关注？

每个人都想要得到别人的关注。孩子们特别喜欢让大人陪伴他们，注意他们正在做的事情，并评论他们正在学习的东西。有些孩子比其他孩子需要更多的关注，有些孩子似乎对关注有着永不满足的需求。孩子提出的与你一起玩或让你一直关注他们的请求很容易让人厌倦，但以支持他们成长的方式做出回应至关重要。在与需要高度关注的孩子相处时，要认识到你所扮演的重要角色。一定要仔细观察这个孩子，并尝试确定他需要学习什么。需要大量关注的孩子通常可以从多个标准中受益。许多孩子从获得自信中受益。其他可能适用的标准，包括与他人互动和玩耍，并能在大部分时间里调节自己的情绪和行为。

观察并决定如何支持

观察一个需要大量关注的孩子，看看他的行为是否有规律。问自己以下问题，以确定将哪个标准作为目标。使用这些建议来制订行动计划。

孩子是否会提醒你关注他的活动？

"看这个""看我"和"看"是对新发现的技能感到兴奋的孩子最喜欢的话语。然而，有些孩子会提醒你注意他们的活动以增强他们的信心。他们寻求他人对自己能力的肯定，而不是对自己的能力感到自信。可以通过教孩子为自己的工作感到自豪来帮助他们开始有良好的自我感觉。示范说一些诸如"我看到五颜六色的线条和圆圈"之类的他可以使用的话语。通过问"你最喜欢照片的哪个部分?"或"你付出的努力最多的部分是什么?"来帮助孩子赞美自己的工作。

通过确保孩子经常取得成功,帮助孩子获得对自己能力的信心。根据孩子的能力水平提供材料,以便他可以获取他需要的材料。检查玩具和材料的难度级别是否适合孩子。如果他看起来很无聊,那么可以添加难度更大的材料或他很久没见过的物品。对于觉得自己可能无法完成现有活动的孩子,可以为他们准备更简单的玩具。在你一点点的帮助下他能做好活动,这才是难度适宜的挑战。一旦他可以在你的帮助下进行活动,他很快就可以独立完成任务。当他尽力而为时要注意到他,并接受他的错误。如果他觉得可以自由地尝试新事物而不必担心被嘲笑,他就会获得信心。帮助他专注于自己的努力或正在取得的进步,而不是最终的结果。

如果孩子一次又一次地让你注意他的活动,你可能需要限制你看他的次数。比如说:"我会再看你一次,然后我要去看其他小朋友了。"

有时,孩子会夸大自己的能力以获得认可或青睐。教师应帮助他在许多方面感到自豪和有能力。通过肯定他强壮、做出了正确的决定或跑得快来增强他的信心。还应淡化竞争,可以玩合作游戏,例如"音乐垫子"游戏,当音乐停止时垫子被拿走,孩子们在垫子上共享一个空间而不是离开游戏。设计孩子们可以合作的活动,例如制作水果沙拉或小组中的孩子一起讲故事。

孩子是否会一直要求你和他一起玩?

一个需要高度关注的孩子可能会和你一起读书 10 分钟,然后让你和他一起玩游戏。在本章开篇的例子中,布雷迪似乎从来没有得到足够的关注。教师观察了他好几天,发现他真的没有和其他孩子建立友谊。她决定鼓励他少和她一起玩,多和其他孩子一起玩。

一些需要大人关注的孩子很难独自玩耍,或者可能无法与同伴建立令人满意的关系。帮助有困难的孩子从依赖你转变为更加独立并与其他孩子建立关系。安排一天的时间,让他有时间独立玩耍,有时间和你在一起,在你旁边玩耍,和其他孩子一起玩耍。要坚定且公平地执行你和他一起度过的时间的总量。在孩子想方设法(可能是不合适的)引起你的注意之前,尽早花时间和他在一起。此外,安排一个特殊的你和他的共度时间。和他谈论你们的特殊时间以及安排在什么时候。说清楚你可以和他一起玩多长时间。5~10 分钟后结束游戏环节,答应以后或第二天再和他一起玩。一旦你们在一起的时间结束，就以一种友善但坚定的方式解释你还有其他事情必须做，而他必须自己做一些事情。帮助他决定他将从事什么活动并让他开始行动。当他独自玩耍时，请在活动中寻找休息或暂停的机会称赞他的独立性。

安排一些你和这个孩子可以并排工作的机会。为他安排一项他可以在你旁边进行的活动。在他做自己的事情时继续你的工作。你的亲近将帮助他感到被重视。偶尔给他一个非言语信号，比如眨眼或表示"好的"的手势，让他知道你很欣赏他独立玩耍的努力。

和孩子一起玩的时候邀请另一个孩子加入，这可以鼓励孩子与他人建立关系。一旦他们开始一起玩，你就要稍稍退后，但要保持足够近的距离，以便为他提供建议或帮助解决问题。你还可以通过安排伙伴活动或让孩子与另一个孩子一起完成活动任务，以培养他与其他孩子的关系。鼓励孩子向其他孩子寻求帮助。例如，如果他在用计算机时需要帮助，那么你可以说："塔玛拉很擅长。让她展示给你看。"课程计划中要有能让孩子在小组中玩耍的时间和空间。角色游戏的主题游戏区通常能将孩子们聚集在一起，他们在这里假装玩过家家、开餐厅或洗车。更多关于幼儿一起游戏的信息，请参见本书第四章的内容。当孩子与他人合作时，要给予他关注和称赞。

孩子是否经常打断别人或提问？

大多数孩子发现要等待轮到自己说话很困难。需要额外关注的孩子更有可能打断别人或提出问题以引起他人对自己的注意。你可以通过帮助他学会等待轮流说话来帮助他学会控制这方面的行为。为所有孩子制定规则：一次只有一个人说话。悄悄地向孩子解释，他需要等待轮到他的机会，告诉他："我想听你说话，但是别人在说话。你需要等到她说完。"让他告诉你他要说的话，这样你们都可以记住他想要表达的内容。然后，他必须等待。一定要在适当的时候问他想告诉你什么。如果他在集体活动时间经常打断别人，那么请他保持安静。当活动顺利进行，没有被他打断时，给他竖起大拇指或做出"棒"的手势，作为一种在不干扰活动的情况下关注他的方式。

孩子是否会看着你，然后打破规则？

有时，孩子们觉得他们唯一得到关注的时候就是当他们因为做错事而受到谴责时。如果成人在孩子的行为符合期待时不发表评论，或者忽略了孩子的适当行为，他们就会不经意地帮助孩子强化了这种感觉。一个通过不当行为寻求关注的孩子可能会看你是否在看他，然后打破规则。要转变孩子的这种行为，教师需要每天早点注意孩子，并经常注意他。确保他举止得体,并说诸如"谢谢你帮忙摆好早餐桌"或"我看到你很小心,以免积木倒塌"之类的话,让他知道你很欣赏他为遵守规则所做出的努力。

如果你教他一些简单的短语来引起你的注意,那么他可能不需要经常不恰当地引起你的注意。他可以说"坐在我身边"或者"握住我的手"。如果孩子正在模仿别人不恰当的行为,就要让他知道他有自己的好主意,不需要模仿别人。

当他确实违反了规则时,就要尽可能少注意他。简单地说明他所做的事情是不可接受的,然后将他移到教室的另一边或要求他暂时选择一个安静的活动。不要在这时与他进行讨论或争论。如果他和你争论,他就可能会让你陷入无休止的争论。相反,让他知道在你再次关注他之前他需要做什么。例如,你可能会说:"等你不踢桌子了,我会过来坐在你旁边。"

与家长合作

与孩子的父母讨论孩子对于关注的需求。描述孩子在班级中的行为,以及在集体环境中处理这种行为的挑战性。看看他们是否有类似的担忧。他们可能更容易在家里满足孩子对关注的需求,或者他们也可能对孩子过分寻求关注的行为感到烦扰。看看生活中是否有哪些变化导致孩子寻求额外的成人支持。与孩子的父母一起制订行动计划。在家庭和幼儿园之间建立一致性将帮助孩子变得更加自信,学会建立同伴关系,并发展自我调节技能。

 何时寻求帮助

一天当中数次走近孩子,让他知道他的行为是适当的,这可以满足绝大多数孩子对教师关注的渴望。然而,如果孩子为了引起注意而做出危险或自伤的事情,请建议其父母去咨询专门从事幼儿工作的顾问。

行动计划

在制订你的行动计划时,可选择或修改下列某个建议的目标,使其符合你的实际情况。加上你期望幼儿的这些技能或行为达到什么程度,或者幼儿表现该行为的频率。记住:你的目标是促进孩子的成长,而不是塑造一个完美的孩子,你要稍微提高你的期望值,帮助孩子在现有能力的基础上有所进步。然后,确定教师和家长将采取的三四项行动,再额外选择一些针对幼儿园和家庭的其他行动。在本书附录中的计划表上记录你选择的行动。

给需要高度关注的孩子制定的目标示例

- 称赞孩子的作品。
- 每天在你旁边工作____分钟（选择比他当前工作时长稍长的时间）。
- 每天独自玩____分钟（选择比他当前独自玩的时长稍长的时间）。
- 每天和另一个孩子玩____分钟（选择比他当前和另一个孩子玩的时长稍长的时间）。
- 等到轮到他时再说话。
- 以适当的方式寻求关注。
- 在____%的时间内可以遵循简单的规则（选择一个比他当前表现略高的百分比）。

家长和教师都可以采用的行动示例

- 摆放玩具和材料，让孩子可以自助取用。
- 提供对孩子来说有难度但又可以获得成功的玩具。
- 关注孩子的努力。
- 经常花时间与孩子在一天的早些时候进行一对一的交流。
- 坚定地结束游戏环节。
- 评论孩子的独立性。
- 在评论孩子的努力时要具体。
- 请孩子表扬自己的工作。
- 当你不能和孩子说话时，注意给他发出的非言语信号。
- 设置观察孩子的次数限制。
- 安排时间，和孩子并排游戏。
- 明确一次只有一个人可以说话。
- 当孩子违反规则时不要关注他。
- 重申被打破的规则并告诉孩子他的行为是不可接受的。
- 把孩子转移到教室的另一边，让他暂时选择一个安静的活动。
- 教他适当地寻求关注。

教师可以采用的行动示例

- 每天花几分钟给孩子一段特殊的共度时间。
- 组织小组活动、合作活动和独立的游戏活动。

- 不要强调竞争。

家长可以采用的行动示例
- 在一起做事和独立做事之间交替进行。
- 策划合作活动。
- 如果孩子做了极其危险或自伤的事情，请与专门从事幼儿家庭工作的顾问交谈，并与孩子的老师分享相关信息。

给家长

关于寻求关注的一些信息

什么是寻求关注？

孩子们喜欢让成人陪他们，注意他们正在做的事情，并评论他们所学的东西。然而，有些孩子比其他孩子需要更多的关注，有些孩子似乎对关注有着永不满足的需求。孩子提出的与你一起玩或要你一直看着他们的请求很容易让人厌倦，但以支持他们成长的方式做出回应至关重要。

观察和回应

帮助孩子更自信、更频繁地独自玩耍，并遵循简单的规则以减少他对你关注的依赖。"看这个"和"看"是为自己新发现的技能寻求他人肯定的孩子最喜欢说的话语。可以示范说一些赞美话，如"我看到五颜六色的线条和圆圈"，以帮助孩子为自己的努力感到自豪。也可以问"你觉得哪个部分最困难？"来帮助他肯定他的努力。

通过让孩子做一定能成功的事情来帮助他获得信心。检查孩子的玩具难度是否足够有挑战性但又不会让其大受挫折。如果孩子看起来很无聊，请添加更有难度或一段时间未使用的玩具材料。如果孩子在你稍加帮助下似乎仍然无法完成这些活动，那么就准备一些简单点的玩具。要注意到孩子付出的努力，接受孩子的错误，关注孩子的努力或取得的进步，而不是最终的结果。通过表扬孩子做出了正确的决定或者能快速奔跑等行为来增强孩子的信心。

如果孩子不断地让你注意他的活动，那么你可能需要限制你给予他关注的次数，说："我会再看你一次，然后我需要完成我的工作。"

帮助孩子从依赖你转变为更加独立。坚定但公平地确定你可以给予他多少关注。每天安排你和他在一起的特殊时间，谈论你们的特殊时间以及何时发生，明确你将能够和他玩多长时间。结束游戏环节时，答应以后再和孩子一起玩。一旦你们在一起的时间结束了，用一种友善但坚定的方式解释你还有其他事情必须做，他必须独立做一些事情。你可以帮助孩子做出决定，然后开始活动。在孩子独立游戏的过程中，寻找休息或暂停的时间，表扬他的独立性。

安排与孩子并排工作的方式。在孩子工作的时候继续你的工作。你的亲近会让孩子感到被重视。一个非言语信号，如眨眼或表示"好的"手势，能让孩子知道你欣赏他独立玩耍的努力。

有些孩子在你和别人说话时表现得最渴望得到你的关注。通过制定每个人都必须轮流或礼貌打断他人的规则，帮助孩子学会等待轮到自己说话。告诉孩子："我想听你说要紧的话，但其他人正在说话。你需要等到她说完。"教孩子把手放在你的肩膀上，或者等待谈话中断，然后说："打断一下。"

有时，孩子会觉得获得关注的唯一方法就是因为做错事而受到谴责。有这种感觉的孩子可能会通过不恰当的行为来寻求关注。当孩子表现得恰当时，可以通过关注来改变孩子的这种行为。说"谢谢你帮忙摆桌子"之类的话，教孩子一些简单的话语来适当地引起你的注意，例如"坐在我身边"或"握住我的手"。

当孩子确实违反规则时，请尽可能少注意，只需简单地说明他所做的事情是不可接受的。此时不要与孩子讨论或争论。相反，和孩子解释清楚，在你再次照顾他或她之前，孩子需要怎样做。例如，你可以说："当你停止踢桌子时，我会过来坐在你旁边。"

寻求支持

与孩子的老师交谈。共同制订计划，以满足孩子的关注需求。在家庭和幼儿园之间建立一致性，使孩子更加自信和独立，并发展自我调节技能。如果孩子为了引起注意而做出危险或自伤的事情，那么请咨询专门从事幼儿家庭工作的顾问。

第四章 "我也想玩！"——加入游戏小组

给教师

当我看到麦肯齐站在一旁看其他孩子玩耍时，我感到很难过。有一天，我看到她找到了其他人正在寻找的玩具。她把玩具递给了詹姆斯，然后就跑开了，好像她害怕加入他们一样。

※ **标准**

加入小组并与其他人一起游戏。

什么是加入游戏小组？

许多孩子非常积极地参与游戏小组。孩子们通常通过观察和模仿小组中的孩子来学习加入游戏。这些孩子能很快融入并似乎很容易被接受，其他孩子则认为加入已经成立的游戏小组很困难。他们站在游戏的边缘往里看，或者被排除在游戏之外。当一个孩子看上去焦虑或好像不知道该如何加入时，就是你提供帮助的时候了。孩子们需要一些不会引起他人对自己过度关注并且不太打扰他人的加入方式。一个孩子如果问"我可以玩吗？"，那么通常会得到一声响亮的"不行！"。与幼儿相处的成人可以帮助他们学习其他更可能被接受的方法来加入游戏。

观察并决定如何支持

当你看到一个难以加入游戏小组的孩子时，可以问以下问题。每个问题附带的建议将帮助孩子学会加入游戏小组并与他人一起玩耍。

孩子通常都独自玩耍吗？

婴幼儿独自玩耍是很常见的。各个年龄段的孩子在彼此不太了解、害羞、谨慎或需要一些时间独处时将独自玩耍。他们也可能仅仅是因为喜欢而独自玩。当孩子具备与他人一起玩耍所需的技能但仍选择独自玩耍时，请尊重他们的决定。然而，某个孩子如果看起来不高兴、好像不知道如何加入或总是游离在游戏之外，就可以向你寻求帮助。通过提供支持小组游戏的材料来鼓励不知道如何加入的孩子，例如角色游戏或积木搭建的材料。如果他倾向于玩一个人玩的材料，比如拼图、书籍或画架，那么就想办法将这些材料带入集体活动中。设置一个图书馆的戏剧游戏主题。孩子可以在阅读书籍时与他人一起玩，假装借书，并帮助整理图书馆的图书。提供有组织的小组活动，让他在你指导活动时了解其他人。玩能帮助孩子记住小组成员名字的游戏。评论他与其他人的共同点。说："你和凯拉都喜欢扮演你们看过的电影。"

孩子被拒绝的常见原因

所有的孩子，即使是有高超的交往技能的孩子，有时也会被拒绝。孩子拒绝他人的原因有很多。思考被拒绝的原因并做出适当的回应。儿童被拒绝的原因如下所示。

- 保护而不是分享数量有限的游戏材料。
- 保护他们正在扮演的角色，并且不希望被人夺走。
- 限制游戏参与者的数量（有时，孩子们的社交能力不够强，看不出多一个人会怎样影响游戏的发展）。
- 感觉自己是小组中的一员。
- 通过接纳或排斥其他孩子来感受自己所拥有的权力。
- 排斥喜欢破坏或攻击的孩子（他们不想再次面对令人不安的行为）。

为了减少孩子被拒绝加入的可能性，可以如下面这样做。

- 培养孩子的归属感、包容心和关爱他人的能力。
- 教孩子不会引起他人注意地加入游戏的策略。
- 教孩子在其他孩子附近玩耍并模仿他们的动作。
- 教师加入游戏，然后邀请想加入的孩子进入游戏，帮助其解决冲突。
- 给孩子一个可以被带入游戏以支持故事情节的道具。
- 观察以找到尚且无人扮演的角色，指点新加入的孩子如何扮演角色。
- 教给孩子他可能缺乏的社交技能。
- 为偶尔被拒绝的孩子提供支持，可以说："我认为他需要一些自己的时间。让我们在这里玩一会儿，直到他准备好再次加入。"

如果一个孩子经常被拒绝，就代表他需要老师的介入。可以拉着他的手，

> 一起加入小组。帮助孩子意识到他可以想办法解决出现的任何问题。如果你坚持在没有你支持的情况下让这个孩子加入小组游戏,你可能会使其他孩子产生不满,导致小组成员进一步拒绝他。

孩子是否与你或其他成人一起玩有困难?

大多数与同龄人相处成功的孩子都与成人建立了良好的关系。要帮助难以与同龄人玩耍的孩子,你要先与其建立良好的关系。弄清楚他喜欢什么并参与这些活动。花时间倾听他并与他交谈。分享一个笑话或一个天真的秘密。了解他的家庭以及他在园外所做的事情。趴在地板上和他一起玩,跟随他的领导,让他指导游戏场景。偶尔成为他感兴趣的小组游戏的成员。邀请这个孩子加入你,鼓励但不要强迫互动。如果他没有回应你的邀请,请积极地期待他很快就会加入你的活动。即使在他和其他人一起玩之后,他有时也可能需要回到你身边,将你作为一个安全的基地。

孩子是否很难和另一个孩子一起玩?

在大约 3.5 岁时,孩子们与同龄人相处的时间通常比与教师相处的时间多(Poole, Miller, & Church, 2003)。如果你班上的某个孩子没有一个与自己可以一起玩的同伴,那么建议你帮他找一个在发展、气质和冲动程度方面与他相近的玩伴(Gower et al., 2001)。如果你想增强他的信心并让他练习领导技能,那么你可以为他选择一个稍微年幼一点的玩伴。对他来说,让别的孩子参与他的游戏可能比让他加入其他人的游戏更容易,所以可以给他找一个玩伴。提供鼓励互动的材料并计划需要两人合作的活动,例如手指画、需要完成任务的游戏和木偶戏。定期更换玩伴,让他与其他孩子一起玩耍。让孩子在加入更大的小组之前对玩两人合作的游戏感到自在。阅读有关朋友话题的书籍,比如米丽娅姆·科恩(Miriam Cohen)的《我会有朋友吗?》(*Will I Have a Friend?*)或帕特·哈钦斯(Pat Hutchins)的《我最好的朋友》(*My Best Friend*)。

孩子是否只和另一个孩子一起玩?

有时,孩子有一个最好的朋友,这个朋友会提供支持和友谊,孩子可以从中学到很多关于信任和亲密关系的事情。但是,如果孩子的这个最好的朋友没来幼儿园,或者好朋友对别的孩子感兴趣，或被不包括他在内的活动吸引，这个孩子就可能会遇到困难。帮助感到被冷落的孩子，可以通过尝试一些方法让他与新朋友建立联系。将他的游戏与其他人的游戏结合在一起。如果他在做饭，别人在盖房子，那么可以建议他请邻居吃顿饭。教师自己加入游戏，然后想办法让更多的孩子参与游戏。例如，如果你假装去看电影，就可以让孩子们扮演售票员、引座员、小卖部收银员以及观众。

孩子是否站在一群正在玩耍的孩子附近但不加入他们？

当孩子们开始表现出对加入其他人的兴趣时，他们可能会在小组的边缘玩耍。有时，这足以使他们被吸纳进游戏，因为游戏就在他们的周围。如果一个孩子仍然处于小组的边缘，那么可以教他模仿小组其他人的行为来帮助他更充分地参与。教师在他旁边玩耍，让他注意其他人在做什么。鼓励他在进入小组之前练习小组成员的活动。例如，如果其他人正在给塑料恐龙喂草，请给他一些草，并建议他也喂他的恐龙。当他有一个适合该游戏的想法时，帮助他向小组中的其他孩子提出建议。在他提出自己的主意之前，教他说出小组中一个孩子的名字或引起他们的注意。这会增加他的想法被认可的机会。他可以说："克洛，我们来假装恐龙从滚烫的熔岩中逃跑了吧。"

这个孩子是否试图以一种破坏性的方式参与游戏？

通过攻击性、闯入、挑剔或专横来破坏游戏或引起他人对自己过度关注的孩子不太可能在游戏中被接受（Kostelnik et al.，1998）。例如，如果一个扮演消防员的孩子想加入其他正摇着婴儿睡觉的孩子的游戏，他就很可能被拒绝。相反，可以帮助他找到一个适合他的想法的小组。在这种情况下，正在用积木搭建大楼然后再推倒的孩子们可能愿意和他一起假扮消防员。

有些孩子通过拍打另一个孩子的肩膀、强行挤进一个小组或打翻其他孩子的玩具来发起游戏。这种不合适的尝试会让成人和儿童都感到苦恼。观察一个有这种表现的孩子，看看他的行为是否意味着要加入小组活动。教师可以通过说"我认为奥布里试图挤进这个位置，是想加入你们的游戏"来向其他孩子解释这个孩子的意图。如果这个孩子在其他时候也有攻击性，就需要教他解决问题的技能（请参阅本书第九章的内容）。

教师可以适时加入游戏，帮助孩子渡过难关。攻击性或破坏性的名声将会在相关行为发生之后存在很长时间。除了帮助孩子学习更合适的行为外，还要努力改变其他孩子对他的印象。赞扬他的想法，并在他帮助他人时肯定他的行为。为这个孩子分配他可以成功完成的重要的班级任务（Brodkin，2006）。

考虑一下孩子是否因为自己的语言能力有限而使用身体来发起游戏。建议他扮演说话较少的角色，例如扮演给婴儿洗澡的人、家庭宠物，或者在餐馆里忙着洗碗的人。如果他似乎坚持使用单一方法加入游戏，那么就鼓励他尝试多种不同的游戏进入策略。提供建议，然后说一句："如果这不起作用，就回来我这里，我们想点别的主意。"

孩子是否会在刚加入时就打断游戏？

有时，孩子试图加入其他人，但会用自己的想法打断现有的游戏。教孩子通过提供道具、材料或者能支持当前游戏的想法来更顺利地加入游戏。帮助他学习观察他人的游戏，然后建议他提供与其游戏相关的道具。在本章开篇的例子中，麦肯齐为那些玩过家家的孩子找到了咖啡壶。如果她能说"这里有咖啡"，然后主动倒咖啡，她就更容易成功加入游戏。

要注意，一个孩子在加入他人的游戏时，不要试图抢占他人已在扮演的角色。孩子们的游戏中很难容纳两位教师或两个婴儿。例如，如果孩子们正在玩面包店的游戏，建议他扮演带人回家的出租车司机，而不是扮演另一个面包师。帮助孩子思考他在扮演角色时可以做的事情，确保他能够扮演角色。例如，语言能力有限的孩子或双语学习者可能难以扮演一个需要极好的语言能力的角色。

一个对游戏提出建议的孩子已经学会了在游戏原有的基础上丰富游戏，而不是试图改变它或引起他人对自己的过度关注。如果一个孩子还不能表达与游戏相关的意见，你可以让他和你一起扫视教室，观察正在进行的游戏，以帮助他学习表达建议，从而指导他适应这些游戏。帮助孩子计划他想要做的事情来适应他人正在进行的游戏。可以问"你能做些什么让他们知道你想一起玩？你能带来什么以帮助他们？你能说些什么让他们知道你也想玩？"，以演示孩子可以用来加入现有游戏的词语。为了增加孩子被接受的机会，可以帮助他引起另一个人的注意，并建议他直接对那个孩子发表评论。例如，如果他说"这是一个放杂货的袋子"，就鼓励他说："迪伦，这是一个用来放杂货的袋子。"

> **支持双语学习者加入游戏**
>
> 对大多数孩子来说，小组游戏具有很强的激励作用。当双语学习者加入正在玩耍的说英语的孩子的小组游戏时，他们有机会学习新词汇并练习将短语组合在一起。许多双语学习者会成为熟练的观察者，并通过跟随其他孩子的脚步轻松加入游戏。还有孩子以非言语的方式交流，通过手势、面部表情或行为表

示他们想玩。如果一个双语学习者难以加入一个小组游戏，那么你可以做很多事情来支持他的努力。

- 使用木偶展示加入策略。
- 简单地画一画加入策略，如站在附近观看、提供道具，或复制其他孩子正在做的事情。
- 建议双语学习者扮演不用说话的角色。
- 代表双语学习者说话，这样他就不会被忽视。
- 为孩子演示如何使用简单的短语。

与家长合作

与家长分享你在幼儿园环境中看到的情况。如果他们没有机会看到他们的孩子与其他孩子在一起的情况，他们可能就不会意识到孩子在学习加入他人游戏时所面临的困难。也许他们已经发现，他们的孩子与其他家庭成员或游戏小组一起玩时有困难。当孩子不与其他孩子互动或交朋友时，一些家长和教师会很担心。他们可能会怀念自己儿时的朋友并希望他们的孩子有类似的经历，或者他们可能会回忆起自己被拒绝的痛苦。与家长一起帮助那些不具备加入他人游戏所需技能的孩子、对加入其他人游戏感到焦虑的孩子，或经常被其他孩子拒绝的孩子。向家长提供相关信息并制订共享的行动计划。你也可以建议他们加入家长讨论小组。

 何时寻求帮助

语言发育迟缓的孩子可能无法跟上小组游戏的语言要求。其他类型的发育迟缓，例如相关的运动技能水平较低或难以理解假装游戏，可能会导致孩子停留在游戏的外围。持续对这样的孩子进行三四个月的观察并作记录。他大部分时间都是在独自玩耍吗？他是否对他人的邀请做出消极反应？他是否一直被他人拒绝？他的行为是否具有破坏性？他是否有意避免与他人接触？他在家里和幼儿园中与他人相处有困难吗？他的语言技能是否落后？他是否会因小组的噪声、景象和活动而感到不知所措？

如果你担心的孩子表现出令人担忧的行为模式，或者如果你对其中许多问题的回答是肯定的，请鼓励家长让所在学区的相关机构对孩子的技能做一次筛查。

行动计划

在制订你的行动计划时，可选择或修改下列某个建议的目标，使其符合你的实际情况。加上你期望的这些技能或行为表现到什么程度，或者幼儿表现该行为的频率。记住：你的目标是促进孩子的成长，而不是塑造一个完美的孩子，你要稍微提高你的期望值，帮助孩子在现有能力的基础上有所进步。然后，确定教师和家长将采取的三项或四项行动，再额外选择一些针对幼儿园和家庭的其他行动。在本书附录中的计划表上记录你选择的行动。

为难以加入小组游戏的孩子制定的目标示例

- 与一个成人一起玩。
- 与另外一个孩子一起玩（可以是同一个孩子）。
- 和不同的孩子一对一地玩。
- 模仿小组中孩子的行为。
- 提供有助于支持小组游戏的道具。
- 发表与游戏相关的评论。
- 在发表与游戏相关的评论之前引起其中一个孩子的注意。
- 进入小组并与两个或更多的孩子一起玩。

家长和教师都可以采用的行动示例

- 每天趴在地上和孩子一起玩。
- 在游戏中跟随孩子的节奏。
- 注意和评论孩子与他人的共同点。
- 帮助孩子与相似的人建立关系。
- 加入游戏以促进孩子与他人的关系。
- 鼓励但不要强迫孩子进行互动。
- 如果孩子忽视了你的邀请，应向他表达你积极的期望：他很快就会加入你的游戏。
- 帮助孩子观看和模仿他人的游戏。
- 将孩子的游戏与他人的游戏结合在一起。
- 与多个孩子建立联系。
- 给孩子道具，他可以带这个道具到现有的游戏中。
- 帮助孩子想出一个与其他人正在做的事情相辅相成的角色。

- 教孩子在提出自己的想法之前先引起小组游戏中一个孩子的注意。
- 鼓励孩子尝试一些加入策略。
- 向说话较少的孩子推荐适当的角色。
- 加入游戏，指导孩子应对冲突。
- 教授问题解决技能。
- 教授社交技能。
- 赞扬孩子的想法并在他帮助他人时认可他的行为。
- 代表被拒绝的孩子进行干预。
- 向他人解释孩子的行为。
- 阅读有关朋友和交友技巧的书籍。

教师可以采用的行动示例
- 培养孩子的归属感、包容心和关爱他人的能力。
- 提供有助于支持小组游戏的材料。
- 努力发展师幼关系。
- 了解孩子的家庭以及他在幼儿园之外喜欢做什么，提供类似的体验。
- 玩可以帮助孩子了解其他孩子的游戏。
- 提供成人主导的小组活动。
- 设计需要两人合作的活动。
- 帮助孩子寻找并加入合适的小组。
- 教授适宜的游戏行为。
- 对孩子的长处和进步进行评论。

家长可以采用的行动示例
- 邀请其他孩子一起玩耍。
- 当孩子们来你家时，指导和支持他们的游戏。
- 安排一次发育筛查，与孩子的教师分享相关信息。

给家长

关于加入游戏小组的一些信息

● 什么是加入游戏小组？

许多孩子都很想成为小组游戏中的一员。孩子们通常通过观察和模仿他人来学习加入游戏。有些孩子发现很难加入已经形成的游戏小组。没有必要期望你的孩子总是和别人一起玩。各个年龄段的孩子在彼此不太了解、感到害羞或谨慎、需要时间独处时，会倾向于独自玩。当孩子有与其他人一起玩耍所需的技能但选择独自玩耍时，请尊重他们的决定。

观察和回应

如果你的孩子表现出焦虑或似乎不知道如何加入，你就要提供支持。你可以帮助孩子学习使用有效的方式加入游戏。大多数与同龄人相处成功的孩子都会与成人建立良好的关系。每天和你的孩子一起玩耍，以确保他知道如何与你一起玩耍。趴在地板上，听从孩子的领导。即使你的孩子学会了与其他孩子一起玩，他也会想和你一起玩。

在社区、幼儿园等场所寻找可以成为你孩子的玩伴的孩子，安排孩子们的游戏时间。在邀请另一个孩子到你家之前，先尝试游乐场等中间环境，因为在你家里时你的孩子必须分享玩具。当另一个孩子第一次来你家时，他可能需要时间进行探索。孩子一旦平静下来，就会一起加入游戏，想办法解决可能出现的任何问题。

破坏游戏、具有攻击性、挑剔或专横的孩子不太可能被一群正在玩耍的孩子接受。如果孩子试图主导游戏，这种行为可能会导致他被拒绝。如果孩子的游戏想法与正在进行的游戏大相径庭，那么游戏小组可能会拒绝他。帮助孩子想一想与他人已经在做的事情相适应的游戏主意。

一些孩子通过拍打他人的肩膀、强行挤进小组或打翻玩具来开始游戏。这些行为会让其他孩子感到烦恼。看看孩子如何尝试进入一个小组。考虑你的孩子是否因为语言能力有限而用肢体表达。如果是这种情况，就建议孩子扮演一个说话少的角色，例如假装成家庭宠物或在餐厅送菜的人。如果孩子只使用一种方法加入游戏，请提供不同的方法建议，然后加上一句："如果这不起作用，就回我这里来，我们想一想别的办法。"

　　一个加入小组游戏的有效的策略是提供可以支持游戏的道具。孩子可以给那些玩过家家或送比萨的人送咖啡。注意，孩子可能不想扮演其他人已经在扮演的角色。孩子的游戏很难容纳两位教师或两个婴儿。帮助孩子在实际扮演角色之前思考如何扮演角色。

　　一个对游戏发表评论的孩子已经学会了添加游戏情节而不是试图改变它。帮助孩子观察游戏，然后决定在哪里加入它。你可以问："你能带来什么以帮助他们？你能说些什么让他们知道你想玩？"为了进一步增加孩子被接受的机会，建议孩子在发表评论之前先引起小组中某个孩子的注意。例如，鼓励孩子说："迪伦，这是一个可以放杂货的袋子。"

寻求支持

　　与你孩子的教师交谈以确定他们正在做什么来鼓励你的孩子参加小组游戏，以及你可以做些什么来支持他们的努力。如果加入小组游戏的语言要求对孩子来说过高，或者孩子因为难以理解游戏的假装部分而处于游戏的边缘，请让当地学区的相关机构对孩子的技能做一次筛查，以寻求额外的帮助。

第五章 "这是我的，我的，我的！"——轮流

给教师

卡梅伦坐在地板上，伸开的双腿间放着一桶积木。他从不真正搭积木。他只是守着它们，以确保其不被别人拿走。

※ 标准

在适当的时候分享材料。

什么是轮流？

对学龄前儿童来说，学会轮流并不容易。如果一个班级中的所有孩子都有足够的材料且被充分关注，那么学会轮流就不是问题。但是，在大多数的班级环境中，孩子往往被期待会轮流玩玩具，轮流获得成人的注意，并等待轮到他们说话。轮流包括学习在玩完后放手材料，要求玩其他人正在使用的材料，以及在没有足够的玩具周转时等待轮到自己。一些孩子通过观察他人、与成人的相互交换来学习轮流。有些孩子需要成人指导才能学习这项重要的技能。

观察并决定如何支持

观察一个学习轮流有困难的孩子。观察后，考虑以下建议并制订计划，帮助他学会在适当的时候分享材料。

孩子是否拒绝放手玩具？

孩子们会以多种方式表现出拒绝轮流。如果被要求放手玩具，那么他们可能会泪流满面、强烈地拒绝这个想法，或者愤怒地离开该区域。以这种方式回应的孩子将需要教师帮助来学习轮流使用玩具和材料。在3.5岁之前，许多孩子在发育上可能还没有准备好分享。在本章开篇的例子中，卡梅伦是一个3岁的小孩子。他的教师鼓励他轮流拿材料但并不是要求他这样做。她发现如果她强迫他，他会变得非常沮丧。但如果教师在卡梅伦附近时与他人分享玩具，他有时就会模仿她。

如果你班上有拒绝分享的孩子，请不要强迫他。这可能会给一个因为感到焦虑而不会分享的孩子带来额外的压力。相反，你要对他未来的转变抱有积极的期望（Heidemann & Hewitt，2010）。在孩子的听力所及范围内，说："我相信他玩完后会把它给你的。"给这个孩子足够多的时间来玩玩具。他需要先感觉自己拥有了什么，然后才愿意与他人分享。一定要为这个孩子提供一个放置个人物品的地方。对于班上孩子最喜欢的材料和玩具，注意要多准备几份。最重要的是，教师要成为一个慷慨的榜样，为孩子学会轮流打下基础。

确定孩子在一天中是否有某些时间更难进行轮流。如果他在午睡前特别疲倦或者在吃点心前特别饥饿，那么可以引导他玩通常一次仅供一个人使用的材料。或者，教他将他想自己使用的材料带到教室里较私人的区域，并教他说："我现在想一个人玩。"尊重孩子某段时间内自己使用材料的需要，不要谴责或训斥他。

孩子可能更愿意轮流玩有很多部件的玩具。当他玩积木之类的玩具时，加入他的游戏中。将他的注意力吸引到也想玩的其他孩子身上。让这个孩子以及其他正在玩这些材料的人分一份给新加入的孩子。感谢他愿意分享任何东西，即使只是一小撮橡皮泥或几块积木。

孩子拒绝轮流的另一个原因是，他担心自己借出的玩具不会被归还或被人毁坏。他可能会要求立即把玩具拿回来，看看另一个孩子是否值得信赖。让出材料的孩子可以对材料的使用加以限制。他可以说："如果你马上把它还给我，你可以在这里看着。"让他描述如何使用玩具，比如"你可以用我的车，但不要把它砸到墙上"。

你如果必须让孩子参与轮流，就让他知道什么时候轮到他。有些教师使用计时器。尽管有人反对这种策略，声称它不允许孩子自己控制，但大多数情况下，当提供这种类型的警示时，孩子们就会开始为他们的下一个活动制订计划。

孩子是否拒绝和成人轮流？

许多孩子需要先学习如何与成人分享。为了帮助在参与轮流时有困难的孩子，可以教他和你轮流。玩有来回节奏的游戏，如来回滚动汽车、互相弹球或用玩具电话交谈。在等待孩子归还玩具或轮到他时，满含期待地停顿一下。每次通过说"轮到你"和"轮到我"来强调"轮到"这个词。或者，给孩子一件玩具，并让他把它还回来。然后，让他给你一些东西，你也马上归还。这种来回的游戏向孩子暗示：如果他分享一些东西，它就会回来（Kutner，2011）。在你和他一起练习多次之后，你应该让另一个孩子加入你们的游戏中。

引导孩子注意人们进行分享的日常情景或书籍中描绘的有关分享的场景。阅读诸如帕特·哈钦斯（Pat Hutchins）的《门铃响了》(*The Doorbell Rang*)或吉尔·佩顿·沃尔什（Jill Paton Walsh）的《康妮过来玩》(*Connie Came to Play*)之类的故事。结合故事讨论分享的好处。

孩子是否会放下玩具却不让别人玩？

有些孩子把玩具放在一边，但如果另一个孩子玩它，他们会抗议。教师应帮助这些孩子了解，如果他留下玩具，其他人就可以使用它。仔细观察他，当他改变活动时，你可以去找他。提醒他，如果他留下玩具，其他人可能会拿起来玩。问他是不玩这件玩具了，还是想再玩几分钟。告诉他，你不能为他看着玩具（除非他只是去洗手间）。为玩具拍张照片或画一张画，让他保存。让他放心，在某个时候他还可以轮到一次。当孩子丢掉玩具，就要问他是否不想玩这件玩具了。如果他决定回来玩玩具，或者如果你必须在他玩完玩具之前叫他结束，那么可以问他："克莱尔现在或两分钟后可以来玩吗？"这有助于他感觉自己好像能控制自己的结束时间。如果一件玩具被用完了或者不是他们最喜欢的，孩子们就会更愿意放弃它。可以和他玩一个关于轮流的游戏，创设一个场景："如果布莱克在秋千上，贾森在等待，那么当布莱克下了秋千时该轮到谁上秋千呢？"

孩子是否难以等待轮到自己？

在幼儿园里，有很多需要孩子等待轮流的情况。别人在使用计算机时，他需要等待；学习区里过于拥挤时，他需要等待；或者他提出轮到自己却被拒绝时，他还是需要等待。为必须轮流的情况创建常规，教孩子如何等待轮流。将几把椅子放在桌边或在兴趣区挂上徽章，以表明一次可以有多少孩子参加这项活动。如果该区域的所有徽章都被佩戴或所有椅子都被占用，孩子就需要稍后再来。为某些区域制作一份登记表。当一个孩子离开时，他需要让名单上的下一个孩子知道该轮到他了。在计算机区等热门区域附近放置等候椅：一把给正在使用计算机的孩子，另一把给正在等待轮到自己的孩子。通常，坐在等候椅上的孩子也会投入游戏中。

如果孩子在等待轮到自己，那么可以帮助他找一些有趣的事情做。和他一起扫视房间，看看他觉得什么有趣，让他开始行动。给孩子具体的信息，告诉他如何知道什么时候轮到他。他可以观察第一个孩子什么时候放下玩具、什么时候找到新玩具或者什么时候去玩别的东西。如果等待的时间特别长，可以帮助孩子走到玩玩具的那个孩子身边,说:"我已经等了很久了,你什么时候结束?"当孩子耐心地等待时,如等待吃点心或在饮水机旁等待时,给予他积极的评价。

在角色游戏区设置医生候诊室或面包店的游戏,并为顾客提供号码牌,以帮助孩子练习等待和轮流。为孩子阅读一个聚焦于等待轮流的社交故事(有关社交故事的信息,请参见下面的专栏)。

用故事教轮流

社交故事被发现是一种有助于自闭症儿童的工具,在教发育正常的儿童社交技能时也是有帮助的。社交故事通常具有以下特点。

- 为某个个体而写。
- 符合孩子当下的发展水平。
- 从孩子的角度写,使用第一人称(我)。
- 聚焦于一种行为并提供积极的期望。
- 描述孩子要做什么。
- 有图片,对孩子来说效果可能会更好。
- 不要在孩子试图讨价还价的时候阅读。
- 每天阅读。
- 帮助孩子更好地理解社会情境。

[幼儿服务团队:多伦多社区生活(Early Childhood Services Team: Community Living Toronto,2011)]

社交故事可在线获取,也可以通过你所在学区的幼儿特殊教育计划提供。如果联系你所在学区的相关机构,请注意不要在未经家长许可的情况下分享有关孩子的信息。故事示例应根据每个孩子的需要量身定制,下面是一个故事示例。

等待轮到我

我喜欢在幼儿园玩玩具。

有时别人正在玩我想要的玩具。

当我看到想要的玩具时,我想拿走它。

当我拿走别人正在使用的玩具时,对方会很伤心。

当我想拿别人正在使用的玩具时,我可以说:"可以轮到我了吗?"

我可以寻找其他类似的玩具。

> 或者，我可以等到另一个孩子玩完，再在水台上玩耍。
>
> 当我等待轮到我的时候，其他孩子很高兴。
>
> 他们用完玩具后，就会轮到我。

孩子会在提出轮到自己的要求时抓住玩具吗？

一些孩子在不提出轮流的情况下抢走其他人正在使用的材料。还有一些孩子看到了他们想要的，虽然他们可能已经学会了要求轮流，但他们可能还没有学会等待回应（Bedrova & Leong，2007）。如果你班上有一个孩子正处于能提出轮流要求但不能等待回应的阶段，你就要密切关注他轮流的情况。在出现问题之前，靠近他。鼓励他提出轮流的要求，然后帮助他停下来等待他人的回应。

如果你看到孩子从另一个孩子手中抢走玩具，请注意自己的反应。保持冷静。如果这时你去找他，拿走他刚刚拿到的材料，你也在不经意间进行了一次抢夺，这可能会被孩子模仿。通过说"孟正在玩那个"来放慢过程。如果他不归还玩具，就指示他归还，可以说："你需要归还玩具。你可以自己做，还是我帮你？"如果他此时不将玩具还回去，那么你可以逐渐地尝试帮助他归还。

附耳对这个孩子轻声解释拿走别人玩具的后果（其他人会生气或不想和你一起玩）。表演一个木偶戏，其中两个小木偶很难与人分享。让孩子们决定木偶解决问题的几种方法。表演出他们的解决方案及其可能的后果。以表演木偶轮流游戏来结束。

教孩子交换的策略。帮助他想一想其他孩子可能想要的东西，并鼓励他把它带给其他孩子。通过让孩子们进行角色扮演来练习交换。收集一些受欢迎的玩具。让一个孩子玩某件玩具。请另一个孩子从他认为第一个孩子会喜欢的玩具中选择一件不同的玩具。帮助他进行一次交换（Heidemann & Hewitt，2010）。

孩子在轮流中遇到困难时是否会向你抱怨？

当孩子告诉你有人不会轮流时，他们通常是在寻求帮助来解决这个问题（请参见本书第六章的内容，以了解更多信息）。教抱怨的孩子这样说："我想要轮到我。你能帮我问一下吗？"使用你的专业判断来确定他需要多少帮助。有些孩子可能需要你提供话语供他们使用，有些孩子可能需要你直接过去解决问题，而其他孩子需要你提醒他们使用他们过去学到的技能。向孩子示范要求轮换的话语，例如："我也喜欢卡车。

我可以用这个蓝色的吗?"

在其他情况下,孩子可能需要你为他提供一些话语,以礼貌地说他还没用完玩具。如果有人要求玩他正在使用的玩具,请教孩子不要只说"不",可以帮助他解释为什么另一个孩子必须等待。例如,他可以说"不,我只有一件玩具,我现在正在使用它"(Greene,1998)。支持孩子尝试使用你示范的话语。

帮助他学习解决轮流情境中的问题(参见本书第一章的专栏"解决问题的步骤")。描述你所看到的事情,比如说:"看起来你们俩都想用这台拖拉机。"问一个"是什么"的问题,帮助他们开始思考解决问题的方法,可以说:"你们能做些什么来解决这个问题?"或"你们应该怎么做?"或"你们能做些什么让你们俩都开心?"如果他们无法想出一个解决方案,请提供解决方案,可以说:"你们中的一个人可以先玩拖拉机,然后轮到另一个人玩拖拉机。"画出可能的解决方案,将这些想法教给整个班级的孩子,把图画贴在墙上。图画可能显示孩子们玩来回的游戏或进行交换。请孩子们提出解决方案并添加带有他们想法的图画。在孩子有很多解决问题的经验后,提醒他用墙上的图画来想出主意。另一种轮流策略是使用轮流器。从纸板上剪出一个圆盘,在圆盘的两边涂上不同的颜色,这样就做成一个轮流器(turn taker)。一个孩子翻转轮流器;当圆盘在空中时,另一个孩子说出两种颜色中的一种。圆盘落地,被说出的颜色朝上,那个孩子就先玩。

孩子有时会同意并建议轮流吗?

孩子们需要能够提出轮流的建议,且同意其他人提出的轮流建议。最终,你所有的示范和教学都会得到回报,你可能会注意到你一直在向其教授轮流技能的孩子自发地同意轮流。挑战在于保持这种积极的行为。注意孩子在提议或同意轮流时所做出的努力。积极评价孩子在这方面的成长,例如,你可以说:"轮流是个好主意。那样你和格里夫就都有机会玩方向盘了。"

与家长合作

让家长知道,在幼儿园中轮流对他们的孩子来说很困难。他们可能在家里遇到过类似的轮流问题。但是,如果他们看不到自己的孩子在集体环境中的表现,或者如果孩子是独生子女,他们就可能看不到轮流行为。无论他们是否有类似的担忧,你都希望与他们一起制订行动计划。向家长提供信息,并安排时间讨论你们将采取哪些步骤对孩子进行教育支持。在家庭和幼儿园之间建立一致性,将有助于孩子更快地学习适当的技能。

> **何时寻求帮助**
>
> 轮流这项技能需要多年才能发展起来。即使是大部分时间能共享的孩子偶尔也会遇到这方面的困难。寻找孩子难以参与轮流的各种情况。如果尽管你尽最大努力帮助孩子学习这项技能，但孩子在数周内仍无法分享，请考虑他是否会感到特别有压力。如果是这样，请与他的父母交谈，并尽你所能减轻他在幼儿园中感受到的压力。如果一个3.5岁或更大的孩子很少轮流或者反复因他必须分享而感到不安，请和他的父母谈一谈并一起制订行动计划。如果孩子使用攻击性行为获得他想要的材料，请参阅第九章内容。

行动计划

在制订你的行动计划时，可选择或修改下列某个建议的目标，使其符合你的实际情况。加上你期望的这些技能或行为表现到什么程度，或者幼儿表现该行为的频率。记住：你的目标是促进孩子的成长，而不是塑造一个完美的孩子，你要稍微提高你的期望值，帮助孩子在现有能力的基础上有所进步。然后，确定教师和家长将采取的三项或四项行动，再额外选择一些针对幼儿园和家庭的其他行动。在本书附录中的计划表上记录你选择的行动。

为难以参与轮流的孩子制定的目标示例

- 与成人轮流。
- 留下玩具，让其他人玩。
- 耐心等待轮到自己。
- 提出轮流的要求并等待他人的响应。
- 在成人的指导下轮流。
- 要求轮到自己。
- 请他人帮忙让自己参与轮流。
- 同意并建议与他人轮流。

家长和教师都可以采用的行动示例

- 做一个慷慨分享的榜样。

- 引导孩子注意人们分享的场景。
- 描述分享的好处。
- 阅读有关轮流的书籍。
- 让孩子有足够的时间玩玩具。
- 允许孩子在私人的区域玩的时候不共享。
- 教孩子说"我想一个人玩"。
- 如果孩子不轮流,不要谴责或训斥他。
- 对孩子将来会参与轮流抱有积极的期望。
- 帮助孩子在等待轮流时找点事情做。
- 在孩子耐心等待的时候称赞他。
- 玩节奏反复的游戏。
- 请另一个孩子加入轮流游戏中。
- 提醒孩子,如果他离开玩具,其他人可能会使用它。
- 在轮到孩子时提醒他。
- 教孩子更多地表达,而不只是说"不"。
- 让孩子决定"现在还是两分钟后"放手玩具。
- 向他保证,他可以在某个时候再轮到一次。
- 在轮流发生问题之前靠近孩子。
- 教孩子轮流的步骤。
- 给孩子具体的信息,告诉他什么时候轮到他。
- 教孩子描述他借出的东西如何使用。
- 教孩子在要求轮到自己时可以使用的话语。
- 教孩子进行交换。
- 帮助孩子解决问题。
- 问一个"是什么"的问题来帮助解决问题。
- 当孩子自发分享时对他进行积极的评价。

教师可以采用的行动示例

- 提供充足的材料。
- 为个人物品提供一个地方。
- 提供多份幼儿喜欢的同一种材料。

- 表演关于轮流的木偶戏。
- 在戏剧性的游戏场景中练习轮流。
- 创建能帮助孩子轮流的常规。
- 阅读社交故事。
- 当有人加入小组，必须分配材料，让孩子决定自己将分享多少材料。
- 画一画某件玩具或某个项目以"保存"它。
- 张贴有关轮流的主意。
- 使用轮流器。

家长可以采用的行动示例

- 和孩子一起练习轮流。
- 请另一个孩子加入你们的游戏。
- 请孩子挑出那些他不愿意与客人分享的东西，将它们收起来。
- 密切监督孩子的游戏，在需要的情况下提供支持。
- 带上一些玩具和书，供孩子在等待时间使用。
- 在等待时间和孩子玩猜谜游戏。
- 一起玩棋盘游戏，当快轮到孩子的时候，强调说"要轮到你啦"。

给家长

关于轮流的一些信息

什么是轮流？

在大多数家庭（尤其是有多个孩子的家庭）中，孩子需要学会分享玩具、材料和成人的注意。一些孩子通过观察他人和与成人的相互交流来学习轮流。有些孩子需要成人指导才能学习轮流。在3.5岁之前，许多孩子可能在发育上还没有准备好分享。如果孩子是这个年龄或更小，不要期望在每次询问孩子时，他都愿意轮流使用玩具。尽可能留出足够的时间给孩子玩玩具；孩子可能需要在自己愿意与他人分享某些东西之前感受到充实感。你可以通过成为慷慨的榜样来为孩子的分享行为奠定基础。

观察和回应

确定一天中的某些时候孩子是否更难参与轮流。如果孩子在午睡前特别累或在晚餐前特别饿，可以单独使用的活动或材料是一个不错的选择。你可以教孩子在自己的房间里独自玩他们珍爱的材料，教孩子说："我现在想一个人玩。"

孩子可能会因为害怕借出的玩具不会被归还或对方毁坏而拒绝轮流。孩子可能会要求他人立即归还玩具。如果孩子说"如果你立即归还，你就可以看看它"或"你可以使用我的车，但不要把它砸到墙上"，这是可以的。

通过玩节奏反复的游戏教孩子轮流，如来回滚动汽车或互相弹球。在等待孩子归还玩具或下一次轮流时，你要充满期待地停下来，通过说"轮到你"和"轮到我"来强调轮流。一起玩棋盘游戏，通过说"差不多轮到你了。妈妈一做完，就轮到你了"来强调快轮到孩子了。

让另一个孩子加入你们的游戏中。在家中学习与另一个孩子轮流可能会为孩子与他人更广泛地分享奠定基础。如果孩子的朋友要来你家，那么就把新的或孩子最喜欢的玩具收起来。和别人轮流玩自己最喜欢的玩具，这对孩子来说太难了。

帮助孩子认识到，自己没有使用的玩具可以被其他人使用。当孩子放弃某件玩具时，询问他是不玩了还是想要再玩几分钟。如果孩子决定回来重新玩玩具，或者你必须让孩子结束时，可以问他："克莱尔可以现在玩这件玩具，还是要等到两分钟之后？"

很多时候，孩子可能需要等待轮到自己，例如当你在杂货店排队时。通过寻找有趣的事情来做，帮助孩子学会等待，例如在排队时玩简单的猜谜游戏，或者带一袋小玩具到医院的候诊室。对孩子耐心的等待行为给予赞扬。

如果孩子从别人那里拿走玩具，你就要和他一起玩并向他解释拿走别人正在用的玩具的后果（人家会生气，可能不想和你一起玩）。教给孩子可以使用的话语，例如"可以轮到我玩荡秋千吗？"或者"我也喜欢卡车。我可以使用蓝色的吗？"。帮助孩子学习等待，或在等待时找到可以做的事情。

在其他的情况下，孩子可能需要学习如何礼貌地说自己还没有玩够。如果有人要求轮流使用孩子正在玩的玩具，请教孩子多进行表达，而不是只说"不"，例如"不，我只有一个，我现在正在使用它"。

寻求支持

虽然在家里轮流可能对孩子来说很困难，但在集体环境中，这种困难可能会被放大。与孩子的老师交谈，以确定你应该采取哪些措施来教授这项重要的技能。在家庭和幼儿园之间建立一致性，将有助于孩子更快地学习适当的技能。

第六章 "我要告诉老师！"——告状

给教师

布鲁克告每个人的状，她一点都不试着自己解决问题。

※ 标准

在需要时寻求成人的帮助。

什么是告状？

当今儿童面临着许多困境。当有人伤害或打扰自己，或者当其他人处于危险中时，儿童必须可以随时随地地告诉自己信任的成人。儿童长大后，当有人吸毒或携带武器时，他们必须随时告诉成人。在许多情况下，寻求成人的支持是正确的做法。

然而，许多人认为，向成人讲述他人的行为、抱怨他们的行为、说别人不遵守规则以及讲述他人的错误行为都是在打小报告。有的成人不喜欢孩子打小报告，因为他们认为这是多管闲事。他们担心告状的孩子会失去朋友，并且回应告状也需要花费成人大量的时间和精力。孩子们也不喜欢告状，认为这是不忠诚和软弱的行为。诸如"告状精""耳报神"或"老鼠"之类的词语，表明了人们对这种行为的消极态度。

对这种行为重新命名，这样你对告状的想法就会被重构，从而不会对其持负面看法。许多人已经开始将其称为"报告"。孩子们需要随时报告他们的任何担忧。你对报告的回应方式要因人而异，以处理孩子面临的严重情况。指导他们学习如何独立应对日常挑战。当孩子逐渐获得解决问题的技能后，他们寻求成人帮助的需求通常会减少。

观察并决定如何支持

许多成人认为，孩子告状是为了让另一个人陷入困境。虽然这可能是一种动机，但也存在其他原因。观察一个经常告状的孩子，问以下问题并考虑孩子报告的理由可能是什么。然后，想一想你将如何匹配你的反应以适应每种情况，并教孩子在需要时寻求成人的帮助。

孩子告状是为了引起别人对他的注意吗？

有些孩子为了获得教师的关注而报告他人的所作所为。如果你班上有个孩子似乎就是这种为了吸引别人的注意而告状的，请听听他说的内容，确定他的控诉是否合理，并确定他是否有能力自己处理这种情况。如果有，就把他送回去处理。如果没有，请提供替代方案让他尝试。考虑一下，这个孩子是否也以其他方式寻求关注。通过在其他时间给予他足够的关注来防止他通过告状获得关注。建立或重建你与他的关系。每天早晨花几分钟陪他。经常和他谈谈他感兴趣的话题。认可他的长处，并积极评价他做得好的地方。

孩子告诉你别人的行为是因为你有时想知道吗？

在某些情况下，你可能会感谢孩子提醒你注意危险情况。在其他时候，你可能会意识到正在发生的事情。例如，你需要知道有人受伤、哭泣或被欺负。或者，你可以请大一点的孩子帮助照顾年幼的孩子。如果发生不被允许的事情，大一点的孩子就可能觉得自己有责任告诉成人。允许孩子告诉你，但要让他知道，除非你问他，否则他不需要承担告知的任务，你可以说"谢谢你告诉我"或"我会处理的"。

孩子是因为对他人的行为感到紧张而寻求情感支持吗？

有些孩子在向你描述他人的大胆行为时，可能会睁大眼睛，声音中充满担忧。当孩子告诉你这种行为时，你要有耐心并且反应积极，可以安抚他，说："我看得出你很紧张。我在看着。她爬得很高，是吗？"与你取得联系并知道你正在积极关注，足以减少他的恐惧，让他回到自己的游戏中。如果这种类型的报告持续存在，你可以补充说："保护她的安全是我的工作，你的工作是玩。"

孩子会通过讲述违反规则的行为来更好地理解它们吗？

在《心智工具：维果茨基学派幼儿教学法》①（*Tools of the Mind: The Vygotskian Approach to Early Childhood Education*）一书中，贝卓娃和莱昂（Bedrova & Leong, 2007）谈到了，孩子们是如何在数次意识到其他人违反了规则后，才意识到他们违反了同样的规则。他们描述了，孩子们在对自己应用规则之前是如何将规则应用到他人身上的。在幼儿能够规范自己的行为并遵守规则之前，这似乎是必要的一步。本章开

---

① 该书已由华东师范大学出版社于 2021 年出版。——译者注

篇的布鲁克经常报告他人的行为，她很可能处于贝卓娃和莱昂所描述的阶段。

限定你制定的规则数量，以帮助处于这个发展阶段的孩子。正面地解释这些规则。在你的规则及其后果方面保持一致。当孩子向你报告有人违反规则时，他可能在告诉别人他知道规则。通过说"我很高兴你知道规则"来认可他的评论。向孩子保证，如果需要，你会解决问题。

孩子是在告诉你他不知道如何解决的问题吗？

当一些学龄前儿童不知道如何自己解决问题时，他们会与你分享他们的焦虑。解决问题是一项复杂的技能，包括识别问题、思考解决问题的方法、选择最佳办法并进行尝试。可以在集体活动时间教所有孩子解决问题的措施。使用红绿灯的图片来提醒他们所涉及的步骤。红色表示停止并识别问题；黄色提醒他们思考解决问题的办法；绿色代表"尝试最好的办法"。在几天或几周后，进行角色扮演和木偶表演，以展示不同问题的解决方案。例如，演一场木偶戏，其中一个木偶正尝试给一个图片涂色，另一个木偶在开着一辆车。试图画画的木偶不断被碰撞，直到木偶停下来思考他们能做些什么来解决这个问题。让木偶们想出一些办法，并选出最好的办法。最后，展示木偶们是如何决定让正在画画的木偶把他的纸和蜡笔带到桌子上的。

在向孩子们介绍解决问题的方法后，当一个孩子带着担忧来到你身边时，请与他一起去解决冲突。倾听每个孩子对你说的话，问"是什么"的问题以帮助他们思考解决方案。你可以说："你们能做些什么让你们俩都开心？""你们能做些什么来分享这件玩具？"或者"你们能做些什么来解决这个问题？"让他们选择最好的办法，然后帮助他们开始行动。

孩子是否尝试过自己解决问题但没有成功？

孩子们寻求成人的支持，以使他们的话语发挥作用并帮助他们得到自己想要的东西。你可能会无意中听到一个孩子通过说"我要告诉老师！"来作为增强自己的力量并阻止不必要行为的一种方式。对于感到无能为力的孩子，教师不要急于充当执行者或问题解决者。相反，要倾听并转述他所说的话。这会给他机会告诉你更多信息并纠正你可能有的误解。你可以说"看起来你在让索菲倾听时遇到了麻烦"，确保你已经足够频繁地观察这个孩子，以便了解他解决问题的能力。

确定孩子是否有能力自己处理这种情况。如果他有能力，可以对他说"你能做什么？"或者说"哦"或"我很遗憾你们相处得不好。你非常善于找出解决问题的方法。我相信你会找到解决这个问题的方法"。让他知道你相信他可以自己解决。他需要做的就是回去再试一次。当这个孩子独立解决了问题时，你要积极地评价他的成功。

如果你认为他需要一些帮助来解决问题，请提供可选择的方案让他尝试。可以提供一个替代方案，例如："让她玩你的旧洋娃娃怎么样？"如果孩子似乎仍然对自己没有信心，请在他努力解决问题的时候主动与他一起，可以问他："你可以自己和她谈谈吗，还是要我和你一起去？"你的参与会激发他的信心并表现出你对他的支持。帮助另一个孩子听取他的建议。另一个孩子不必同意这个孩子提出的建议，但需要礼貌地理会他说的话。

帮助只使用一种问题解决策略或不成功的策略的孩子想出多个解决方案。在关于分享的争执中，问孩子："你能做些什么来拿回你的玩具？"鼓励他提出不止一个想法，可以问他"你还能做什么？"或"你还有什么想法？"。帮助他决定哪些解决方案是最好的，哪些是不可接受的，可以询问："如果你这样做会发生什么？"提出建议，可以说："如果这不起作用，你就回来，我们再想一想别的办法。"

语言能力有限的孩子可能会来找你帮忙，让别人理解他。他可能会拉你的袖子、做手势或叫你过来。和这个孩子一起去并代表他说话。这样做，你就可以为他提供语言范例，便于他以后使用，可以说："帕英不喜欢你拿走她正在玩的玩具，她说'请把它还给我！'。"

与家长合作

与特别喜欢告状的孩子的家长讨论，允许孩子告诉成人与他们有关的事情的重要性。分享他们的孩子来找你但后来自己解决的问题，以及孩子无法解决的问题的例子。预测孩子可能需要帮助的情况类型以及你们双方将如何回应。共同制订行动计划。在家庭和幼儿园之间建立一致性，将有助于孩子了解他能告诉成人任何事情，你会帮助他学习处理各种情况。

何时寻求帮助

尽管你很努力，但如果孩子的告状行为仍在持续，那么请继续观察。看看孩子是否能成功地与他人互动或融入群体。如果孩子在这方面确实有困难，那么与他一起学习对成功地参与小组游戏至关重要的社交技能，可以参见本书第四章的内容。还要考虑孩子对于关注的需求是否得到满足，可以参见本书第四章的内容，以获取更多信息。

行动计划

在制订你的行动计划时，可选择或修改下列某个建议的目标，使其符合你的实际情况。加上你期望的这些技能或行为表现到什么程度，或者幼儿表现该行为的频率。记住：你的目标是促进孩子的成长，而不是塑造一个完美的孩子，你要稍微提高你的期望值，帮助孩子在现有能力的基础上有所进步。然后，确定教师和家长将采取的三项或四项行动，再额外选择一些针对幼儿园和家庭的其他行动。在本书附录中的计划表上记录你选择的行动。

为告状的孩子制定的目标示例

- 以适当的方式寻求关注。
- 对自己的行为负责（知道你会处理其他情况）。
- 在需要时寻求成人的帮助以解决问题。
- 使用解决问题的策略。
- 针对一个问题试验不止一种解决方案。

家长和教师都可以采用的行动示例

- 评论孩子的能力。
- 限制规则的数量，在规则和后果上保持一致。
- 当孩子遵守规则时，肯定他的行为。
- 听取控诉和报告。
- 根据不同的情况做出相应的回应。
- 向孩子保证你知道正在发生的事情。
- 转述孩子抱怨时所说的话。
- 教授解决问题的步骤。
- 询问"是什么"的问题，以帮助孩子思考问题的解决方案。
- 提供一些关于孩子如何处理他所担心的情况的想法。
- 鼓励尝试不止一种解决问题的策略。
- 当孩子试图解决问题时，提议和他一起去。
- 把解决问题的责任交给孩子。
- 让孩子相信他可以自己处理问题。
- 避免急于成为执行者或问题解决者。

- 在纠纷中充当调解人，听取双方的意见。
- 以不加评价的方式倾听孩子的控诉。

教师可以采用的行动示例
- 建立或重建你与孩子的关系。
- 让孩子知道他不需要负责，除非你问他。
- 演木偶剧和扮演角色来教授解决问题的方法。

家长可以采用的行动示例
- 避免在某些时候要求孩子负责，而在其他时候不要求。

给家长

关于告状的一些信息

什么是告状？

如今，孩子们面临着许多困境。有些情况太危险或太具有挑战性，他们无法独自处理。当有人伤害或打扰他们，或者其他人处于危险之中时，他们需要随时可以告诉可信赖的成人。在许多情况下，他们需要成人的支持才能学会自己处理情况。

不幸的是，很多人觉得告诉成人是在打小报告。虽然打小报告很烦人，但重要的是不要阻止孩子寻求成人的指导。试着把告状当成报告。通过有效的回应，你可以帮助孩子获得解决问题的能力。

观察和回应

许多成人认为，孩子告状是为了给另一个人惹麻烦。虽然这可能是一个动机，但也存在其他原因。有些孩子告状是为了引起他人对自己的注意。因此，应在其他时间关注孩子，以阻止孩子通过告状来寻求你的关注，可以每天花时间和孩子拥抱、交谈和玩耍。

有时，孩子告状是因为他被要求帮助照顾他人，或者他觉得当其他人受到伤害、哭泣或被欺负时，成人需要了解情况。孩子可能会感到困惑，并认为如果有问题他就应该告诉你。避免给孩子混乱的信息。允许孩子向你报告，但当情况不危险时，要帮助孩子学会自己处理烦恼。

孩子可能会睁大眼睛向你描述他人的大胆行为。在这种情况下，孩子可能真的很关心另一个孩子。通过说"我可以看出你很担心。她正在爬高，是吗？"，让孩子放心。知道你在关注这件事，这足以减少孩子的恐惧，让他回到自己的游戏中。

如果孩子打报告说其他人违反规则，他可能在试图更好地理解这些规则。也有可能，孩子正在寻求自己知道规则的认可。可以通过说"我很高兴你知道规则"来认可孩子的评论。向孩子保证，如果需要，你会解决问题。

有些孩子在不知道如何自己解决问题时会报告令人烦恼的行为。通过教他解决问题的步骤来帮助孩子学会独立解决问题。可以使用红绿灯的颜色提醒他步骤：红色表示停止并确认问题；黄色提醒孩子思考办法；绿色代表"尝试最好的办法"。帮助孩子在他向你提出问题时使用这些步骤。询问"是什么"的问题，帮助孩子思考办法。可以说："你能做些什么来解决这个问题？"鼓励孩子想出多个办法，询问："还有什么办法？"帮助孩子选择最好的办法，然后帮助他尝试自己的办法。对孩子说："如果这不起作用，你就再过来，我们再想一想别的办法。"

有时，孩子向你报告某些行为是为了寻求支持。你可能无意中听到孩子说"我要告诉妈妈！"以作为增强他的力量的一种方式。避免急于为孩子解决问题。相反，要倾听孩子的话，然后你可以说："看起来你在让索菲倾听时遇到了麻烦。"如果孩子有能力在没有成人帮助的情况下处理这种情况，请让孩子知道你相信他可以解决。你可以说："我很遗憾你们相处得不好，但我相信你们会找到解决这个问题的办法。"他需要做的就是回去再试一次。

如果你认为孩子需要一些帮助来解决问题，请提出和他一起去，可以问他："你是自己和她谈谈，还是要我和你一起去？"如果孩子选择和你一起去，你的参与就会激发他的信心。

寻求支持

如果孩子仍然会告状，请与孩子的老师交谈。预测孩子需要帮助的情况类型，并决定你和孩子的老师将如何做出回应。在家庭和幼儿园之间建立一致性，将有助于孩子了解到将自己的担忧告诉成人是可以的，并且成人将帮助他学会独自应对大多数情况。

第七章 "##@&！！"——说脏话和咒骂

给教师

奥斯汀最近说了很多脏话。最糟糕的是，他知道如何使用它。其他一些孩子正在模仿他。我甚至听到有家长抱怨过。

※ 标准

使用合适的话语表达感受。

什么是不当语言？

年幼的孩子正在学习用语言表达情绪，而不是通过哭泣或行动表达他们的感受。幼儿需要成人帮助他们学会以别人可接受的方式描述他们多样的、有时很强烈的感受，并学习调节自己的情绪，以适宜的方式表达自己的感受。

有些孩子在生气时会使用咒骂这样不当的语言表达方式。他们通常从其他孩子、他们的兄弟姐妹、父母、社区或媒体那里学习脏话。听到人说脏话会让年幼的孩子接收到一个信息：说脏话是可以接受的。有时他们只是在做傻事，或是在用语言做实验。帮助一个碰巧听到一个不可接受的单词的孩子，通过编造傻乎乎的或押韵的单词来继续他的发音乐趣。你可以说："什么单词与crackle（噼啪声）押韵？ pow（功率）吗？还是padiddle（一款应用程序）？"

孩子们可能会在不知道他们所用词的含义的情况下说脏话。虽然他们可能不明白自己在说什么，但他们通常会觉得这些词不是愉快谈话的一部分。许多孩子，尤其是4岁的孩子，都在探索这种越界的谈话。他们可能对这些词引发的反应感到好奇。成人听到孩子这样说话，通常的反应是大笑或震惊。孩子可能会尝试通过继续使用这些词再次引起他人的反应。与幼儿相处的人需要帮助他们了解，不应该使用这种类型的语言，并教他们其他表达方式。

观察并决定如何支持

观察使用不当语言的孩子。弄清楚他何时、在什么情况下说脏话，他在说脏话时会有什么反应。这将帮助你确定如何遏制孩子使用不当语言，以及如何教他以适当的方式表达自己的感受。

孩子是在模仿别人说脏话吗？

孩子们会模仿他们看到和听到的东西，尝试他们听到的不当语言，因为这会让他们觉得自己成熟或强大，而且这样做通常会引起他人强烈的反应。当你第一次听到孩子说脏话或粗话时就要对之进行处理。如果你第一次忽视它，你可能在无意中给孩子的信息是"这些语言是可以使用的"。

如果你班上正好有使用不当语言的孩子，请以实事求是的方式回应。反应过度可能会导致孩子在未来寻找同样的反应。向他们明确表示，在幼儿园中说脏话是不可接受的，可以说："那不是我们在这里可以使用的语言。"向孩子示范可以被接受的语言，例如"哦，天啊！我的建筑物总是倒塌"。

如果孩子说脏话是因为家长、社区里的人或玩伴使用这种语言，那么消除这种做法可能很困难。在本章开篇的故事中，奥斯汀听到人们咒骂，他模仿他听到的话，并用它们表达愤怒和沮丧。不幸的是，他不知道可以用其他语言来表达他的情绪。

如果你和一个听到脏话并且知道如何使用脏话的孩子相处，请着重教他更多可以被他人接受的词语。和孩子私下谈话，可以说："这听起来像是大人会说的话。在这里说这种话是不行的。"不要消极地谈论孩子说脏话的环境或他模仿的咒骂的人。相反，请明确说明幼儿园的期望。让孩子知道继续使用这种语言的一些后果：它让其他人感到不安；当他那样说话时，其他人可能不想在他身边；他可能会伤害某人的感情；如果他在某些人（比如他的祖母或教师）面前这么说，对方可能会很尴尬。

孩子是否经常或容易感到沮丧？

年龄较小的孩子需要成人帮助学习识别让他们变得难过的信号以及接下来该怎么做。观察一个难以以适当方式表达感情的孩子，以识别他变得不安的信号。例如：他的脸可能会变红；他的声音可能会提高或变得爱发牢骚；可能会产生更多关于玩具的争论。在他变得十分沮丧以至于咒骂之前介入。教他认识到自己正在变得沮丧。谈论他的胃可能会变得紧绷，呼吸可能会开始变得急促，或者可能会握紧拳头。

如果他变得沮丧，请提供你的支持。给他一些关于如何处理挫折的办法。他可以寻找教师，离开这个地区，或者说"这对我来说太难了"。你要意识到他尝试了一项困难或复杂的任务，请帮助他完成。降低你对孩子的即时期望，代之以更容易的活动,这样他就能更成功。减少活动中的竞争性。更换引起问题的玩具,或多提供几份相同的玩具。思考你的环境是否为他提供了过多的刺激,所以他很难自己平静下来。进行调整以减少刺激。为他提供一个可以坐下看书或坐在舒适的椅子上的空间。

> **教授情感词汇**
>
> 下面是一些教孩子表达情感的建议。
> - 示范用语言表达感受。
> - 说出孩子的情绪名称:"你看起来很沮丧。"
> - 读杂志和书籍,看看图片中人物的感受,然后说出其名称,并解释你的判断依据:"我认为他可能是快乐的,因为他展现出一个大大的微笑。"
> - 翻看人们的照片并尝试确定他们为什么会有某种感受;如果照片里展示了不良的情绪,那么想一想可能的原因。
> - 识别能反映某种感受的声音:"我听到有人在哭——想知道她是否难过。"
> - 制作一个情绪骰子:在一个大骰子的每一面放置一张显示不同情绪的人的图片。扮演骰子呈现的情绪:投掷骰子,模仿或说出向上的那面图片中显示的表情。
> - 玩一个游戏,你在游戏中描述一种情况并问孩子他会有什么感觉:"如果你擦伤了膝盖,你会有什么感觉?如果你不能看你最喜欢的电视节目呢?如果你爬到攀登架的顶部呢?"
> - 玩猜谜游戏,你描述一个简单的情况,然后问:"我的感觉会是怎样的?""假如我骑自行车的速度非常快,然后摔倒了,我的感觉会是怎样的?"

孩子说脏话是因为他的需求没有得到满足还是他长期经历着压力?

一些孩子通过说脏话来表达他们生活中未满足的需求或压力。教师要认识到孩子的情绪很激烈,他可能没有准备好去应对。正在经历这种压力的孩子会有失控感。开始通过与孩子建立牢固的、具有培育性的关系来解决他未得到满足的需求。提供公平、一致的可预测的常规和后果,帮助他在幼儿园环境中感到安全。确保你提供的活动具有挑战性但可以获得成功。调整你的日程安排,以确保满足他的基本需求,而不是让他等待。

教孩子以更合适的方式处理愤怒和其他负面情绪。确保他知道咒骂是不可接受的。如果他感到不安，那么他可以寻求帮助、跺脚、走开或使用解决问题的方法。为他提供生气的时候可以说的话，你可以说："我知道你很生气。你可以告诉我，我很生气。"用那些更容易令人接受的话语代替脏话，比如"倒霉""糟糕"或"我受不了了"。扩大孩子表达感情的词汇量，包括从沮丧到愤怒等的一系列情绪。

如果孩子有必要暂时离开一个令他烦恼的活动，请让他选择一个安静的活动自己做。当他调整好自己的情绪时，他可以重新加入同伴群体。你将需要协助孩子，使其顺利地重新加入。

孩子说脏话是为了吸引他人的注意力吗？

通常，孩子会因为说脏话而受到极大的关注，无论是笑声还是教训。对这种行为的关注可能来自你、其他孩子或幼儿园之外的人。如果孩子因说脏话而受到关注，那么你可以减少对他说脏话的关注，但你无法控制他在其他地方获得的注意力。这可能会使你更难消除你听到的脏话。对孩子说清楚你的要求，以减少孩子在幼儿园环境中说脏话的次数，然后忽视他们的脏话。如果孩子确实说脏话了，那么你要板着脸，教他一些更适合使用的话语。

在孩子不说脏话的时候，多给他一些积极的关注。一定要在一天的早些时候去看看他，并且要经常去。在孩子的行为得体时，与他交谈并多关注他，可以说"我看到你告诉布雷迪你很难过，因为他推倒了你搭的房子"。在其他孩子面前指出他的积极方面，可以说"蒂莫西画画时真的很有创造力"（请参见本书第三章，以获得更多信息）。

如果一个孩子向你报告另一个孩子使用了不当语言，请告诉他，直接和对方说他不喜欢听到脏话。让报告的孩子知道他可以远离说脏话的孩子。帮助其他孩子重新集中注意力。对于在别人说脏话之后立即模仿的孩子，帮助他们学习适宜的可以吸引别人注意力的方法。你可以对他耳语："你有自己的好主意，你不需要复制乔希的话。"

与家长合作

孩子们会从许多人和许多地方听到脏话。当孩子说脏话时，家长有时会认为他是在幼儿园中学习了不当的语言。反过来，教师通常认为是家长允许孩子说脏话，或者孩子模仿了家长说脏话。大多数家长在孩子面前使用适当的语言，但偶尔也会脱口而出一句脏话，这可能就成为孩子模仿的来源。当孩子多次重复不当的语言时，成人会感到沮丧。还有一些家长使用这种语言作为表达自己感受的方式。无论脏话只是偶尔出现的词、父母的典型语言，还是从别人那里学到的，都要让家长知道他们的孩子在幼儿园里说脏话了。建议他们帮助孩子学习其他表达方式，通过限制孩子与喜欢说脏话的人相处的时间或减少孩子接触出现不当语言的电视、电影和音乐来减少其说脏话的机会。向家长提供有关孩子说脏话的信息，并与其见面讨论你们的行动计划。在家庭和幼儿园之间建立一致性，将有助于孩子更快地学习适当的语言。

> **何时寻求帮助**
>
> 如果在三四个月后，尽管你努力减少孩子说脏话的情况，但收效甚微，那么孩子可能不理解相关规则。如果孩子难以理解所有类型的规则，有许多情绪爆发，或始终难以与同龄人相处，那么你可以鼓励他的家长联系当地学区的相关机构并预约对他的技能进行检查。如果孩子表达的愤怒与情况并不相称，或者他的愤怒是由生活中的长期压力引起的，那么可以建议他的家长与家庭顾问交谈，以帮助他学习应对技巧。

行动计划

在制订你的行动计划时，可选择或修改下列某个建议的目标，使其符合你的实际情况。加上你期望幼儿的这些技能或行为达到什么程度，或者幼儿表现该行为的频率。记住：你的目标是促进孩子的成长，而不是塑造一个完美的孩子，你要稍微提高你的期望值，帮助孩子在现有能力的基础上进步。然后，确定教师和家长将采取的三项或四项行动，再额外选择一些针对幼儿园和家庭的其他行动。在本书附录中的计划表上记录你选择的行动。

为说脏话的孩子制定的目标示例

- 使用适当的语言表达愤怒和沮丧。
- 以适当的方式寻求关注。
- 表达与情况相适宜的感受。

家长和教师都可以采用的行动示例

- 示范适当的语言。
- 当孩子说脏话时，以实事求是的方式回应。

- 明确表示说脏话是不可接受的行为。
- 引导孩子加入更适宜的活动。
- 在孩子感到沮丧之前进行干预。
- 帮助孩子完成困难的任务。
- 扩大孩子表达感情的词汇量。
- 用"倒霉""胡说"等话语代替脏话。
- 因孩子控制了自己的愤怒情绪而给予其表扬。
- 与孩子讨论继续说脏话的后果（如失去朋友、使人难堪）。
- 如果孩子必须在短时间内离开令人烦恼的活动，请让他选择一个安静的活动。

教师可以采用的行动示例
- 在他人面前指出孩子的积极方面。
- 通过傻傻的押韵用声音创造乐趣。
- 减少环境中的刺激。
- 减少竞争。

家长可以采用的行动示例
- 监控孩子观看的电视节目。
- 鼓励孩子与不说脏话的人建立友谊。
- 参加所在学区开展的一次发育筛查项目，并与孩子的老师分享相关信息。
- 与家庭顾问交谈，并与孩子的老师分享相关信息。

给家长

关于不当语言的一些信息

什么是不当语言？

年幼的孩子正在学习用语言表达自己的情绪，而不是通过哭泣或行动来表达他们的感受。有些孩子在沮丧时会说脏话。孩子们通常会受其他孩子、家庭成员、社区中的人、媒体的影响而学习脏话。听到别人说脏话会给年幼的孩子传达一个信息，即脏话是可以接受的。如果你的孩子说脏话，那么你可以帮助他学习用更多可以被别人接受的方式表达自己的感受。

观察和回应

尽管孩子可能不理解脏话的含义，但他可能会意识到这些话是不可接受的。很多孩子，尤其是 4 岁的孩子，会探索这种越界的谈话。成人听到年幼的孩子这样说话的反应通常是大笑或震惊。孩子可能会通过重复这些词语来尝试再次引起他人的反应。

当你第一次听到这种语言时，请明确说明使用这种语言是不合适的。以实事求是的方式回答，说："那是我们不能使用的话语。"向孩子演示可以使用的语言，例如"哦，天哪！"或"胡说"。让孩子知道说脏话的一些后果：它会使其他人感到烦恼；当孩子那样说话时，其他人可能不想在他身边；或者他可能会伤害某人的感情。

在孩子心情好的时候，教他们描述感受的词语。看看图片中人物的感受，然后给这些感受贴上标签并解释你的判断依据："我认为他可能是开心的，因为他展现出一个大大的微笑。"试着确定这个人为什么会有这种感觉。如果图片上出现不良的情绪，那么思考并大声说出可能的解决方案。倾听他人表达感受的声音，例如："我听到有人在哭，我想知道她是否很难过。"玩一个游戏，在游戏中你描述一种情况并询问孩子的感受，比如"如果你的膝盖擦伤了，你会有什么感觉？"或者"如果你不能看你最喜欢的电视节目，你会有什么感觉？"。

如果孩子感到沮丧，那么请在他说脏话之前提供支持。教孩子寻求帮助，或说："这对我来说太难了。"找一个更简单的替代玩具或活动，这样孩子才能有成功体验，也可以帮助他在一张舒适的椅子上坐下看书。

你要知道，某些情绪对孩子来说感觉很严重，他可能没有准备好应对它们。每天花时间和孩子进行愉快的交谈，和他拥抱在一起，这能帮助孩子感受到支持。通过提供公平、一致的可预测的常规和后果，以帮助孩子感到安全。调整你的日程安排以确保满足孩子的需求，而不是让他等待。

教孩子以适当的方式处理强烈的情绪。孩子可以寻求帮助、跺脚或使用解决问题的方法。当孩子生气时，为他提供可以使用的语言，可以对孩子说："我知道你很生气。你可以告诉我'我很生气'。"教孩子体会从沮丧到愤怒的情绪变化。

如果孩子需要离开一会儿令人烦恼的活动，那么可以让他选择一个安静的活动来自己做。当孩子调整好自己的情绪时，他可以重新加入活动。

孩子们能在很多地方听到脏话。密切关注孩子观看的电视节目、听的音乐。确保使用适当的语言。想办法让孩子与不说脏话的人交往。一定要使用你愿意让孩子重复的话语。

寻求支持

如果你认为孩子在幼儿园中从某人那里学习脏话，那么请与教师讨论。制订行动计划，努力在你的家庭和幼儿园之间建立一致性，以教给孩子更多可接受的行为。如果你已经为减少孩子说脏话的行为付出了努力，但三四个月后仍收效甚微，那么有可能是孩子不理解相关规则。请联系你所在学区的相关机构进行技能筛查，看看孩子是否正在以与年龄相适宜的速度发展技能。如果孩子表达的愤怒似乎与情况不相称，或者愤怒是由生活中的长期压力引起的，请咨询可以教授应对技巧的家庭顾问。

第八章 "我要踢打尖叫,直到我得偿所愿!"——发脾气

给教师

当我拿走安杰莉克手中的纸时,她大发雷霆。但其实她误拿了安德烈娅的纸,并确信那是自己的。当我将本来是她的纸给她时,她开始尖叫,将纸撕碎并扔在了地板上,还在上面踩了几脚。我又给了她一些纸,让她回家再做一个,但她一直尖叫。

※ **标准**
越来越多地使用语言而不是动作表达情感。

什么是发脾气?

孩子发脾气的原因有很多。当他们没有得到自己想要的东西或者有强烈的受挫感时,他们可能会躺在地板上不愿起来。有人要求他们做不想做的事情时,他们也可能会发脾气。有时孩子会被活动或感觉过度刺激。偶尔,他们会因焦虑而不知所措,不知如何让自己平静下来。如果孩子踢打、哭闹、尖叫、扔东西、乱撞或躺倒在地,这些情绪的爆发就很容易被识别出来。还有一些孩子可能会用大声、愤怒的口头抗议代替身体上的情绪表达。

根据孩子是否受到关注、是否能够运用语言技能表达需求以及是否有有效的应对技能,发脾气的强度会达到不同的水平。一些孩子已经知道,大吵大闹会让他们得到自己想要的东西。有些年幼的孩子可能还没有学会用于表达自己感受的语言,并且因自己强烈的感受而感到焦虑。各个年龄段的孩子都可能陷入脾气之中,不知如何阻止冲动的情绪。你可以帮助孩子学会表达自己的感受,并在他们失去控制时给予支持。

观察并决定如何支持

为了更好地了解如何帮助发脾气的孩子,请仔细观察导致他们情绪爆发的原因。在各种情况下观察孩子。在你决定如何最好地帮助孩子学会使用语言而不是动作来表达情绪时,请使用以下建议。

孩子在疲倦、生病或饥饿时是否更频繁地发脾气？

大多数人都很难应对疲倦、生病或饥饿。在这些情况下，孩子们更容易爆发。在前文的故事中，安杰莉克便是在午睡前15分钟因拿错纸而失去了控制。她太累了，以至于很难应对当时的情绪。

满足孩子的基本需求，以帮助他们降低发脾气的风险和频率。改变你的一日生活安排，以适应可能过度疲劳或饥饿的孩子。当孩子可能感到疲倦时，避免新的或具有挑战性的活动。对孩子们来说，下午晚些时候、午睡或午餐前都是会感觉特别累的时间。你要了解，孩子生病的前一天，坏脾气会露出端倪。可能的话，请预判可能导致孩子发脾气的其他情况。常见的触发因素包括：在与其他孩子玩耍时，其独处的需求无法得到满足；被要求做一项看起来难以处理的家务；活动中有太多的变化；同时要做太多的事情；经历着充满压力的家庭变化，如有了新的兄弟姐妹、搬家或家中有亲人去世。

孩子在完成任务时遇到困难是否会表现出挫败感？

有些孩子在尝试完成他们还没有掌握相应技能的任务时会感到沮丧。你可以通过提供多种需要不同能力水平的活动，让孩子从中选择，以减少他的挫败感。引导孩子做出最符合自己能力的选择，教他暂时避开那些太难的活动，你可以说："让我们找一个大约有六块拼片的拼图。"当孩子变得沮丧时要进行干预，帮助他认识到自己的容忍度，你可以说："你看起来很沮丧，休息一下，从一数到十，或者深呼吸几次。"鼓励孩子寻求帮助，说明你需要有人帮忙打扫房间，其他人也需要他人帮助自己系鞋带——大家都需要帮助。教孩子在生气时用安全的方式表达自己。他可以跺脚、大喊大叫、弄皱纸张、和别人谈论，或者击打橡皮泥。当孩子变得有耐心时，不要吝惜你的赞赏。教孩子自我平静的技巧，比如深呼吸或找一个安静的地方休息。和孩子一起阅读伊丽莎白·弗迪克（Elizabeth Verdick）的图画书《冷静时间》（*Calm-Down Time*），讨论书中的建议。

学龄前儿童经常因困难的任务而感到沮丧，他们缺乏表达挫败感的语言。他们通常会因新活动、外出甚至邀请陌生人来访而分心。年龄较大的学龄前儿童不容易分心，但分散或转移他们的注意力可以缓解紧张的情况。

孩子是否会模仿别人发脾气？

许多年幼的孩子会模仿周围人的行为。你班上的孩子看到别人发脾气，可能也会发脾气。为了避免让孩子模仿别人发脾气，务必每天要在他举止得体时多注意他几次。当孩子看到别人发脾气时，让他知道另一个孩子很难过。让孩子对其他活动感兴趣，表扬孩子有自己的想法。

小心不要让孩子看到你的情绪爆发，以免被孩子模仿。认识到自己也需要休息一下。用词语来命名你的感受，展示如何通过听音乐、看书、唱歌、画画或游戏来让自己冷静下来。避免提出立即完成某事的要求，以免孩子认为他也有权立刻要求得到他想要的东西。

当你设定了限制或孩子不能得偿所愿时，孩子是否会发脾气？

有些孩子在被要求参加集体活动或收拾玩具，但他们不想这样做时会发脾气。当你为孩子设定限制时，通过建立可以让他尽可能独立完成的常规和程序来避免愤怒情绪的爆发。将衣帽钩放在孩子的视线水平上，提供孩子可以从中选择的材料，并清楚地标记物品的收纳处，这样孩子就可以自己把它们收起来。当你必须设定限制时，一定要坚定。切记不要将发脾气看成个人的事，不要让孩子的脾气影响你，可以为孩子提供一个选择："你想自己做，还是我帮你？"鼓励孩子用话语而不是行为告诉你："我需要帮助。"如需更多应对情绪爆发的帮助，请参阅本书的第十四章内容。

如果你无法给孩子想要的东西，但有充分的理由，请不要屈服。专注于其他事情，或者走开一下，使自己脱离这种情况。孩子如果不高兴，你就不要试图解释或与他交谈。忽视孩子的情绪爆发，注意捕捉他哭泣的间歇并注意他正在平静下来的信号，靠近他以提供安慰和支持。让他知道你就在他身边，如果他准备好了，就靠近他并拥抱他。当孩子发脾气结束后，不要说教，而是帮助他参与活动。如果孩子提起了刚才的困难状态，可以利用问题解决步骤来处理，并教给他下次可以使用的话语。克制住自己问他"你刚才为什么这么不高兴？"的冲动。很少有孩子能有足够的语言技能或对自己行为的理解来对自己发脾气的行为进行解释。

> **有关情绪和发脾气的书籍**
>
> 阅读有关情绪和发脾气的书籍，以帮助孩子学习更适当的应对挫折的反应。以下是一些建议孩子阅读的图画书。
>
> - 《为了巧克力饼干发脾气》（*Chocolate-Covered-Cookie Tantrum*, Deborah Blumenthal）
> - 《拉玛生妈妈的气》（*Llama Llama Mad at Mama*, Anna Dewdney）

- 《不咬人》(*No Biting!*, Karen Katz)
- 《男孩和熊：孩子的放松书》(*A Boy and a Bear: The Children's Relaxation Book*, Lori Lite)
- 《我好生气》(*When I Feel Angry*, Cornelia Maude Spelman)
- 《我也有生气的时候》(*Sometimes I'm Bombaloo*, Rachel Vail)
- 《冷静时间》(*Calm-Down Time*, Elizabeth Verdick)

孩子在发脾气时具有破坏性还是伤害性？

如果你班上的孩子在发脾气时具有破坏性或伤害性，你可能需要以保护人员安全和财物安全的方式做出回应。务必保持冷静。如果你以大喊大叫的方式回应或自己变得烦恼不已，那么你可能会加剧他的愤怒，让每个人都更难平静下来。这时应帮助其他孩子离开。如果另一个孩子受伤了，要照顾他（而不是发脾气的那个孩子）。告诉受伤的孩子，你很抱歉发生了这件事。不要以其他孩子的名义或以任何方式责备他。靠近发脾气的孩子。当你假装专注于别的事情时，要注意他在做什么。一旦孩子停止发脾气，就走到这个孩子身边，坐在他旁边不要说话。当他准备好时，帮助他清理发脾气期间被打乱的东西。然后，让他开始参与一项活动。有些孩子一旦平静下来就想被人拥抱，而另一些孩子反感被抱。请尊重孩子的选择。

教师要着重教孩子可以用来表达自己感受的单词。可以阅读有关情感的书籍。玩一个游戏，让孩子说一说"如果_____，你的感受如何？"填写不同的情况，比如雷雨天、有人送给你一件礼物或者有人拿走了你的玩具。在杂志上查找人们表达不同情绪的图片，并谈论他们表现出的感受。倾听人们的笑声、哭声、歌声或大喊大叫的声音。从听到的声音中猜测每个人的感受。教孩子各种表达感受的词语，比如"生气""气愤""懊恼""悲伤""沮丧""惊讶""快乐"和"害怕"。认识到并非所有的事件都是悲惨的。和孩子谈一谈他的感受的强度，是真的很生气还是只是有点生气？

孩子是否会在过度刺激或焦虑时发脾气？

孩子经常因焦虑或提供过度刺激的活动而不知所措。观察孩子是否处于大量活动之中，担心自己的表现，或者在发脾气之前从其他孩子那里学会了焦虑。如果是这样，尽量缓和环境中的刺激。例如，环顾你所处的环境，看看墙上是否有太多东西、是否有太多玩具或者是否有太多活动。注意，当某些班级常规（例如过渡或集体活动时间）对孩子来说变得不堪重负时，教会他识别什么情况对他来说压力过大，以及如何在失去控制之前让自己休息一下。如果孩子看起来很焦虑，那么可以鼓励孩子告诉你他需要休息一下，然后帮助孩子参与体育活动而不是发脾气。

当孩子们处于压力之下时，他们的脾气可能会变大。家庭变化，如搬家、有新生儿、父母离婚、分居或亲人离世，都可能超出幼儿的应对能力。如果你认为孩子正在经历这样的压力源，请在设定限制时保持坚定但友善。留出特别的安静时间，和孩子谈一谈他的感受。当孩子有耐心并用语言表达自己的感受时，要给予他支持和鼓励。你的目标是鼓励孩子用语言而不是行动来表达自己的感受，帮助孩子适应变化。

有时孩子会陷在愤怒的情绪中，不知道如何让自己冷静下来。在这种情况下，他需要你的帮助才能停下来。如果孩子经常发脾气，你可能需要采取不同于以前建议的方式进行干预。来到孩子身边，让他知道你理解他沮丧的心情，并用其他活动分散他的注意力。如果孩子的脾气持续了 10~15 分钟，告诉他："现在该停止了。"帮助孩子做深呼吸，放松，带他参与一项新活动。

索菲娅是一个非常聪明、精力充沛的孩子。她很喜欢幼儿园，喜欢和其他孩子一起玩。由于索菲娅对幼儿园里的活动充满热情，她的老师利娅对索菲娅在集体中的表现感到惊讶。几乎每天在读故事期间，利娅都要停下来安慰索菲娅，因为她会开始哭泣，摇摆手和手臂打其他孩子。有时，利娅不得不将她带离集体。当索菲娅崩溃时，她开始仔细地观察。她注意到索菲娅偶尔也会在自由游戏时间崩溃，尤其是当有几个孩子挤在一起做活动时。利娅想知道，让全班孩子紧密地坐在一起是否会让索菲娅难以忍受。利娅让孩子们围坐的圆圈变大了一点，并鼓励索菲娅在感到难以忍受时稍微远离人群。在接下来的几周里，她注意到索菲娅在故事时间逐渐有所收敛，发脾气的次数也大大减少了。

与家长合作

许多家长教孩子用语言来使自己的需求得到满足。然而，仍有少数父母屈服于孩子的要求，不小心加剧了孩子发脾气的行为。你无法控制所有导致幼儿发脾气的因素。在幼儿园环境中尽你所能保持一致和坚定。帮助家长了解孩子发脾气的各种原因。向父母提供以下信息。使用行动计划来讨论你们如何一起工作。家庭和幼儿园之间的一致性会给孩子一个明确的信息，即孩子可以通过语言表达自己的感受、需求和愿望，并且成人会做出回应。

何时寻求帮助

孩子如果每次处于压力状态或被拒绝时都会发脾气，如果发脾气时似乎充满了极度的愤怒或痛苦，或者发脾气持续 15～20 分钟，又或者尽管你努力了，但孩子发脾气的现象没有明显减少，就要建议孩子的家长联系家庭教育指导师或专门从事幼儿家庭工作的顾问。还可以考虑联系一名幼儿教育顾问，他可能会就如何在你的幼儿园环境中与这个孩子相处提供建议。在联系顾问之前，请务必获得家长的许可。

行动计划

在制订你的行动计划时，可选择或修改下列某个建议的目标，使其符合你的实际情况。加上你期望的这些技能或行为表现到什么程度，或者幼儿表现该行为的频率。记住：你的目标是促进孩子的成长，而不是塑造一个完美的孩子，你要稍微提高你的期望值，帮助孩子在现有能力的基础上有所进步。然后，确定教师和家长将采取的三项或四项行动，再额外选择一些针对幼儿园和家庭的其他行动。在本书附录中的计划表上记录你选择的行动。

为容易发脾气的孩子制定的目标示例

- 用言语表达沮丧或愤怒。
- 在心烦意乱时使用深呼吸等自我冷静策略。

家长和教师都可以采用的行动示例

- 为孩子提供发展适宜性活动。
- 在孩子变得沮丧时进行干预。
- 鼓励孩子寻求帮助。
- 教孩子表达愤怒的安全方式。
- 用词语表达你的情绪，给孩子做榜样。
- 避免在一天中孩子疲倦的时候进行具有挑战性的或新的活动。
- 当孩子有耐心时，对他进行积极评价。
- 设定限制时要坚定、公平、友好。
- 仅向幼儿说明一次限制及其原因，不和孩子讨价还价。

- 当有充分的理由设定限制时，即使孩子发脾气也要保持坚定。
- 当孩子的情绪爆发时，不要理他。
- 让自己从孩子发脾气的情况中抽离出来，以保持冷静。
- 在孩子发脾气时，注意捕捉哭泣中的间歇。
- 在孩子发完脾气后，靠近他，提供安慰和支持。
- 帮助孩子深呼吸，放松。
- 在孩子发完脾气后，帮忙清理他打乱的东西。
- 在孩子的情绪平静后，帮助他投入一项活动。
- 如果孩子发脾气持续 10～15 分钟，告诉他是时候停下来了。

教师可以采用的行动示例
- 帮助其他孩子远离发脾气的孩子，以免他们受伤。
- 了解更多关于如何帮助孩子的信息，与家长分享相关信息。

家长可以采用的行动示例
- 与家庭教育指导师、顾问或儿科医生交谈，与孩子的老师分享相关信息。

给家长

关于发脾气的一些信息

什么是发脾气？

孩子发脾气的原因有很多。有些孩子在没有得到自己想要的东西、被要求做自己不想做的事情，或者变得沮丧时，就会躺在地上表示拒绝。有时，孩子会因活动、焦虑或某些其他情绪而感到难以应对。

孩子发脾气的强度取决于他是否受到关注、是否有语言表达自己的需求和愿望以及是否有有效的应对技巧。有时，孩子已经知道，他们大吵大闹会得到自己想要的东西。

观察和回应

孩子在疲倦、生病或饥饿时很容易发脾气。通过调整一日生活安排，使孩子避免过度疲劳或饥饿，可以帮助他们减少发脾气的风险和频率。当孩子疲劳时，让他远离有挑战性的活动。注意孩子可能生病的症状，可能在孩子生病的前一天，情绪就已初露端倪。其他常见的触发因素包括活动变化太多、一次发生的事情太多，或者让人倍感压力的家庭变化，比如有了新的兄弟姐妹或搬家。

帮助孩子学会识别自己何时变得沮丧，你可以说："你看起来有些沮丧，休息一下，或者从一数到十。"鼓励孩子寻求帮助，教孩子表达愤怒的安全方式，如跺脚、大叫或与你谈论。教孩子深呼吸，冷静下来。

注意自己不要爆发情绪，这会让孩子模仿。认识到你需要休息一下。用语言命名你的感受。向孩子展示如何通过听音乐、看书或散步让自己冷静下来。

尽可能提供多种选择。当你必须设定限制时，要坚定。切记不要将发脾气视为个人的事情。不要让孩子的脾气影响你。提供选择："你想自己做，还是我帮你？"鼓励孩子用语言而不是行为告诉你："我需要帮助。"

如果你有充分的理由不能给孩子一些东西，请不要屈服。忽略孩子发脾气的行为。通过专注于其他事情或走开来让自己脱离这种情况。不要在孩子不高兴时尝试解释。注意捕捉孩子哭泣的间歇，发现表明孩子正在冷静下来的信号。靠近孩子，以提供安慰和支持。当孩子发脾气后，不要说教，可以帮助他参与一项活动。如果孩子提起了刚才的困难状态，就利用问题解决步骤来处理，并教孩子下次可以使用的话语。

着重教孩子可以用来表达感受的语言。阅读有关感受的书籍。在杂志上寻找表达不同情绪的人的图片，并谈论他们所表现出的感受。倾听人们的笑声、哭声或大喊大叫的声音。从听到的声音中猜测每个人的感受。教孩子表达各种感受的词语，如"愤怒""气愤""沮丧""悲伤""失落""惊讶""快乐"和"害怕"。解释不是每件事情都是悲惨的。和孩子谈一谈感受的强度如何变化，从非常愤怒到有点沮丧。留出特别的安静时间，更多地谈论孩子的感受。

如果孩子陷在坏脾气中，请来到他的身边，让他知道你明白他的感受。通过其他活动分散孩子的注意力。一旦发脾气持续了10~15分钟，你可以说："现在该停止了。"帮助孩子深呼吸，放松。

寻求支持

与孩子的老师合作，在家庭和幼儿园之间建立一致性。如果孩子在有压力的情况下或被拒绝时都会发脾气，或者如果他发脾气时似乎充满了极度的愤怒或痛苦，又或者发脾气总是持续15~20分钟，那么请与家庭教育指导师或专门从事幼儿家庭工作的顾问讨论。

第九章 "重击！"——攻击性行为

给教师

我得一直看着科尔顿。每当他没有得到他想要的玩具，他就会打玩这件玩具的孩子。

※ 标准

使用问题解决方法来解决冲突。

什么是攻击性行为？

很不幸，当孩子们在集体环境中聚在一起但还不知道如何解决问题时，攻击性行为很常见。通常，攻击性行为是指伤害人身或财产的行为。打、踢、摔、抓挠、扔玩具、愤怒地破坏材料等都是攻击性行为。当年龄较小的孩子被要求分享材料和玩具时，他们更可能感到失望，从而导致攻击性行为。有时，孩子们会在集体环境中表现出攻击性行为，但在家里不会。更典型的是，尚未学会解决问题的孩子无论在什么环境下都具有攻击性。

解决问题是一项复杂的技能，需要大量的指导和练习，包括识别问题、思考解决问题的方法、选择最佳主意并进行尝试。为了学习如何解决问题，孩子需要在他人成功解决问题时观察他们。当他们第一次尝试解决问题时，他们还需要成人的帮助，并有许多练习自己解决问题的机会。由冲突引起的问题是儿童日常生活的一部分。保护他们免于挑战或为他们解决冲突，会剥夺他们学习重要技能的机会。通过冲突，孩子学会表达他们关于如何解决问题的想法。当他们听取他人的想法时，他们将想到更多的解决方案。

如果教室里的孩子们充分参与有意义的、具有挑战性的学习活动，那么冲突往往会比较少。当冲突确实发生时，帮助孩子达到"用问题解决方法来解决冲突"的标准。集中精力教育具有攻击性的孩子，教他在感到愤怒、沮丧或不知所措时该怎么做，以及如何在不伤害他人的情况下解决冲突。通常，当孩子逐渐学会解决问题时，他的攻击性就会减少。

观察并决定如何支持

知道攻击性行为很常见,但拥有这一认知并不能使你更容易应对它。观察孩子可能变得具有攻击性的情况。以下问题和建议将帮助你制订计划,以教孩子解决问题。

孩子的行为是否被误解为攻击性行为?

有些攻击性行为是偶然的,并非故意伤害他人或破坏他人的东西。例如,当孩子们拥挤在一起时,他们很可能会撞到彼此或将东西打翻。如果是这种情况,那么你可能需要快速将这种情况描述为无意的,可以说"萨拉在试图到她搭的大楼那里时,不小心撞倒了你的积木"这样的话。帮助孩子们集思广益,以想出避免这个问题的方法。你可以说:"你们的建筑物靠得很近,很容易被碰倒。你们能做些什么来避免这种情况发生?"

其他发生误解的情况还包括在排队时撞到另一个人,或者当他们挤在一起时试图为自己腾出空间。帮助孩子了解情况,可以说:"德文推你是因为他想坐在你旁边。"然后问德文:"你能做些什么让他知道你想坐在他旁边?"可以教他说"请让一让",或者用方块地毯、在地板或椅子上贴胶带来标记每个孩子的个人空间,以避免他们挤在一起。

有时,孩子们想要通过戳、推或拍某人的后背来与他人交往,这种方式往往会被理解为具有攻击性。观察孩子是否试图变得友善。教给孩子与他人交往的方式,例如拍拍孩子的肩膀或轻抚朋友的后背。当你看到孩子与他人接触或引起他人注意时,对其行为进行称赞。帮助孩子学习与另一个孩子打招呼,或者通过提出开展有吸引力的游戏的想法来邀请他人一起玩耍。(请参阅本书第四章内容,以了解更多关于如何与他人一起游戏的信息)

孩子是否词汇量有限,或者难以被人理解?

少言寡语或难以被理解的孩子可能会在他们的言语不起作用时变得沮丧。有些孩子可能会试图通过攻击性行为来获得他们想要的东西。你可以帮助有困难的孩子学习一些重要的语言,让他可以寻求你的帮助,或者叫喊而不是打人。一旦你意识到孩子需要帮助,就要靠近他。引导他完成解决问题的步骤,示范他可以使用的语言,这些语言要非常简单,比如"停止""那是我的"或"帮我"。当孩子准备好时,可以教他一些更复杂的语言,例如"我在用那个"或"什么时候可以轮到我?"。当他使用这些语言,要赞扬他。如果另一个孩子没听懂你帮助的孩子说的话,那么你可以重复他的话，让另一个孩子一定要对他说的话做出回应，即使答案是"不"。

教年幼的孩子解决问题

- 制作一张海报，列出解决问题的步骤。在红绿灯图片上使用简单的短语来帮助孩子记住这些步骤。
  1. 红色＝停止。问题是什么？
  2. 黄色＝想出解决问题的办法。
  3. 绿色＝尝试最好的办法。

- 使用木偶剧、角色扮演、示范、辅导和儿童读物来展示这个过程。例如：表演木偶剧，其中一个木偶在另一个木偶驾驶汽车的区域试图为画着色；试图画画的木偶不断被车子撞到，于是木偶停下来思考它们可以做些什么来解决这个问题。让木偶们想出一些办法，然后选择最佳的办法。最后，表演木偶们是如何做出决定，让画画的木偶把它的纸和蜡笔带到桌子上的。
- 用简单的图画表示孩子在遇到问题时可以做的事情。例如，他们可以轮流、向成人求助、走开、跺脚、击打橡皮泥、大喊大叫或在纸上乱涂乱画。将图画张贴在教室里，用于提醒孩子们。
- 通过玩游戏来练习头脑风暴，在游戏中，你们要列举在旅行前需要打包的所有东西、你们在雪地里可以做的所有事情，或者尝试以不同的方式从一个地方移动到另一个地方。
- 创设一个可以安全地陈述想法以及将想法付诸实践而不会被嘲笑的环境。
- 让孩子们在食物、活动、开放式艺术项目和阅读书籍等方面做出选择。
- 如果孩子的第一个想法行不通，鼓励他思考更多其他的想法。
- 教孩子在各种情况下解决问题，而不仅仅是在他们遇到冲突时。让他们在决定如何修理损坏的玩具、如何用毯子建造堡垒或如何处理噪声时，使用解决问题的方法。
- 期望问题会得到解决。当你遇到挑战或困难时，你可以说"我想知道如何解决这个问题。也许我可以尝试……"。
- 利用你遇到的问题向孩子展示如何思考各种不同的解决方案。如果你尝试做某事但没有成功，那么你可以说"我的第一个想法行不通，我必须想出另一个办法"。

孩子会试图和另一个孩子一起玩身体游戏吗？游戏会变得具有攻击性吗？

许多孩子喜欢滚来滚去，喜欢和别人一起玩身体游戏。教师可以通过每天提供室内和室外的运动机会来引导他们充满活力的活动。（请参阅本书第二十一章内容，以了解相关信息）考虑为特别需要这种类型游戏的孩子准备一个体操垫。进行小组讨论，以决定不倒翁游戏的规则（Gartrell & Sonsteng，2008），可能包括当有人说"停止"时就停止、一次只有两个孩子参与，而且只能摔跤。教师一定要密切监督他们的活动。

在这种类型的游戏之后，帮助孩子过渡到平静的活动，尝试玩橡皮泥、水、沙子和画手指画等感官体验活动。通过让孩子帮忙制定规则、跑腿和计划活动，为孩子提供以其他方式变得强大的机会。在他用强壮的肌肉重新布置家具或爬到游戏设备顶部的时候，称赞他。通过提供激动人心的角色游戏主题（例如赛车手或逃离危险动物）满足孩子对身体游戏的需求。

孩子是为了表达愤怒还是为了得到他想要的东西而产生攻击性行为？

所有孩子都会时不时地感到愤怒。愤怒通常是由挫折感引起的。当孩子觉得自己的需求没有得到满足或者没有得到自己想要的东西（无论是他人的注意、玩具还是活动）时，他们都可能会感到沮丧。孩子反应的强烈程度受气质、年龄、成熟度、文化和性别的影响（Honig，Miller，and Church，2007）。如果你班上正好有一个具有攻击性的孩子，请尝试了解他变得沮丧的原因和迹象。一天中的哪些时候他更有可能变得具有攻击性？也许，改变一日生活安排会更好地满足他的需求。是否有某些特定的活动令他感到受挫？暂时简化这类活动。他是否与某个孩子难以相处？尽可能地将他们分开。

本章开篇描述的孩子科尔顿给出了许多表明他变得沮丧的信号，包括：他的声音开始提高，变得尖锐起来；他的脸变得通红；他与其他人发生争执。一旦教师知道他发出的信号，她就可以靠近他，帮助他弄清楚如何在不伤害他人的情况下得到他想要的东西。在教师的指导下，他最终学会了自己解决问题。当你收到孩子的挫败感程度正在升级的信号时，请靠近他。你的出现可能有助于让他平静下来。如果孩子不知道该用什么语言表达，你可以通过描述他的感受来减轻他紧张的情绪。

在向孩子们介绍解决问题的方法后，如果有孩子卷入冲突，那么请引导他完成这些步骤。请起冲突的孩子描述问题，然后问："你们能做些什么让你俩都开心？"如果孩子们想不出任何解决办法，可以给他们一些建议或提醒他们选择前文描述的涂画，让他们选择最好的主意，然后帮助他们尝试。

和孩子一起阅读一些关于问题解决的书籍，例如凯文·亨克斯（Kevin Henkes）的《贝利去野营》(*Bailey Goes Camping*)、霍莉·凯勒（Holly Keller）的《杰拉尔丁的毯子》(*Geraldine's Blanket*)，或唐·伍德和奥德丽·伍德（Don Wood & Audrey Wood）的《小老鼠与大饿熊》(*The Little Mouse, the Red Ripe Strawberry, and the Big Hungry Bear*)。在故事结束前停下来，请孩子们讨论问题以及解决问题的方法。找出故事中的人物是如何解决问题的。

孩子是一天打人很多次还是连续几个月打人？

一个经常具有攻击性的孩子很有可能让其他孩子开始不喜欢或回避他。为了帮助孩子学会更恰当地与人互动并确保其他孩子的安全，你需要保持警惕，并与他保持密切的联系，以增加他想要取悦你并获得你的认可的机会。

> **控制冲动**
>
> 有攻击性行为的年幼的孩子需要学会控制自己的冲动并规范自己的行为。当他们能够做到这一点时，是因为他们可以考虑采取行动，阻止自己这样做（而不是冲动行事），并做出另一个选择。这需要孩子在即时反应与更深思熟虑的行动之间停下来。学会抑制情绪反应和控制冲动需要时间。到四五岁的时候，孩子已经发展出一些冲动控制能力，但许多人在成年早期都在努力做到这一点。以下是一些适合孩子的年龄特点，能帮助他们发展冲动控制能力的办法。
>
> - 告诉孩子你会从一数到三，然后告诉他摇摆身体的哪个部位，可以说："一、二、三，跟我一起摇摆双手/头/脚趾。"然后试着让他将每个部位都保持静止，可以说："一、二、三，跟我一起让腿/耳朵/手指不要动。"需要孩子保持不动的游戏可以帮助他学会控制自己。
> - 告诉孩子你想让他假装做某事，但在你发出信号之前他不可以先开始。给出指示，但在发出信号之前要等待几秒钟。例如，孩子可以假装吃三明治、系鞋带或骑自行车，但只能在信号发出后开始。像这样的等待，有助于培养孩子的自我调节能力。
> - 让孩子计划在角色游戏中做什么，并让他坚持下去。他一旦表明了自己的意图，就应该考虑如何扮演自己的角色。如果他开始走神，就提醒他他的计划并帮助他重新参与。坚持以某个角色行事需要孩子练习控制自己的身

体动作、社交行为和语言（Bedrova & Leong，2007）。
- 鼓励孩子用语言提醒自己如何行动（Bedrova & Leong，2007）。例如，当他生气并想打人时，教他将双臂交叉放在胸前，大声说："停下，不要打。做一些不同的事情。"这会提醒他做一些更合适的事情，并帮助他调节自己的行为。

玩红绿灯游戏，帮助孩子学会控制冲动。如果他学会了在你叫他的名字时停下来并定住不动，你就可以靠近他并指导他度过令人心烦意乱的时刻。教他做几次深呼吸来放松，可能也有帮助。让他用缓慢的深呼吸来假装吹气球。当他这样做时，让他伸展身体并踮起脚尖站立。当他吹出空气并沉到地板上时，假装所有空气都消失了。

教孩子识别出自己的生气状态。他会攥紧拳头吗？他会噘起嘴唇吗？他的眉毛会皱起来吗？为孩子制作一本个人的小书，放在口袋里，里面有他遇到困难时可以做的事情的图片。在他不沮丧的时候排练这些步骤；当他心烦意乱时，陪他尝试采取这些步骤。

如果孩子需要离开一个令他烦恼的活动，那么帮助他自己选择一个安静的活动。当他控制住自己的情绪时，他可以重新加入其他人的活动。教师要协助孩子重新加入同伴，以确保其成功。

向他展示和评论发生在周围的合作的例子。鼓励孩子们合作，可以说："你们要如何建造那座塔呢？"当孩子和别人玩得很好时，一定要意识到他的进步。

当海莉和玛迪的拳头飞起时，家庭托儿所教师阿莉萨跑过客厅，来到女孩们的身边，海莉和玛迪都愤怒不已。阿莉萨拉着两个女孩的手，走到了房间的一边。玛迪抽泣着，无法停止。两个女孩看起来真的很害怕。

阿莉萨认为，她首先需要帮助女孩们冷静下来。阿莉萨对海莉说："告诉我发生了什么事。"海莉除了说"玛迪一直打我"之外，无法解释太多。海莉似乎不再知道发生了什么，也无法用语言表达出来。阿莉萨仍然握着两个女孩的手，将注意力转向了玛迪。玛迪还在哭，但没有那么失控。阿莉萨问玛迪有没有受伤，她摇头说"没有"。阿莉萨让玛迪告诉她发生了什么事。她的回答很像海莉所说的："海莉在和我打架。"

阿莉萨认为，"两个女孩情绪激烈，似乎忘记了她们为什么争论"。两人用力呼吸着，阿莉萨认为她们继续放松很重要。她让女孩们在玩橡皮泥和涂色之间做出选择。

海莉选择玩橡皮泥，玛迪则拿着涂色材料在椅子上悄悄坐了下来。没过多久，海莉就平静下来，重新加入了游戏小组中。在玛迪恢复镇静之前，阿莉萨多花了一点时间，为她提供了更多的支持。阿莉萨坐在她身边，也给一幅画涂上了颜色。偶尔，阿莉萨会评论自己的画。最后，玛迪与阿莉萨进行了对话。

与家长合作

让有攻击性行为的孩子的家长及早知道问题的存在。大多数家长会尽其所能帮助孩子减少这种行为。但是，有些家长可能不知道如何抑制冲突，或者对孩子应该如何应对冲突有不同的感受。把孩子的攻击性行为归咎于家长是没有用的。相反，要让家长知道，在你的幼儿园中，你需要帮助他们的孩子学习其他的反应方式。告诉他们，保护孩子的安全是你的工作，包括防止孩子互相伤害。使用行动计划，与家长讨论要采取的步骤。在家庭和幼儿园之间建立一致性，将帮助孩子学会更快地解决问题。

 何时寻求帮助

通过听课、参加研讨会或阅读有关攻击性的信息，了解更多关于与具有攻击性的孩子相处的信息。如果在尝试所学内容和此处列出的建议数周后，你发现孩子的攻击性行为并没有减少，请让幼儿教育顾问进行观察并针对你的情况给出建议。

孩子的攻击性往往在学步儿时期达到顶峰，之后随着时间的推移而减少。持续的高强度攻击性可能需要专门的指导（Chacko et al., 2009）。记录孩子的攻击性行为发生的频率。当你与专家讨论该行为时，这类信息会有所帮助。如果孩子经常对自己或他人具有攻击性，似乎不与你或其他成人建立联系，或者很少听从指示，请寻求帮助（Tomlin, 2011）。建议家长联系家庭教育指导师、家庭顾问或行为专家来帮助孩子学习更有效的互动技巧。

行动计划

在制订你的行动计划时，可选择或修改下列某个建议的目标，使其符合你的实际情况。加上你期望的这些技能或行为表现到什么程度，或者幼儿表现该行为的频率。记住：你的目标是促进孩子的成长，而不是塑造一个完美的孩子，你要稍微提高你的期望值，帮助孩子在现有能力的基础上有所进步。然后，确定教师和家长将采取的三项或四项行动，再额外选择一些针对幼儿园和家庭的其他行动。在本书附录中的计划表上记录你选择的行动。

为具有攻击性的孩子制定的目标示例

- 在接近他人时轻柔地触碰。
- 在靠近其他孩子时，将双手放在自己的身体两侧。
- 在适当的时间和适当的空间参与不倒翁游戏。
- 表达愤怒但不带攻击性。
- 请成人帮忙解决问题。
- 积极帮助解决问题。
- 独立解决问题。

家长和教师都可以采用的行动示例

- 教孩子轻柔的触碰。
- 教孩子如何打招呼。
- 提供感官活动。
- 提供室内外的活动机会。
- 确保有足够的活动空间。
- 给孩子机会，让他变得强大。
- 明确不允许攻击别人。
- 教孩子表达愤怒的安全方式。
- 帮助孩子识别愤怒的情绪，停下来思考。
- 教孩子心烦意乱时可以使用的词语以表达自己的愿望和感受。
- 教孩子解决问题。
- 说明意外情况。

教师可以采用的行动示例

- 定义个人空间。
- 教孩子和其他人说："请让一让。"
- 将难以挨着坐在一起的孩子分开。
- 玩红绿灯游戏，教孩子自我控制。
- 让孩子在需要冷静时选择一个安静的活动独自做。

- 帮助孩子加入其他孩子的活动。
- 提供一个可以摔跤的空间。
- 了解更多关于应对攻击性行为的信息，与家长分享相关信息。
- 获得家长许可后，让幼儿教育顾问观察你和孩子的互动；与家长分享相关信息。

家长可以采用的行动示例
- 评论有关合作的事例。
- 孩子在没有攻击性行为的情况下解决问题时，称赞他。
- 对粗暴行为设置限制。
- 减少孩子观看的具有攻击性的电视节目的数量。
- 请医疗服务人员为孩子做一次发育筛查或参与你所在学区的幼儿筛查项目；与孩子的老师分享相关信息。
- 与家庭教育指导师或顾问交谈，与孩子的老师分享相关信息。

给家长

关于攻击性行为的一些信息

什么是攻击性行为？

不幸的是，年幼的孩子在集体环境中聚在一起时，攻击性行为可能很常见。当年幼的孩子被要求分享材料和玩具时，他们更容易经历挫折和冲突，这可能会导致攻击性行为。攻击性行为包括打、踢、摔、抓、扔玩具和愤怒地破坏材料。具有攻击性的孩子需要学会表达自己的挫败感并解决问题，而不会伤害他人或破坏事物。

解决问题包括识别问题、思考解决问题的方法、选择最佳方法并进行尝试。孩子们通过观察他人、直接指导和自己尝试解决方案来学习解决问题。通常，随着孩子学会解决问题，其攻击性行为会减少。

观察和回应

有些攻击性行为是偶然的。例如，当孩子们拥挤在一起时，他们很可能会撞到彼此或将东西打翻。发生这种情况时，你可能需要快速说出"萨拉在试图到她搭的大楼那里时，不小心撞倒了你的积木"这样的话。

有时，孩子试图通过戳、推或拍某人的后背来与他人进行交往，这种方式往往会被误认为具有攻击性。观察孩子是否试图变得友善。教孩子轻拍其他孩子的肩膀或轻抚他们的背部以引起他们的注意。少言寡语或难以被理解的孩子可能会在他们说的话不起作用时变得沮丧并有所行动。如果是这种情况，你可以教孩子使用简单的语言，如"停止""那是我的"或"帮帮我"等。当孩子准备好时，教他一些更复杂的语言，例如"我正在使用那个"或"什么时候可以轮到我？"

许多孩子喜欢玩打闹游戏。如果你和孩子玩摔跤游戏，请制定一些规则，例如当有人说"停止"时要停止，并且只摔跤——不打斗。在这种类型的游戏之后，帮助孩子过渡到平静的活动。尝试感官体验活动，例如玩橡皮泥、帮忙洗碗或洗个热水澡。

每个人都会时不时地感到愤怒。愤怒通常是由挫折感引起的。当孩子没有得到自己想要的东西（无论是你的注意力、玩具还是活动）时，他们都会感到沮丧。了解孩子产生挫折感的原因和迹象。孩子在疲倦时是否更具有攻击性？也许孩子在和朋友一起玩之前，需要小睡一下。某些活动通常令孩子感到沮丧吗？可以让孩子暂时尝试更简单的活动。当你看到孩子沮丧的迹象时，请靠近他。通过描述他的感受来减轻他的紧张程度。

教孩子识别他愤怒的状态，可能包括紧握的拳头、噘起的嘴唇或皱起的眉毛。教孩子停下来思考："不要打，做点不一样的事情。"有效的方法可能包括寻求帮助、大喊、击打橡皮泥或乱涂乱画。

当问题出现时，引导孩子完成解决问题的步骤：识别问题、思考解决方案、选择最佳办法并进行尝试。让起冲突的孩子都描述问题，然后问："你们能做些什么让你俩都开心？"如果孩子们无法提出任何解决方案，你就可以建议几个。让他们选择最好的办法，然后帮助他们尝试。

寻求支持

使用此处列出的建议，并与孩子的老师一起制订行动计划。在家庭和幼儿园之间建立一致性，将帮助孩子更快地学习适当的行为。持续的高强度攻击性可能需要专门的指导。如果孩子经常具有攻击性、似乎不与你或其他成人建立联系，或者很少听从指示，请寻求帮助。联系家庭教育指导师、专门从事幼儿家庭工作的顾问或行为专家，帮助孩子学习更有效的互动技巧。

第三编

学 习 方 式

所有孩子都以独特的方式进行学习。他们的气质、经历、家庭和文化塑造了他们对待新经验、新活动的方式。学习领域的方法包括孩子对学习、获取信息的态度，以及将信息整合在一起以形成新的理解的创造性。孩子要成为兴致勃勃的、投入的、热情的学习者。他们需要被激励去尝试新的体验，并有机会发起自己的学习。这些重要的态度在孩子以后的学习和教育经历中发挥着作用。

在幼儿教育机构中，教师创设安全、舒适的探索空间，为孩子的学习奠定基础。他们充当学习资源，找到孩子所需的道具或工具来帮助他们拓展学习。他们给予孩子时间，让他们以自己更喜欢的学习方式进行自我指引。他们帮助那些需要鼓励的孩子进行适当的冒险，通过询问"你接下来想做什么？"来帮助其他孩子开展游戏，还会帮助一些孩子适应或坚持完成活动。

家长在共享孩子令人惊叹的发现时，就在为孩子发展学习技能奠定基础。他们提供安全基地，帮助孩子尝试新事物。孩子可以出去探索，然后再次回到家长身边获得再一次的安全保证。他们向孩子介绍或展示玩玩具的多种方法，比如把橡皮泥拍成圆饼、搓成绳子或者用饼干模具来塑造形状。他们接受孩子的挫败感，有助于孩子坚持完成一项有挑战的任务。

所有孩子都是有能力的学习者。他们受益于亲身实践的学习经历，也受益于与那些分享自己对新发现的热情的人们共度的时间。当孩子形成对学习的积极态度时，他们就会自信地接近新的环境，对学习感兴趣并主动学习新事物，并且在解决问题的方法上具有创造性。

与所有发展领域一样，美国各州的标准可能比本书包含的标准更多。本编包含三条早期学习标准，它们非常相似，可以在许多州的标准中找到。

- 第十章：表现出专注并坚持完成任务的能力。
- 第十一章：对新事物充满好奇并愿意尝试。
- 第十二章：尝试扮演假装的游戏角色。

第十章 "让我们冲、冲、冲！"——活力水平

给教师

塔玛拉跑了进来，但没有停下来。当我试着读一个故事时，她扭动身体，打扰别人。在自由游戏时间，她从来没有真正完成任何事情。我需要服用维生素才能坚持下去。

※ 标准

表现出专注并坚持完成任务的能力。

什么是活力水平？

孩子们会变得越来越活跃，三四岁时，他们的活力水平达到顶峰。活力水平意味着，大多数孩子不会长时间关注一件事。根据活动的不同，2岁的孩子通常可以坐着参与两三分钟，5岁的孩子可以参与15~20分钟。年幼的孩子需要集中注意力并坚持完成任务，才能从活动中学习。教师接受每个孩子的起始水平，并慢慢增加对孩子专注的期望，以帮助孩子学习。

当孩子无法长时间集中注意力来学习时，他所拥有的大量精力就会成为问题。活力水平高的孩子可能很容易分心，难以完成项目，并且在不考虑行为后果的情况下采取行动。因为一个总是动个不停的孩子经常会听到很多关于他的行为的信息，所以在帮助他学会集中精力的同时保护他的自尊尤为重要。

观察并决定如何支持

观察并记录孩子能够专注于活动的时长，包括他自己选择的活动、成人指导的活动以及与他人的游戏。选择另一个年龄和性情与你关注的孩子大致相同的孩子，并记录他对类似活动的专注时长。比较记录结果并使用这些信息进行判断，找出一日活动中的麻烦点，考虑其对孩子活力水平的影响。你的观察和下面的建议将帮助你学习如何与需要学习专注并坚持完成某项任务的孩子相处。

孩子是否更喜欢可以让他动起来的材料？

活力水平高的孩子通常会被能让他们动起来的材料和活动吸引。让需要动起来的孩子每天至少外出一次来释放能量，也要在室内为他提供多种运动方式。让室内攀爬架、摇船或旋转椅这类大肌肉运动设施成为教室里的常规部分。规划更多的运动活动，例如将泡沫球扔进篮子、跳过地板上的平行胶带线、将钉子扔进塑料罐中、用勺子携带棉球走路，或者随着音乐跳舞（请参阅本书第二十一章内容）。

关注幼儿园中孩子感兴趣的非运动活动。当孩子享受其中一项活动时，你可以加入他的活动。通常，你的在场有助于延长孩子坚持做某项活动的时间。当孩子似乎要结束时，可以请他再做一件事，例如给洋娃娃喂饭或将玩具车停在车库里。当你发现孩子的其他兴趣时，请务必将它们也包含在你的班级环境中。通过提供感官活动，如倒沙、倒水或盆栽土壤和摆弄橡皮泥，以安抚好动的孩子，使他平静下来。设计可以在全班的集体活动时间开展的运动和音乐活动，将运动和学习结合起来。

孩子在自由游戏时间是否能迅速地从一项活动转移到另一项活动中？

一些活力水平高的孩子在不同的活动中徘徊，不能安顿下来。如果你班上有这类孩子，请考虑如何利用环境影响他。确保活动足够简单以使他成功，但又有一定难度足以对他有所挑战。规划教室里的行动路径，避免他人在他的游戏中穿行，分散他的注意力。安排教室里的空间，使安静的活动不会靠近喧闹的活动。消除可能会让孩子跑起来的跑道或开阔的空间。添加吸收声音的柔软材料，或者教孩子使用更安静的声音，以降低吵闹声。观察你的教室，看看它是否提供了过多的刺激。在一次游戏前，减少可用材料的数量或定期轮换材料。减少墙上的装饰品或展示物，但也不要让环境看起来枯燥无味。展示有吸引力的玩具和材料，以便孩子们更容易看到可用的东西并做出选择。

让孩子选择他要玩的东西。在他开始的时候，和他在一起。如果他开始无目的地徘徊，问他接下来要做什么。当他从事某项活动时，一定要注意并称赞他的行为。为了帮助他集中注意力，可以提供感官运动材料，如水、沙和橡皮泥。提供有趣的玩具，如漏斗、量杯和玩沙模具。你可以在孩子旁边玩耍并鼓励他尝试用新方式摆弄材料。如果其他孩子加入了你们，那么可以请他向他们展示玩具的玩法。要搞清楚孩子之所以徘徊，是否是因为其他人将他排除在游戏之外。如果是这样，请参阅本书第四章内容。

孩子是否会冲动行事而不考虑其行为的后果？

有些孩子行动迅速，不加思考，没有意识到自己行为的后果。要教这样的孩子控制自己的行为。玩红绿灯游戏，让孩子在听到你的鼓声、铃铛或话语时停下来。多次练习，这样当你叫他的名字时，他就学会停下来。当他冲动行事时，靠近他，悄声向他陈述规则。例如，你可以说："不可以打开豚鼠的笼子，哪些是你能做的呢？"提供可供孩子选择的替代行动。如果需要，那么可以提供选择，如"你可以在这个形状盒上开门、关门，也可以给豚鼠画一张画"。其他时候，可以和孩子一起玩假设游戏，询问孩子："如果你想去水池那里，但你走得太快，撞到了人怎么办？"针对你提出的每种情况，孩子们一起头脑风暴，想出合适的解决方案，然后评估解决方案并选择最佳方案。

孩子是否很难从一项活动过渡到另一项活动？

活力水平高的孩子似乎在可预测的日程安排和常规方面做得最好。如果你班上的某个孩子在从一项活动转移到下一项活动时需要帮助，请注意一天的节奏。将一日生活的安排模式化，在需要孩子坐着的活动之前和之后都安排可以活动身体的机会。在成人发起和儿童发起的活动之间取得平衡。将一天的日程安排制作成带图片的时间表，并教这个孩子辨识接下来的活动。

在活动结束前几分钟发出预告。在活动变化期间向孩子具体说明要做什么以及要去哪里。告诉孩子站在他的小隔间旁边、坐在他的方块地毯上，或在后门排队。仔细规划时间表，以减少孩子们必须等待的次数。例如，如果年幼的孩子有40~50分钟的时间游戏，而不是更短的时间，那么他们会参与更复杂的戏剧游戏。为每项活动做好充分准备。在让孩子们集合之前，一定要准备好你所需要的材料。当孩子必须等待时，可以让他帮忙、唱歌或做缓慢、重复的动作来帮助他放松，让他有成就感。

孩子是否在听故事或参与小组活动方面有困难？

有些孩子会在小组活动时间走开、坐立不安或打扰他人。如果一个孩子在小组活动中很难集中注意力，可以考虑让这个孩子（和其他人）在其他孩子听故事时做其他活动。本章开篇描述的孩子塔玛拉坐得离其他人很近时很难专注地听故事，以至于她的老师认为孩子们几乎不能从听故事活动中得到什么。她决定让塔玛拉在故事时间坐在图书角舒适的椅子上看书。几天后，她发现塔玛拉正在观察小组并从她所在的位置听着故事。最终，她把椅子移到了小组的后面，让塔玛拉参与集体听故事活动。

确保小组活动具有高度的激励性和吸引力。唱歌、玩手指游戏、玩木偶戏、表演故事或用法兰绒板讲故事。通过简短的演示、使用道具、穿着表演服装、猜谜语或提出神秘的问题来激发孩子的兴趣。小组活动时间要短。设计好座位安排，将活跃的孩子放在后排的中间。在那里他可以看得很清楚，即使动来动去也不会挡住别人的视线。安排能不受他影响的孩子坐在他的两侧。用胶带或方块地毯标记他的位置。将个人空间比喻成一个围绕着每个人的泡泡，孩子们在小组活动中应该把手和脚都放在泡泡里。当孩子看着你并参与活动时，向他竖起大拇指或摆出"好的"手势来助力孩子。当你确实需要吸引他关注活动时，可以轻轻地抚摸他或问他一个选择题，比如："你认为故事中的男孩会跑回家还是跑去学校？让我们找出答案吧。"

与家长合作

与家长分享孩子的兴趣、优势以及你基于此正在采取的措施。向家长提供家庭信息，并安排会议来讨论困境。使用下面的行动计划来确定在家中和幼儿园里可以采取的行动步骤。建立家园一致性将帮助孩子学习如何放慢脚步，更加关注周围的人和材料。

> ● 何时寻求帮助
>
> 有时，很难确定孩子的活力水平是否超出了正常范围。在变得过度担心之前，你可以尝试采用三四个月我们的建议，然后考虑孩子是否还在不停地动、难以坚持完成超过几分钟的活动、不考虑后果地行动、仍然难以遵循常规。如有必要，建议家长联系所在社区中可能有帮助的资源，包括幼儿的医疗服务人员、学区的幼儿筛查项目或专门从事幼儿家庭工作的顾问。

行动计划

在制订你的行动计划时，可选择或修改下列某个建议的目标，使其符合你的实际情况。加上你期望的这些技能或行为表现到什么程度，或者幼儿表现该行为的频率。记住：你的目标是促进孩子的成长，而不是塑造一个完美的孩子，你要稍微提高你的期望值，帮助孩子在现有能力的基础上有所进步。然后，确定教师和家长将采取的三项或四项行动，再额外选择一些针对幼儿园和家庭的其他行动。在本书附录中的计划表上记录你选择的行动。

为活力水平高的孩子制定的目标示例
- 参与选择的活动达到____分钟（选择比孩子当前表现稍长的时间）。
- 坐着吃点心或参加短期小组活动达到____分钟（选择比孩子当前表现稍长的时间）。
- 独立地从一项活动转移到下一项活动中。
- 参加一个简短的、互动的小组活动。
- 当成人叫孩子的名字时，孩子停止动作。

家长和教师都可以采用的行动示例
- 每天至少带孩子外出一次。
- 提供室内运动活动。
- 提供感官活动。
- 减少可用材料的数量并定期轮换。
- 展示材料和玩具，让孩子更容易选择。
- 在孩子参与活动时关注并评论孩子的行为。
- 在两个需要孩子动起来的活动中间安排一个安静的活动。
- 明确说明活动变化过程中对孩子行为的期望。
- 当你需要和孩子谈论他的行为时，靠近孩子或耳语。
- 玩假设游戏，帮助孩子了解其行为后果。
- 帮助孩子关注他人对他行为的反应。
- 教孩子识别事故。

教师可以采用的行动示例
- 规划孩子特别感兴趣的事情。
- 减少等待时间，用有趣的活动填补无法避免的等待时间。
- 规划交通模式以减少干扰和跑道。
- 帮助孩子在自由游戏时间选择活动。
- 在孩子开始一项活动时与他待在一起。
- 观察孩子是否被其他人排除在游戏之外。
- 保持较短的小组活动时间。
- 以吸引注意力的方式开始小组活动。
- 把孩子放在小组中他能很好地看和听的地方。

- 用胶带或方块地毯标记孩子的位置。
- 教孩子了解个人空间。
- 加强孩子对小组活动的关注。
- 通过轻轻地抚摸或问一个选择题来重新吸引孩子的注意力。

家长可以采用的行动示例

- 提供均衡的膳食。
- 确保孩子得到充分的休息。
- 制定固定的睡前程序。
- 激发孩子的阅读兴趣。
- 在孩子表现得专心致志时称赞他。
- 在外出期间可能需要等待时,为孩子准备些可以做的事情。
- 限制孩子看电视或玩电子游戏的时间。
- 向其他专业人士(如儿科医生、幼儿评估项目的专家或家庭顾问)咨询孩子的活力水平。

给家长

关于活力水平的一些信息

什么是活力水平？

年幼的孩子需要保持专注并坚持完成任务，以便从活动中学习。他们也会通过动手探索来学习。他们的活力水平很高，而且大多数孩子不会长时间关注一件事。根据活动的不同，2岁的孩子通常可以坐下来参与活动两三分钟，5岁的孩子可以参与15~20分钟。虽然精力充沛是正常的，但一些活力水平高的孩子可能很容易分心，难以完成项目，并且在行动时不考虑行为的后果。

观察和回应

你可以帮助孩子学会集中注意力并坚持完成任务。每天至少外出一次，让孩子活动身体并释放能量。也为孩子提供在室内活动的方法，比如把卷成团的袜子投进篮子里、跳过地板上平行的胶带线、将钉子扔入塑料罐中，或者随着音乐跳舞，这些都有助于消耗孩子充沛的精力。坐在电视或计算机前对孩子来说可能是具有较强吸引力的活动，但这些活动可能会使孩子更加精力旺盛、坐立不安。限制这些活动可以提高孩子的专注能力。

和孩子一起玩最喜欢的玩具。通常，你在场有助于延长游戏时间。当孩子参与一项活动并集中注意力时，请务必多加注意到并积极评论。当孩子似乎要结束活动时，可以请他再做一件事，例如给洋娃娃喂饭或将玩具车停在车库里。

为了安抚活跃的孩子，让他平静下来，可以给他提供感官活动，例如倒沙子、玩水或玩橡皮泥。减少吵闹声和一次可用的玩具数量。展示富有吸引力的玩具，使孩子更容易做出选择。

如果孩子行动太快，无法分析行动的后果，那么请靠近他，低声陈述规则，如："不能打开豚鼠的笼子。如果你打开门，它就会出去，我们可能找不到它。你能做些什么呢？"如果有必要，可以为孩子提供其他选择，如："你可以在形状盒上开、关门，或者给豚鼠画一张画。"

许多活力水平高的孩子在可预测的日程安排和日常活动中表现得最好。安排孩子的一天，包括在静坐活动前后运动的机会。在你必须做的事情和孩子想做的事情之间保持平衡。

在活动结束前几分钟发出预告。这会让孩子有机会完成活动或在心理上准备好休息一下。当你必须等待或在商店排队时,可以带上一袋书和玩具,或者玩一个简单的猜谜游戏。让孩子忙于做适当的事情。

一起读书可以帮助孩子学会集中注意力。在开始阅读之前,通过猜谜语或提出一个问题来激发孩子对故事的兴趣。挑故事简短的图书,以便孩子能够顺利地专注于它。当你需要将孩子的注意力吸引到书中时,可以问一个问题,例如:"你认为故事中的男孩会跑回家还是跑去学校?让我们找出答案吧。"

寻求支持

与教师一起努力教孩子放慢脚步并变得更加专心。家庭和学校之间的一致性将帮助孩子更快地学习。确定孩子的活力水平是否超出正常范围可能很困难,因此在过度担心之前,请尝试采用本章列出的一些建议三四个月。然后,考虑孩子是否仍在不断地动来动去、难以坚持做某项活动超过几分钟,或仍然难以遵循常规。如有必要,请联系儿科医生、让孩子参加所在学区的技能筛查项目,或与专门从事幼儿家庭工作的顾问交谈。

第十一章 "嗨！这是什么？"——好奇心与提问

给教师

多米尼克喜欢推着那辆黄色的大自卸卡车在教室里转圈。每天一到学校，他都会跑到货架上，抓住那辆卡车，他几乎不对其他事情感兴趣。

※ 标准

对新事物充满好奇并愿意尝试。

什么是好奇心？

从很小的时候开始，孩子们就被好奇心驱使着去了解他们周围的世界。他们对自己看到和遇到的人、地方和事物感到好奇。通过探索，他们学习词汇、事物的运作方式以及它们是否会带来变化。孩子的探索帮助他们获得知识，而这些知识将在他们的一生中不断积累。他们利用这些知识理解阅读的内容、解决科学问题或处理与同伴的冲突。

当孩子对某事感到好奇时，他们就会全神贯注地探索它。他们将俯身近距离地观察；集中注意力；表现出惊讶、好奇或高兴；自发地描述他们所看到的东西；问问题；或者故意摆动东西，看看它还能做什么，或者它是否以其他方式发挥作用。

有时，体验新鲜事物会给孩子带来压力。孩子与成人之间的支持性关系为孩子提供了一个安全基地，他可以从这个基地出发去探索。拥有支持性关系的孩子会感到安全，并愿意冒险尝试新的体验。有些孩子很有安全感，只要知道附近有成人就会尝试新事物，成人在附近只是为了以防万一。其他孩子可能想在家长或教师的旁边站一会儿，以审视新的环境。这类孩子一旦感到放松，就可以离开成人去探索。他们可能在几分钟后回来向成人描述一个新发现，或者再获取一些额外的支持。"充电"完毕，他们又将做好准备，出去进行更多的调查。还有一些孩子可能需要成人通过与他们一起参与新体验来支持他们的探索。

分享孩子的惊奇、提供安全的环境、向孩子介绍新的经验或者为孩子提供各种方法来深入研究他感兴趣的事物，教师可以通过这些途径来支持孩子的好奇心。被鼓励要有好奇心的孩子，将学会如何学习并探索他们周围的世界。

观察并决定如何支持

当你观察一个孩子时，问以下问题，并思考如何支持他天生的好奇心和尝试新事物的意愿。

孩子是否缺乏惊奇感？

孩子们在了解周围的美好事物时经常表现出敬畏感。他们遇到的每一个新事物都是值得探索的。在某些人看来，当孩子全神贯注地学习一种新材料时，他似乎只是在玩一个物体。实际上，他正在收集大量有关它的信息。他可能会转动一个物体，从各个角度去检查它、触摸它、戳它、捏它或者闻它。你可以通过在与班上的孩子一起散步过程中引导他们调动感官来支持他们的惊奇感，比如在散步的途中聆听你们能听到的所有声音，或者在一场春雨过后散步，感受空气的清新。去新地方进行实地考察。通过猜想你们将会看到的东西来创造一种惊奇感。在去动物园之前，你可以说："我想知道是否会有长颈鹿。"或者制作一张图表，让孩子们在上面回答问题"你认为我们会在动物园里看到什么？"。列出你们认为会在动物园里看到的东西，让孩子们充满期待。写下他们的想法，然后在你们回来时验证猜想。他们的猜想是否正确并不重要，重点在于通过列表培养他们对事件的好奇心。

收集旧收音机、缝纫机或录音机等东西（一定要拔掉电线），以激发孩子的兴趣。给孩子一把螺丝刀，让他把这些东西拆开，看看里面有什么。通过制造悬念来吸引孩子的注意力。一起蹑手蹑脚地到壁橱里寻找惊喜，比如藏在那里的玩具动物。在一本书的结尾之前停止阅读，以制造悬念，之后在另一个时间完成阅读。将一个物品放在一个神秘的盒子里。给出关于它是什么的简单线索。请孩子去猜测。大声说出你看到、读到或听到的事情。对孩子的学习表现出热情。通过评论光线透过棱镜时看到的颜色或透过万花筒观察到的图案变化来表达你对所见或所闻事物的兴奋感。

一旦孩子对他所看到的事物表现出好奇，他就可能开始提问。你要回答他的问题。你如果不知道答案，就和他一起找出答案。鼓励孩子描述他想知道的事情，然后决定他如何找到答案。通过一起查找书籍、网络、与知道的人交谈或通过实验来帮助他获得答案，这样他就可以自己找到答案。如果你遇到困难，请尝试将问题留给孩子，可以问："你认为会发生什么？你为什么会这样想？"这不仅能让你摆脱困境，还能让你深入地了解他目前的理解水平。你还可以问："你是怎么学会的？你先做了什么？

接下来发生了什么？下次尝试时你会怎么做？"在期待答案或提出另一个问题之前，让孩子有时间思考。

孩子是否抗拒尝试新事物？

孩子们天生就有探索周围环境、玩具和材料的冲动。如果一个孩子倾向于选择相同类型的玩具或材料而不是更广泛的活动和材料，就会出现问题，因为他将无法形成宽广的理解世界的基础，对世界的理解是从探索各种事物中获得的。鼓励他根据自己的兴趣选择玩具、材料和项目来拓展他的游戏内容。例如，如果孩子常常选择建构材料，那么可以通过在图书角添加有关建筑的书籍或在他建造的道路上加上汽车来拓展他的兴趣。本章开篇提到的男孩多米尼克在教师的鼓励下，用小卡车画画、用黄色的自卸卡车的后部装运沙子、用塑料工具假装修理卡车，并用大型积木为卡车建造了一个车库。

确保你提供的材料数量充足、种类丰富，幼儿能够随意拿取。将它们展示在低矮的架子上，这样生性谨慎的孩子可以挑选他想做的事情。定期轮换材料，这样下次你把它们拿出来时，孩子会再次发现它们很有趣。在阅读区提供各种书籍，包括参考资料、小说、非虚构类图书和图画书。在教室里设置各种兴趣区，包括科学区、感官区、角色游戏区、建构区、美术区和书写区。确保你的环境能吸引孩子的所有感官参与和各种学习风格的孩子。

孩子们会通过多种不同的方式来应对新情况，有些孩子在加入之前会观看，有些孩子在教师的支持下加入，有些孩子在朋友的邀请下加入，有些孩子直接进入新活动。面对谨慎的孩子应对新情况的方式，教师要尊重个体差异，帮助他加入新活动，但不要强迫他加入。例如：如果孩子不情愿，那么教师可以通过说"我来说，你来转圈跑"来鼓励他加入"鸭子、鸭子、鹅"的圆圈游戏；可以通过说"让我们去听听、看看我们能发现什么"或"让我们试一试，看看我们能学到什么"来劝说他尝试一种新的学习方法。让孩子谈论他的发现，并用不同的方式向你展示他学到的东西，例如画图、绘制图表、录音或口头描述。当他向别人解释他学到的东西或以某种方式表达它时，他将加深自己的理解。

教师要安排可以通过多种方式完成的活动，以鼓励孩子尝试新事物。例如，设置一条障碍路线并要求他以不同的方式通过它。将塑料锥体排成一排，彼此相距1米左右，然后问他："让我看看你会怎么穿过这些锥体？还有其他方法吗？"孩子可能会决定爬行、倒退走或像蛇一样滑行。数一数他想到的所有方式，或将其列出来，这样会激发他更多的创造力。平衡地提供具有单一目的的玩具（如拼图）与开放性材料（如积木和美术材料）。开放性玩具支持具有不同能力的孩子，让他们发挥创造力，并鼓励他们以新的方式尝试使用材料。为不愿参与的孩子找到一种方法，让他即使在不自在的时候也能尝试新事物。例如，允许他使用棉签来修改手指画。称赞他正在尝试的新事物，以增加他的成就感并鼓励他未来的探索。

与家长合作

有一个对周遭的人和事不感兴趣的孩子，家长和教师可能都会很担忧。与家长交谈，看看他们是否知道什么能激发他的兴趣。尝试多种活动，看看能否激起他的好奇心。想办法培养他的兴趣。

何时寻求帮助

检查你的记录以确定孩子是否表现出以下任何一种情况。

- 经常在教室里闲逛而非投入活动。
- 坐在材料旁边但不积极参与。
- 对周围的人和事不感兴趣。
- 沉迷于某事，无法将他的注意力转移开。
- 非常害怕尝试新事物，以至于他的学习受到影响。

如果你发现以上某种或某几种行为持续超过几周，请让当地学区的相关机构对孩子的能力进行筛查。与同事一起确定孩子缺乏表达和消极表现是否会影响他的成长。

行动计划

在制订你的行动计划时，可选择或修改下列某个建议的目标，使其符合你的实际情况。以及你期望的孩子的这些技能或行为达到什么程度，或者幼儿表现该行为的频率。记住：你的目标是促进孩子的成长，而不是塑造一个完美的孩子，你要稍微提高你的期望，帮助孩子在现有能力的基础上有所进步。然后，确定教师和家长将采取的三项或四项行动，再额外选择一些针对幼儿园和家庭的其他行动。在本书附录中的计划表上记录你选择的行动。

为尚未尝试新事物的孩子制定的目标示例

- 表现出惊奇感。
- 对新事物表现出兴趣。
- 尝试新事物。
- 问"是什么""为什么"和"谁"这类问题。
- 寻求问题的答案。

家长和教师都可以采用的行动示例

- 进行感官漫步。
- 进行实地考察。
- 通过预测激发惊奇感。
- 制造悬念。
- 大声说出你看到、读到或听到的东西。
- 示范表达你对看到、听到或学到的事物的兴奋感。
- 鼓励孩子从各种各样的活动和材料中进行选择。
- 基于孩子的兴趣提供玩具、材料和项目。
- 提供充足的材料。
- 提供多种材料。
- 在低矮的架子上展示玩具和材料，让孩子自己选择。
- 定期轮换材料。
- 提供各种书籍，包括参考资料、小说、非虚构类书籍和图画书。
- 尊重孩子应对新情况的个体差异。
- 邀请孩子加入活动，但不要强行让他加入。
- 即使在孩子感到不自在时也要为他找到一种尝试新事物的方法。
- 赞赏他尝试的新事物。
- 回答孩子的问题。
- 与孩子一起寻找问题的答案。
- 阅读能回答孩子问题的书籍。
- 将问题留给孩子。
- 问自己问题。
- 在期待孩子回答你的问题或提出其他问题之前，让孩子有时间思考。

教师可以采用的行动示例

- 在教室里设置一些兴趣区。
- 确保你的环境吸引孩子的所有感官,并允许孩子采用不同的学习方式。
- 让孩子使用各种媒介来展示他所学到的东西。
- 提供可以通过多种方式完成的活动。
- 提供开放性材料,如积木和美术材料。

家长可以采用的行动示例

- 让孩子拆开旧机器,看看里面有什么。
- 对孩子学到的东西表现出热情。
- 参观图书馆,查阅参考资料、小说、非虚构类书籍和图画书。

给家长

关于好奇心的一些信息

什么是好奇心？

从很小的时候开始，孩子们就被好奇心驱使去了解周围的世界。他们对自己看到和遇到的人、地方和事物感到好奇。通过探索，他们了解词汇、事物的运作方式以及它们是否会带来变化。这会帮助他们获得知识，而这些知识将需要他们用一生去建构。

当孩子对某事感到好奇时，他们就会全神贯注地探索它。他们俯身更近距离地观察，集中注意力，表现出惊讶，自发地描述他们看到的东西或者提出问题。通过分享令人感到惊奇的事情、提供安全的环境、介绍新的经验和提供各种方法来深入研究孩子感兴趣的事物，以支持孩子的好奇心。

观察和回应

在你看来，孩子可能只是在玩一个物体，但玩耍会让孩子的所有感官都参与到学习新材料的过程中。通过散步聆听周围的声音或感受春雨后的清新气息，以鼓励孩子产生惊奇感。你们一起去新的地方，在出发之前预测你们可能会看到什么。孩子的预测是否正确并不重要，重点是培养他们对事件的好奇心。

允许孩子拆开你不再使用的物品，如旧收音机、缝纫机或录音机和螺丝刀（一定要拔掉电线），这可以激励他探索新的发现。在书的结尾之前停下阅读，以吸引孩子的注意力；稍后再将结尾读完。大声说出你看到、读到或听到的东西。赞叹破土而出的植物或挂在树上两个树枝之间的蜘蛛网，来向孩子示范你对新事物的兴奋感。

如果孩子常常选择相同类型的玩具或材料，请鼓励他做出其他选择。例如，如果孩子大部分时间都在玩积木，请通过推荐可以在积木砌成的道路上行驶的玩具车来拓展他的兴趣。将玩具摆放得井井有条，这样孩子就可以轻松地找到它们。将一些玩具收起来一段时间，当你再次将它们摆出来时，孩子可能会重新产生兴趣。通过阅读书籍了解新事物，可以从当地图书馆借阅各种书籍。

邀请但不要强迫孩子加入新的活动。你的参与可能会鼓励孩子尝试加入，你可以说"让我们去听听、看看我们能找到什么"或"让我们试一试，看看这是怎么回事"

之类的话。

　　3岁左右的孩子开始寻找越来越多问题的答案。他们几乎对所有事情都问"为什么？"。虽然有时问题的数量可能多得让人心烦意乱，但知道孩子对新事物充满好奇，这是令人高兴的。即使你已经厌倦了回答，但还是要花点时间回答这些问题。记住，没有问题是愚蠢的。如果你正在处理某事，无法暂停，请列出待回答的问题，之后一定要思考这些问题。如果你不知道答案，请和孩子一起找出答案。孩子可以先描述问题，然后你们一起决定如何寻找信息。到网上、书中和从知道的人那里寻找信息或做实验来获得答案。你如果真的遇到困难，那么试着把问题留给孩子，可以问："你认为会发生什么？你为什么认为会这样？"向孩子提出你的问题，例如："你是怎么学会的？你先做了什么？接下来发生了什么？"在期待孩子回答或提出另一个问题之前，让孩子有时间思考。

寻求支持

　　如果你发现孩子不是很好奇、不愿尝试新事物或者不问有关新事物或新体验的问题，请与孩子的老师交谈。如果孩子总是无所事事，除了电视或电子产品之外没有其他活动，对周围的人和事物不感兴趣，对某件事物着迷到你无法转移他的注意力，或者害怕尝试新事物，以至于学习似乎受到影响，请寻求更多的支持。

第十二章 "假装我有特异功能！"——超级英雄游戏

给教师

我班上有几个只想玩超级英雄游戏的孩子。几乎每天我都会听到阿迪说："假装我有一种可以让我飞起来的特异功能。"

※ **标准**

尝试扮演假装的游戏角色。

什么是超级英雄游戏？

在游戏中扮演假装角色的孩子会学习基本的社交和认知技能。当他们扮演角色并坚持按照剧本进行时，他们还会学习自我调节技能（Maxwell et al., 2009）。当他们表现他人的服装、声音和行为时，他们将学会创造性地、灵活地思考；他们在描述自己的行为并参与对话时练习语言技能。当问题出现时，孩子们通过角色扮演学会解决问题和谈判。他们在创造道具或使用一件物品来代表另一件物品时发挥想象力。这些技能对于孩子以后的学习很重要：创造性地思考、与他人合作以及以新方式解决问题的能力是终身学习必不可少的能力。

许多女孩和男孩都被超级英雄游戏激动人心的主题吸引。与在其他类型的假装游戏中一样，他们学习重要的技能。在超级英雄游戏中，他们扮演假装的角色，以了解善与恶、权力与控制以及真实与假装。许多孩子也被超级英雄游戏吸引，是因为它所包含的动作。

成人有时会发现超级英雄游戏难以监督，因为它往往会变得喧闹且具有攻击性，并且可能涉及暴力主题。禁止它似乎不起作用；孩子们只是学会否认他们正在玩它，或者在成人不在身边时玩它（Levin, 2003）。游戏屋或邮局游戏缺乏同样的吸引力。然而，当教师仔细观察超级英雄游戏并参与其中时，他们可以帮助孩子理解一些概念，扩展他们正在进行的学习，并确保这种令人兴奋的游戏的安全性。

观察并决定如何支持

在观察最有可能参与超级英雄游戏的孩子时，请牢记以下问题。使用这些建议来有效地指导游戏,同时让孩子在超级英雄假装主题中尝试扮演角色。

孩子是否喜欢活跃、刺激的游戏?

活跃倾向的孩子经常被超级英雄游戏吸引,因为它通常涉及跑步、跳跃、躲藏和秘密地四处走动。帮助活跃的孩子满足他以其他方式活动的需要。要在一日活动中为其安排多次大肌肉运动活动(请参阅第二十一章的内容)。给需要他久坐的活动加一些活跃的间歇。在集体活动中,想办法让孩子们动起来,如开展大肌肉运动游戏、随着音乐跳舞、听故事等。引入其他激动人心的角色游戏主题,如恐龙大陆、太空探索、寻宝、潜艇冒险、赛车或森林灭火等。这些主题游戏要涵盖主题的方方面面,例如:以赛车为主题的游戏不仅仅涉及绕着赛道的比赛;教师可以让孩子们建造赛道、制作和销售门票、设立小卖部和维修站、安排工作人员,并为所有参与者创立奖项。这有助于孩子们学习开发游戏场景并扩展游戏,这样做可以像玩超级英雄游戏一样诱人。

 孩子们通过假扮别人来学习

孩子无论是假扮母亲、店主还是超级英雄,他都在参与假装游戏的关键环节,并从中获得宝贵的经验。当一个孩子扮演一个假装的角色时,他会有如下表现并学到以下内容(Heidemann & Hewitt,2010)。

表现	学到的东西
• 模仿他人的动作、声音和着装 • 持续以角色身份行事 • 使用物体进行假装 • 讲述一个游戏场景 • 坚持游戏 • 轮流 • 解决问题	• 从另一个人的角度看问题 • 计划行为和控制冲动 • 使用表征思维(使用一个物体来代表另一个物体) • 用语言表达思想 • 保持专注 • 与他人协调行为 • 灵活地思考和谈判

孩子是否试图通过游戏来理解问题?

孩子们通过游戏来理解经验,包括他们对暴力的接触(Levin,2003)。一些学龄前儿童可能要努力应对他们对控制和权力的感觉。一个正在研究这些问题的孩子可能会假装拥有他希望拥有的力量，例如：像牙仙子一样飞行；变得隐形，这样就可以去任何自己喜欢的地方；变得勇敢无畏，强大到可以照顾自己。通过假装自己是超级英雄，孩子有机会体验这些力量。教师应帮助孩子以安全的方式探索和控制力量。建议孩子通过假装成某片土地的女王，命令怪物并清除怪物王国来变得强大。他可以告诉怪物："马上滚出我的领地！"它们必须听从。此外，当你们一起玩时，让孩子控制游戏和故事情节。寻找其他也可以让孩子在环境中变得强大的方式。也许可以让孩子帮忙制定规则、决定读什么书，或者当他爬到游戏设备的顶部时向你展示他强壮的肌肉。

另一个孩子可能会使用超级英雄游戏来克服恐惧。关注这个孩子的游戏，以熟悉他的恐惧。然后，与他一起思考如何克服恐惧。也许他可以假装成一位科学家，发明一个配方来清除房间里可怕的虫子。假装混合一种药剂，把它放在一个空的植物喷雾器里，然后在房间里喷洒。建议他穿上一件可以让他隐形的斗篷。然后，他可以近距离地接触一只可怕的大动物（玩具动物）。或者，建议他有足够的勇气用卷起的报纸剑与龙战斗（用美工纸撕成鳞片贴在画在厚纸片上的龙身上）。

一个面临手术的3岁男孩感到害怕和无力。他被允许带一件玩具去手术室。难怪他会选择带一把玩具剑来！

另一个孩子可能正试图了解真实和假装之间的区别。通过问"有些事情看起来很真实，是吗？"来确认这些感觉。讨论演员为何如此擅长扮演，以至表演看上去是真的。让孩子有机会成为演员，表演他最喜欢的故事，例如莫里斯·森达克（Maurice Sendak）的《野兽国》①（*Where the Wild Things Are*）、佩姬·拉思曼（Peggy Rathmann）的《晚安，大猩猩》②（*Good Night, Gorilla*），或史蒂文·凯洛格（Steven Kellogg）的《杰克和魔豆》（*Jack and the Beanstalk*）。使用服装和化妆品，这样孩子就可以看到人们如何将自己变身为角色，还可以上网了解动画。

孩子是否会一遍又一遍地重复故事情节？

在角色游戏中，孩子们通常从他们看到或经历过的事情开始，然后创造超出他们经历的故事。让孩子们接触新的冒险，这样他们就可以通过读书来拓展游戏；参观动物园、博物馆、天文馆或巨幕影院；参加文化庆祝活动，例如中国的春节。然后收拾

---

① 该书已由贵州人民出版社于2014年出版。——译者注
② 该书已由新星出版社于2021年出版。——译者注

行囊，进行一次想象中的旅行，以支持他们所接触的一切：参观恐龙的土地、进行摄影之旅、攀登由攀爬架搭成的大山、用手电筒探索纸板箱洞穴、用铺在地板上的绳子穿过热熔岩河，或者建造一艘宇宙飞船来逃离火星上的黏液怪物。

> **玩超级英雄游戏时要遵守的规则**
>
> - 每个人都要安全。
> - 一旦有人说"停"，游戏就要停下来。
> - 每个人都有机会当一次好人（有些人甚至规定：所有孩子都是好人，幼儿园里的坏人都是假装的）。
> - 超级英雄游戏只能在自由游戏或者户外活动时段玩。

帮助重复玩超级英雄游戏的孩子创编新的故事情节并坚持下去。与孩子一起设计故事时，让他描述场景。帮助他和平地结束这个故事（这样就不会有人死），或者以一种让故事继续下去的方式。让孩子画出自己的想法，或为他写下来。谈谈他将需要的材料，包括道具和服装。帮助孩子开始制作他需要的东西，收集材料，然后扮演角色。如果孩子开始分心或走神，就让他回到自己的计划中（Spiegel，2008）。

孩子创造的一些激动人心的游戏主题与电视节目或电影有关。观看那些会影响他们游戏的节目。当你了解故事情节和角色可能会做什么时，你可以提供可行的建议来丰富剧本。有些孩子似乎对电视节目很着迷，可能会模仿电视剧本，而不是扩展或创作自己的剧本。如果你班上有这样的孩子，请作为角色之一加入游戏。通过提出与当前情节密切相关的建议来扩展孩子的想法。注意，不要让故事离孩子正在玩的内容太远，否则他可能会拒绝你的建议。例如，如果孩子正在演超级英雄打击犯罪，而你建议所有超级英雄都去看电影，那么他可能看不到任何联系。但如果你假装看到反派人物进入电影院，而超级英雄需要跟随，那么他可能会接受这个想法。如果孩子愿意，就帮助他创设一个电影院，包括椅子、茶点台、售票员和用木偶表演的电影。准备空间、制作道具和创编电影，至少需要 40 分钟丰富而富有想象力的游戏，然后他才能记得与反派人物战斗。如果一个建议不起作用，请尝试另一个。通过评论你观察到的内容并提出开放式问题来帮助孩子推动故事情节。

孩子不能创造道具或以新的方式使用玩具吗？

学龄前儿童较为依赖看起来真实的道具。然后，年龄较大的学龄前儿童会用外观相似的东西代替，最终他们可以使用想象的东西。这种以物代物的能力是发展象征性思维的重要一步。象征性思维使得使用符号来表征其他事物成为可能，例如用字母表征声音。

选择游戏材料时，要选择能让孩子以多种方式使用的物品（例如用于建构的积木和可以变成警车或家用汽车的普通小汽车）。鼓励正在使用逼真的物体（如塑料食品）的孩子使用或制作替代品。在本章开篇故事中阿迪的老师能够与阿迪一起制作一套衣服，以便她在可以使用她特殊的飞行能力时穿上。他们一起找到了一件紧身连衣裤，用一条丝巾做了一件斗篷，并在一张纸上印了一个大大的字母"A"，然后把它固定在斗篷上。阿迪的老师把这套衣服放在一个特别的衣柜里，只在户外玩耍时才给阿迪。这有助于阿迪认识到何时适合扮演超级英雄。最终，阿迪想要这套服装的频率越来越低，而越来越多地参与其他类型的激动人心的游戏。

一些与超级英雄游戏相关的玩具非常逼真，商家利用广告暗示孩子们这些玩具只有一种使用方式。这样的广告让孩子们相信，他们需要更多的玩具来实现其他功能。例如，沐浴时间的时尚娃娃被宣传为是唯一一款可以放在浴缸里的娃娃。如果一个孩子想让沐浴娃娃锻炼身体，那么营销人员将希望孩子相信必须为此再买一个娃娃。教师要帮助将玩具用于单一目的的孩子了解如何以多种不同的方式使用它。

孩子是否将使用武器作为超级英雄游戏的一部分？

许多人对允许孩子在幼儿园里假装使用武器有强烈的感受。然而，不管教师怎么说，总有人为孩子制作武器，即使它是用吐司做的！如果你有强烈的不同意见，要注意你可能给那些有亲人在军队服役或在当地警察局工作的孩子的信息——你不想贬低孩子对其现实生活中的英雄、父母或其他家庭成员的感情。与其禁止武器，不如让孩子继续吃吐司。鼓励正在使用武器的孩子制作其他供英雄使用的道具。孩子能制造雷达探测器、对讲机或陷阱吗？可以问："如果你要追踪怪物，你需要什么？你能用什么？你能制作什么？"将重点从与人的战斗转移到合作保护城镇免受自然灾害，如森林火灾、飓风或从动物园逃脱的危险动物。

孩子是否会发出有关游戏失控的信号？

有些孩子沉浸在超级英雄游戏中，以至在兴奋中迷失了方向，没有意识到他们会伤害他人。参与超级英雄游戏的年幼的孩子需要规范他们的行为，控制他们的冲动，并认识到空手道的一踢会踢伤他人。如果你班上正有一个容易因参与这种类型的游戏而过度兴奋的孩子，请密切监督他，捕捉他的信号：游戏变得过于混乱，或者他需要帮助来解决问题。请警惕音调较高的声音，以及关于谁将做什么的更多争论，或分享道具引起的麻烦。尽管许多教师会快速停止游戏，或就这个问题重新指导，但孩子可能需要的是被帮助来学习接受游戏中的变化并解决问题。帮助孩子通过识别问题、思考解决问题的方法、决定最佳解决方案以及尝试学习解决问题。如果这个方法不起作用，请尝试另一个。如果你班上的某个孩子经常具有攻击性，请参阅第九章内容，以获得更多想法。

如果你必须让超级英雄游戏进入尾声，那就通过有逻辑的方式结束故事吧。可以和孩子说："在经过一整天找坏人的努力之后，超级英雄们都很困；让他们睡一会儿，然后选择去做一些安静的事情。"提供水、沙和橡皮泥，让孩子进行安静的活动。如果需要，让一直一起玩的孩子暂时不要再合作游戏了，而是并排游戏或单独玩一会儿。

让孩子通过玩一会儿活动人偶而不是实际的超级英雄游戏来满足他对刺激性游戏的需求，可能会有所帮助。孩子可以使用乐高积木中的角色，甚至是木制小雕像。给孩子材料，让他用美工纸制作披风、皇冠或盔甲。添加更多的道具，例如可以变成山的纸板箱或玩具车。

平衡孩子可能遭受的暴力与关于合作和帮助他人的讨论。在玩超级英雄游戏时，你可以说："超级英雄似乎只知道如何通过战斗来解决问题。他们还能做什么吗？"谈论超级英雄的共同点。讨论现实生活中的超级英雄，描述英雄的共同特征，例如有勇气和乐于助人。指出孩子勇敢或乐于助人的时候。

应对超级英雄游戏的有效方法

当孩子们陷入低效的超级英雄游戏时，请尝试以下一种或多种建议。

- 推荐与故事相关的新场景。
- 寻找或制作新道具。
- 教师加入游戏。
- 通过描述他们的角色可能从事的安静活动，将休息时间嵌入游戏中。
- 如果你允许孩子假装玩武器，请对他们做出限制，例如武器不得指向人或只能使用儿童制造的武器。
- 以合乎逻辑的故事结尾或平稳过渡到下一个活动来结束游戏。

与家长合作

请记住：孩子努力达到的标准是尝试扮演角色。一定要认识到孩子通过超级英雄游戏学到了什么,以及你可能有的顾虑。如果孩子的游戏似乎停留在模仿电视或过度暴力,请与其家长讨论限制孩子观看暴力节目的数量。观看这些节目的家庭不太可能完全避免观看这种类型的电视节目。但是,如果有节目确实带来了问题,也许他们会愿意将其关闭。

描述孩子在幼儿园中喜欢的一些不同的主题,这些主题仍然会让他感到自己很强大,包括孩子已经创编的一些创造性场景。家长可以在家中拓展这种类型的游戏。使用行动计划,讨论如何继续与孩子相处。

 何时寻求帮助

> 如果尽管你继续努力丰富游戏,但游戏在几个月内仍然重复,请与幼儿教育顾问讨论如何支持孩子。如果游戏过于可怕或充满暴力,尤其是孩子拒绝参与其他类型的游戏,可向家长介绍家庭教育指导师或专门从事幼儿家庭工作的顾问。

行动计划

在制订你的行动计划时,可选择或修改下列某个建议的目标,使其符合你的实际情况。加上你期望的这些技能或行为表现到什么程度,或者幼儿表现该行为的频率。记住:你的目标是促进孩子的成长,而不是塑造一个完美的孩子,你要稍微提高你的期望,帮助孩子在现有能力的基础上有所进步。然后,确定教师和家长将采取的三项或四项行动,再额外选择一些针对幼儿园和家庭的其他行动。在本书附录中的计划表上记录你选择的行动。

为过度沉迷于超级英雄主题游戏的孩子制定的目标示例
- 尝试扮演除了超级英雄之外的令人兴奋的假装角色。
- 丰富游戏内容,而非模仿电视节目中的行为。
- 创编新的故事情节。
- 制作自己的道具。
- 在超级英雄游戏接近尾声时进行安静的活动。

家长和教师都可以采用的行动示例
- 提供大肌肉运动活动。

- 提供令人兴奋的游戏主题。
- 参观博物馆、天文馆、动物园和文化庆祝活动。
- 提供开放式玩具和材料。
- 提供可以进行的安静活动。
- 认可并积极评价孩子在超级英雄游戏之外表现出的强大。
- 允许孩子帮忙制定规则和做出选择。
- 熟悉影响儿童游戏的电视节目。
- 识别孩子在超级英雄游戏中表现出来的感受。
- 准备好用作道具的服装和材料。
- 加入游戏并帮忙指导。
- 提出丰富儿童游戏的建议。
- 鼓励孩子自己制作道具。
- 鼓励孩子以不止一种方式使用玩具。
- 在游戏失控之前介入并重新指导游戏。
- 为故事提供一个合乎逻辑的结局来结束游戏。
- 在需要时练习解决问题。
- 引入与电视无关的游戏主题。

教师可以采用的行动示例
- 提高小组活动的高参与度，为孩子提供运动的机会。
- 表演喜欢的故事。
- 超级英雄游戏结束后，让孩子们并排玩一小会儿。
- 组织有关调解与合作的教育活动。
- 设计合作学习活动。
- 与幼儿教育顾问交谈，并与家长分享相关信息。

家长可以采用的行动示例
- 限制孩子观看超级英雄电视节目的数量。
- 阅读其他方面的书籍。
- 如果孩子的游戏过于可怕或充满暴力，请与家庭教育指导师或专门从事幼儿家庭工作的顾问交谈，并与孩子的老师分享相关信息。

给家长

关于超级英雄游戏的一些信息

什么是超级英雄游戏？

许多孩子都被超级英雄游戏的快速动作吸引。无论他们是假装成父母、店主还是超级英雄，他们都在学习扮演角色、与他人一起游戏、编排故事并商议如何继续游戏。在超级英雄游戏中，孩子们努力理解善与恶、权力与控制、真实与假装。成人有时反对超级英雄游戏，因为它往往会变得吵闹，并且可能涉及暴力主题。禁止它似乎不起作用，需重新引导孩子去游戏屋释放精力。

观察和回应

仔细观察孩子的超级英雄游戏并参与其中。然后，帮助孩子发挥创造力，同时保持对这种刺激游戏的限制。活跃的孩子往往会被超级英雄游戏吸引，因为它通常涉及奔跑、躲藏和秘密地四处走动。活跃的孩子也可以通过其他方式满足这些身体需求。确保每天安排多次户外游戏或室内的身体活动。

有些孩子假装拥有他们希望自己拥有的能力，例如勇敢或坚强到可以照顾自己。当你们一起游戏时，从控制故事情节或爬到游戏设备顶部展示力量中，孩子会感到自己很强大。

在角色游戏中，孩子们通常从模仿他们看到或经历过的事物开始，然后创造出超越原有经验的故事。通过阅读书籍或者参观动物园或博物馆，让孩子接触新的冒险。然后，进行一次想象中的恐龙之地之旅，进行摄影之旅，攀登由攀登架搭成的大山，用手电筒探索纸板箱洞穴，或者用铺在地板上的绳索穿过滚烫的熔岩河。帮助孩子计划故事情节。谈谈你们需要什么材料，包括道具和服装。帮助孩子开始制作道具，寻找服装，然后扮演角色。

有些人对允许孩子假装使用武器感到强烈不适。但不管成人怎么说，孩子都会制作武器——哪怕是用吐司做的！鼓励孩子创造其他更有创意的道具。可以轻松制作像《非常小特工》（*Spy Kids*）中使用的那些令人难以置信的小工具。还可以问孩子："如果你要追踪从动物园逃脱的动物，你需要什么？你能制作什么？"

有些孩子模仿电视剧本而不是创作自己的故事。在这种情况下，家长要加入游戏并通过提出与正在进行的故事密切相关的建议来拓展孩子的思路。如果孩子假装自己是一名打击犯罪的超级英雄,而你建议他假装去看电影,那么孩子可能看不到其中的任何联系。但是,如果你假装看到反派人物进入电影院并且超级英雄应该跟随,那么孩子可能会接受这个想法。如果你必须让超级英雄游戏进入尾声,可以通过有逻辑地结束故事来做到这一点。你可以说:"超级英雄整天都在寻找坏人,现在他很困,让他睡一会儿,然后选择一些安静的事情做。"引导孩子进行一些安静的活动,例如捏橡皮泥。

如果孩子在玩超级英雄游戏时容易过度兴奋,请密切监督。注意捕捉游戏变得混乱,或孩子需要你帮忙解决问题的信号。注意更大的声音、更多的争论或分享道具引起的麻烦。帮助孩子学习解决问题。

如果孩子的游戏只是模仿电视节目或过于暴力,请限制其观看暴力节目。也许有一个特定的节目有问题,那么你应该关闭它。

 寻求支持

> 如果孩子的游戏是重复的、过于可怕或充满暴力,或者如果孩子拒绝参与其他类型的游戏,请咨询家庭教育指导师或专门从事幼儿家庭工作的顾问。

第四编

语言和读写能力发展

语言和读写技能的发展使儿童能够有效地与他人交流。儿童的语言技能在学龄前阶段迅速发展。在此领域，孩子学习倾听和理解他人，同时也在学习如何表达自己的想法，让他人能够理解自己。孩子的听、说能力都是通过与他人的互动来学习的。

从出生起，孩子就在倾听并尝试重复他们所听到的词语。他们发出的声音会越来越像他们试图表达的声音。他们了解到，口语可以写下来，书面语可以读出来。当他们看到他人读和写时，他们能够知道这些活动是有意义的。大多数孩子都有通过读和写的方式进行交流的动力，当他们进入幼儿园时，他们会展现出前阅读和前书写的技能，这些技能是日后阅读和写作技能的基础。

在幼儿园里，孩子们需要很多机会来练习他们日益增长的语言和读写能力。当教师与孩子交流他们的兴趣、帮助他们扩展句子或解释他们的想法时，孩子能够表现出最好的状态。孩子会从一个充满丰富的印刷物（包括虚构故事类图书、非虚构故事类图书以及无字图画书等）的环境中受益。他们会在有标志、图示、法兰绒展板、计算机、磁性字母和歌曲图表等因素的环境中表现良好。教室里要有书写区，同时各个区域都要提供书写工具和书写材料，这样孩子就可以为自己搭的建筑画图，或者在玩点餐游戏时写下数字来点一份想象中的美味比萨。

在家庭中，孩子从一出生就需要家人与他们说话，向他们介绍新的词语，并用语言描述他们的动作。当孩子去新的地方体验到新的事物，并与他人讨论自己的经历时，他们能够从中学习新的词语。当成年的家庭成员支持他们情绪调节能力的发展时，他们将学习表达自己感受的词语。当成人将一个指令拆分成几个部分，并且一次只向他们提出一两项任务时，孩子往往能够做得很好。成年的家庭成员可以帮助孩子集中注意力，在他们第一次不认真倾听的时候耐心地提醒他们注意成人发出的指令。当人们指出标志、给他人写便条或列清单时，孩子们会发现自己身边的文字。当成人和年长的孩子一起读书或讲故事时，年幼的孩子可以学到一些词汇。当他们一起阅读时，孩子将能够学会如何爱惜图书，喜欢阅读。

与其他领域一样，各州的标准可能比本书中包含的标准更多。第四编包括许多州都认可的以下四项标准，每项标准都有一章对其进行详细讨论。

- 第十三章：使用语言交流想法、感受和经历。
- 第十四章：遵从简单的口头指令。
- 第十五章：对阅读表现出初始的兴趣。
- 第十六章：对书写表现出初始的兴趣。

春天，卡尔森老师4—5岁班级里的许多孩子开始问有关上学前班（kindergarten）的问题。卡尔森老师觉得她可以通过做一个关于上学前班的项目活动来帮助孩子们做好准备，减轻他们的恐惧。一天，在班上的小组活动时间，她提到孩子们似乎对学前班有一些问题。她大声地询问孩子们如何才能获得这些问题的答案。孩子们纷纷提出建议，例如可以"读书""问别人"和"去看看它"。她决定采纳孩子们的建议。

在项目活动的第一天，卡尔森老师组织孩子们提出他们想要知道的关于学前班的问题。在孩子们提问的同时，她把这些问题写在图表纸上。孩子们问了诸如"你坐公共汽车吗？""你能午睡吗？""学前班的老师好吗？""你能去玩吗？"之类的问题。在小组活动时间后，卡尔森老师将每个问题转移到一张大索引卡上。第二天，她告诉孩子们，几天后将有一些学前班的孩子来到班上，回答他们写的问题。她朗读了问题清单，并邀请一名小志愿者负责向他们的客人朗读一条问题。第三天，孩子们练习大声朗读问题。她鼓励孩子们大声说话，让别人听到，说得清楚，然后等待对方的回答。第四天，卡尔森老师邀请了三名学前班学生（她的幼儿园毕业生）到班上来回答问题。这些学前班学生很愿意为孩子们解答，分享他们的想法。这次讨论取得了成功，幼儿园小朋友大声朗读了他们的问题，学前班的孩子们自豪地回答，场面十分活跃。

第五天，卡尔森老师对孩子们说他们即将去学前班参观。她对即将到来的参观提出了两点要求：首先，要求孩子们在参观时保持安静，不要打扰学前班的哥哥姐姐们；其次，孩子们参观时需要做一些记录，参观完成后回到教室要对记录进行讨论。她给了每人一个纸板夹和一支铅笔，并要求孩子们通过记录他们在自己的教室里看到的东西来练习记笔记。孩子们忙着将他们在幼儿园教室里看见的一切画下来，乐此不疲。

终于，去学前班参观的日子到了。幼儿园的孩子们以小组的形式进行参观。他们拿着自己的纸板夹和铅笔在学前班的教室里参观了几分钟，同时画画或者用自己发明的拼写方式来表现他们看到的东西。回到幼儿园教室后，孩子们七嘴八舌地谈论着自己的所见所闻。一个孩子画了橱柜上的一只公鸡玩偶，一个孩子画了画架上的画，还有孩子在口袋架上发现了自己朋友的名字并把它抄写了下来。

尽管卡尔森老师以前从未尝试过此类项目活动，但她认识到，通过这项活动，孩子们练习了许多早期学习标准中要求的能力，如下所示。

✦ 遵从简单的口头指令。
✦ 使用语言交流想法、感受和经历。

✦ 对阅读表现出初始的兴趣。

✦ 对书写表现出初始的兴趣。

卡尔森老师发现这个项目对她班级里的孩子们有很大的激励作用，还发现另一个额外的好处——她与大楼里的学前班老师也建立了联系。

你可以在班级里孩子们感兴趣的任何主题活动中使用相同的项目方法。

支持双语学习者

许多年幼的孩子生活在使用英语以外的语言或使用多种语言的家庭中。学习一门语言是十分复杂的，幼儿学习多种语言的能力具有激励作用。有些幼儿还能够同时学习两种或两种以上的语言。他们在很小的时候就接触了这些语言，还可以清楚地区分它们。还有的幼儿在有了母语基础之后才开始学习第二语言。在美国，这通常意味着孩子使用他所掌握的母语来学习英语。

孩子在家庭和文化背景下习得语言和交流的基础。学习英语的孩子保持他们的母语是很重要的。孩子不是从零开始学习第二语言的，他们第二语言的学习建立在他已经掌握的母语知识的基础上。一个能说与其他家庭成员相同语言的孩子，就能参与关于价值观、历史和梦想的丰富对话中，哪怕这些成员并不掌握大量的英语词汇。

对许多双语学习者来说，幼儿园是他们第一次接触英语的地方。许多孩子在进入学前教育机构后会有很强的学习英语的动机，因为这样他们就可以和同龄人一起玩，可以参加活动。游戏促使孩子们学习新的单词，并让他们尝试使用一些新的词汇。双语学习者以一种在很大程度上可预测的模式学习英语，尽管他们以不同的速度经历了以下阶段（Tabors，1997，p.39）。

1. 使用母语。
2. 非言语或沉默。
3. 在新语言中使用单个单词和短语。
4. 有效地运用新语言。

对双语学习者来说，本书中提出的标准可以被视为指导方针，而不是必须实现的目标。掌握社交语言技能需要时间，学习学校所需的学术语言可能需要四年或更长的时间（NAEYC，1995）。要熟练掌握一门或多门语言，孩子需要在所学语言中获得丰富的语言经验。家长和教师可以做很多事情来支持双语学习者的语言发展。

家长和教师可以做什么
- 意识到母语的价值。
- 了解双语习得的各个阶段。
- 用你最熟悉的语言提供一个语言丰富的环境。
- 通过标记物体和描述动作来教授词汇。
- 用更复杂的短语扩展孩子的语言。

教师可以做什么
- 学习一首用孩子的母语演唱的歌曲或儿歌。
- 请家长教你如何用他们的母语问候孩子,说一些常用的单词。
- 添加提示物,如图片、物体、手势、道具和惯例,帮助孩子理解你对他说的话。
- 认识到,在幼儿园里使用自己最舒服的语言之外的语言需要孩子付出努力,允许孩子在英语听说中偶尔休息一下。
- 用两种语言标记环境中的物品。
- 用孩子的母语将书中的内容录在磁带上。
- 播放用孩子的母语演唱的歌曲。
- 避免在孩子犯错时纠正他;相反,通过重新正确地表述他所说的话来做示范。
- 让家长在家里教授你在课堂上教的概念,这样孩子就可以有更深入的理解,比如给自己和他人的情绪贴标签。
- 如果家长不能用你的语言进行交流,请寻求翻译人员的帮助。
- 帮助孩子参与游戏,这样他就可以在没有顾虑的情况下练习语言技能。
- 使用真实性评价,以便孩子以非言语的形式展现他的熟练程度(例如,孩子使用手势和道具发起与他人的游戏)。
- 使用家长报告的信息作为评估孩子技能发展的数据来源(例如,"你的孩子用母语能数到多少?")。

家长可以做什么
- 用你觉得最舒服的语言与孩子交谈、唱歌、阅读和讲故事。
- 通过看电影和听用母语演唱的歌曲来鼓励儿童学习母语。
- 和孩子一起拜访使用你们母语的家庭成员和朋友。
- 打电话,让孩子与使用你们母语的人交谈。

- 鼓励孩子在和你说话时使用母语；如果他没有，就用你的母语重复他用英语说的话。

人们有时会对孩子在沉默阶段没有使用"新"语言而表示担心。在双语发展的沉默阶段，孩子会发现在家里使用的语言在新环境中对他没有帮助。他对自己的新语言技能还不够熟练，不敢冒险使用单词。一般而言，孩子只有在不能熟练使用语言的环境中才会保持沉默。沉默阶段通常会持续几周到几个月。

当一个孩子混合使用语言，即在一个主要由一种语言组成的句子中使用另一种语言的几个单词时，人们也可能会担心。人们有时认为这是孩子混淆语言的迹象。相反，这表明孩子两种语言都学得很好。他可能认识到，在一种语言中没有一个词可以完全解释另一种语言中的概念。

有时，一个正在学习英语的孩子不会像以英语为母语的人那样发音，人们会怀疑他是否有语言延迟或发音困难的问题。如果你担心孩子有诸如此类的问题，请与其家长交谈，以确定孩子用母语发音是否清晰，可以让家长回想一下孩子和其他母语使用者交谈时的语言理解程度。例如，你可以问："他的奶奶能听懂多少他说的话？"或者"当他和其他说同一种语言的孩子玩耍时，其他孩子能听懂多少他说的话？"母语或两种语言都有问题的孩子应该接受口语和语言评估。

第十三章 "轮到我说啦！"——说话

给教师

大部分时间，我都能够听懂梅森说的话，但是教室里的其他人似乎有点难理解他在说什么。有时，我需要在他身边玩耍，帮助其他孩子理解他在说什么。

※ 标准

使用语言交流想法、感受和经历。

什么是说话？

孩子从出生时就开始交流。当他们饿了、累了或者需要换衣服的时候，他们就会哭泣。通过与家庭成员的互动，他们听到了家庭中的语言，并开始理解这些语言是有意义的。他们学会将词语组合在一起来表达自己的需求或讲述故事。学习说话涉及倾听、理解、注意、记忆、单词知识和语法，这些是以后阅读和写作的基础技能（Decker，2011）。

观察并决定如何支持

在听孩子说话时，请记住以下问题。利用这些建议，帮助孩子学习以各种方式使用语言。

孩子的词汇量是否有限？

当周围的人对孩子说话、唱歌和阅读时，孩子往往能够学到数量惊人的词语。3岁孩子的词汇量可以达到1000个左右（Child Development Institute[①]，2011）。如果你正在帮助的孩子词汇量很少，可以通过向他介绍新的经验、为物品命名和描述动作来拓展他的词汇量。可能的话，可以到街角的杂货店、农贸市场或附近的加油站开展实地考察，讨论汽车起重机、用来更换轮胎的扳手以及集油盘等。

---

① 即儿童发展研究所。——译者注

当你坐在孩子身边画画时，可以自言自语地描述你的行为。或者，当你坐在孩子身边，描述他正在做的事情时，用平行对话的方式进行表达，例如可以说："我看到你在混合红色和蓝色的颜料，红色和蓝色混合在一起就变成了紫色！"与孩子一起在角色游戏主题区玩，和他交谈并倾听他的想法，将他的单字或短语扩展为句子。在假装的面包店里，他可以点曲奇饼干和甜甜圈。你可以假装成顾客，说："是的，我想买三个曲奇饼干和一个巧克力蛋糕。"争取实现五个来回的对话。提一些开放性问题，鼓励他使用不止一个单词来进行回应。阅读那些单词重复出现或通过上下文解释单词的书。

孩子是否容易被不了解自己的人误解？

对孩子来说，要发出完美的英语发音需要花费时间。比较有难度的发音包括：l、s、r、v、z、y、ch、sh 和 th（NIDCD[①]，2000）。一般来说，在孩子 4 岁的时候，熟悉的、陌生的成人都能理解他们说的话。如果一个孩子出现了发音错误，没有必要强行纠正他，而要用准确的发音转述他的话。例如，如果一个孩子说"我家里有只喵"，你就可以说"你家里有只猫！它叫什么名字？"。

如果你教室里的孩子中有双语言学习者，那么你一定要学习有关第二语言习得的知识。学习双语的孩子在学习过程中很可能会发错单词的发音。请为他们提供大量能够听到正确的新语言发音的机会。随着不断的练习，他们的发音可能更接近于正确。允许他们在某些时候不说话。尊重安静的时间，让孩子从倾听新语言或被要求用新语言回答的压力中解脱出来。

一个不能清楚表达的孩子可能需要你和他一起玩，以帮助他人理解他说的话。一天，梅森（本章开篇故事中有所提及）一直很沮丧，跺着脚走出了积木区。他的老师走了过去，并鼓励他再试一试。这一次，老师陪着他，重复他说的话："梅森说，让我们为滑板公园建一个斜坡。"其他孩子听明白以后，觉得这是一个好主意，开始寻找他们需要的积木，并讨论他们要把斜坡建多高。

除了发音准确之外，孩子们还需要掌握语言表达的微妙之处。其中一个微妙之处在于根据情况使用正确的音量。我们需要教一个总是用大嗓门说话的孩子调节他的音量。你可以改变你的声音和语气，以配合故事中的人物或木偶剧中的木偶，教孩子像小老鼠一样安静或者小心不要吵醒睡在娃娃家的玩具婴儿。低声地回应他，以提示他

---

① 英文全称为 National Institute on Deafness and Other Communication Disorders，即美国国家耳聋与其他沟通障碍研究所。——译者注

降低自己的音量。此外，还可以教孩子在室内和室外使用的适当的音量。

有时，孩子可能无法流畅地表达。他可能会停顿、犹豫不决，或重复自己的话。口吃通常首次出现在2—5岁的孩子身上（Bernstein，2011）。尽量不要引起他人对孩子口吃的注意。要专注地倾听、有耐心，给孩子时间说出他的想法，避免对他提出慢慢说的要求。

孩子是否能根据不同的目的使用语言？

语言的使用有很多原因，包括提出要求、提出问题、表达情感、表明需求、描述经验以及提供信息。教师需要鼓励孩子参与所有类型的表达性语言活动。在假装游戏中，孩子使用语言的积极性很高。在游戏中，他们可以用语言创造一个场景、讨论接下来要做什么并进行角色扮演。例如，当一个孩子在扮演母亲时，你可能会听到她用尖锐的假声对另一个孩子说："亲爱的，你能哄宝宝入睡吗？"

除了假装游戏之外，还可以鼓励不能在多种目的中使用语言的孩子唱歌、背诵童谣以及做手指游戏。在阅读一本书时提出开放式问题，或者将开放式问题融入故事中。你可以问："你认为他当时的感受是什么？"或者"你认为他为什么那样做？"使用所有有关"谁""是什么""在哪里""什么时候"以及"为什么"的问题。当有客人来到教室时，教师需要示范恰当的问候方式。教孩子学习用语言求助，他可以说"你能帮我……吗？"或者"在……（方面），我遇到了麻烦"。

鼓励孩子用语言描述他的情绪。教儿童关于情绪的各种词语，如"生气""沮丧"和"不高兴"，以表达他的激烈程度。教师可以展示有不同情绪的人的图片，请孩子们说出每种情绪。倾听表达不同情绪的声音，请孩子们指出人们的笑声、歌声或吼叫声，谈论这些声音所隐含的情绪。描述某人在感到愤怒或高兴时可能出现的身体反应，例如演示一个人如何紧握拳头、噘起嘴唇、皱起眉头，并让孩子模仿你。当孩子有这样的感受时，告诉孩子可以表达情绪的词语。

孩子是否只使用单字或短语？

儿童在很小的时候就开始把单字串起来组成短语。5岁的孩子也许能把8个或更多的单字组成句子（NIDCD，2000）。你可以通过经常与孩子交谈、听他说话来扩展他说的语句。示范使用复杂的语句，在他所说的话中加入信息、解释和描述等内容来帮助把他的单字或短语扩展成更长的句子。例如，如果他指着豌豆说"请再给我点"，你就可以说"请把这碗豌豆递给我，它们太好吃了！"。

找出多种方法来鼓励孩子在一天中多说话，可以让他描述你们的日常活动，例如问："我们准备吃点心的步骤是什么？"以及在感觉盒子（在一个不透明的容器上挖一个洞，然后把袖套嵌在洞口，把袖口朝向孩子，让他能够把手伸进去）中放置一个物体。让他把手伸进去摸一摸，然后描述他的感受。还可以为幼儿园中正在进行的活动拍照，请他口述正在发生的事情，通过询问"你还看到了什么？"或"还发生了什么？"来提示他进一步描述。邀请孩子加入讲故事小组，你可以描述一个故事的开头并要求小组中的每个孩子补充一些内容。例如，你可以说"在很久以前，有一个紫色和橙色相间的怪物，它……"，让孩子补充这个句子。或者，剪下杂志上的图片贴在纸上，让孩子画一个背景，并口述一个关于它的故事。

孩子是否能参与对话？

参与对话有时需要主动发起，有时则意味着对他人的话语做出回应。对话包含轮流和倾听，不能随意打断。孩子需要学习在保持话题的同时加入自己的想法。

当孩子难以参与谈话时，你在与他交谈时要使用积极倾听的方法。要做到积极倾听，就需要复述他说的话，以及提出开放式的问题以鼓励你们之间有进一步的对话。例如，你可以问，"接下来发生了什么？"或者"你做了什么？"，利用进餐等常规活动时间与孩子进行交谈。谈论孩子感兴趣的事情，但你要在心里准备一个话题，如果他不是很健谈，你就可以用这个话题激发讨论。可能的话题包括家庭宠物、去杂货店的一段小经历、兄弟姐妹或他最喜欢的游戏。鼓励孩子给你讲一讲幼儿园之外发生的事情，以此练习他对个人经历的描述能力。

教会总是打断别人说话的孩子注意那些该轮到他说话的提示。可以开展一个角色游戏，其中两个人在对话，第三个人想要说话。示范如何将一只手放在说话者的肩膀或手臂上，然后等待轮到自己说话。同时，还要教孩子识别说话者何时换气或何时停顿，教他说"不好意思，打扰一下"以表示自己想说话并等待回应。

与家长合作

鼓励家长经常与孩子交谈，真正倾听孩子对他们说的话。请家长描述一下在繁忙的日常中，能够自然出现的对话机会，例如让孩子参与家务劳动和利用旅行时间进行交谈。如果你或家长对孩子的语言发展感到担忧，请使用上述建议和行动计划进行合作。在经过几个月的携手提高孩子的技能水平的努力后，再思考是否需要外部援助。

> **何时寻求帮助**
>
> 如果孩子是双语学习者，你可能会发现，何时确定孩子有发音错误是个严重的问题，这很困难。通常情况下，如果不熟悉的成人（孩子的母语使用者）不能理解孩子所说的母语，就需要对孩子的发音错误进行进一步的调查。孩子如果在使用母语时表现出以下任何迹象（Koralek，Dombro，& Dodge，2005），就必须寻求额外的帮助。
>
> - 到 3 岁时，大多数时候不易被他人理解。
> - 到 3 岁时，不曾使用短语（两三个字）进行交流。
> - 到 4 岁时，陌生的成人无法听懂他的语言。
> - 到 4 岁时，不会说听起来像成人说的句子。
>
> 如果孩子出现上述任何一种表现，就要请他的家长对他的能力进行筛查。先去儿科医生那里，他可能会检查关于孩子的耳部感染和听力筛查的记录，并要求进行口语和语言评估。筛查也可以由孩子所在学区的相关机构进行。早期识别和干预可以更好地帮助孩子为进入学前班和获得成功做好准备。

行动计划

在制订你的行动计划时，可选择或修改下列某个建议的目标，使其符合你的实际情况。加上你期望的这些技能或行为表现到什么程度，或者幼儿表现该行为的频率。记住：你的目标是促进孩子的成长，而不是塑造一个完美的孩子，你要稍微提高你的期望值，帮助孩子在现有能力的基础上有所进步。然后，确定教师和家长将采取的三项或四项行动，再额外选择一些针对幼儿园和家庭的其他行动。在本书附录中的计划表上记录你选择的行动。

让孩子从更多的口语技能中受益的目标示例

- 增加孩子的词汇量。
- 孩子在_____% 的时间里能被他人理解。
- 能够使用语言_____（从以下内容中选择，每次重点关注一个：提出问题、回答问题、要求得到他需要的东西、表达情感、讲述经历或提供信息）。
- 能在一个句子中使用_____词语。
- 参与对话。

家长和教师都可以采用的行动示例

- 向孩子介绍新的经验。
- 给事物命名并描述动作。
- 在与孩子一起工作和玩耍时描述自己的行为。
- 丰富孩子说出的单字和短语。
- 争取与孩子的对话达到五个来回。
- 使用正确的表达方式转述孩子所说的内容。
- 教什么是大声、什么是安静。
- 如果孩子说话的声音太大,就小声回答他。
- 认真倾听孩子的讲话。
- 给予孩子时间说出他的想法。
- 给予孩子玩耍的时间。
- 唱歌、背儿歌,以及做手指游戏。
- 问一些开放式的问题。
- 问有关"谁""是什么""在哪里""什么时候""为什么"的问题。
- 示范合适的问候方式。
- 教会孩子寻求帮助。
- 教会孩子有关各种情绪的词语。
- 为孩子提供表达自己情绪的词汇。
- 示范使用复杂的句子。
- 将孩子的单字或短语扩展为较长的句子。
- 请孩子描述日常活动。
- 玩猜谜游戏。
- 让孩子描述他在图片中看到的内容。
- 和孩子一起讲一个故事。
- 积极倾听,以促进你的理解。
- 和孩子谈论他感兴趣的东西。
- 教孩子注意那些能让他知道什么时候轮到他说话的暗示。
- 教孩子说"打扰一下"和等待他人的回应。
- 利用日常活动时间与孩子对话。

给家长

关于说话的一些信息

什么是说话？

孩子从出生就开始交流，当他们饿了、累了或需要换衣服时就会哭泣。通过与家庭成员互动，他们可以听到家庭中说的语言，并开始理解词语的意义。学习说话涉及倾听、理解、注意、记忆、单词知识和语法。

观察和回应

当人们对年仅3岁的孩子说话、唱歌和阅读时，他们的口语词汇就可能达到1000个左右。你可以通过向孩子介绍新的经验来帮助他们增加词汇量。还可以谈论你们的经历，例如当你们在一起时，描述你们正在做的事情，说："我得一直搅拌这个肉汁，直到这里面所有的肉块都消失。"或者，描述孩子正在做的事情，你也可以唱歌和说儿歌。值得注意的是，提问时不要问只需一个词就可回答的问题，例如，不要问"你喜欢这部电影吗？"，而是问"你最喜欢这部电影的哪个部分呢？"。问有关"谁""是什么""在哪里""什么时候"和"为什么"的问题。鼓励孩子使用描述性词语，如"愤怒""沮丧"和"不安"，来描述他的感受。

在假装游戏中，将孩子的单字扩展为短语或句子。如果孩子在玩假装游戏，想要在餐厅里点比萨，并说："比萨。"你就可以重复他的话，但是需要添加一些内容，例如"是的，我想要一个小的薄皮比萨，上面有香肠和蘑菇，谢谢"。

想办法让孩子参与家务劳动和日常活动。在完成一些事情的同时，利用这些机会进行交谈。你们可以通过一起做饭等日常活动来积累词汇。例如，在做饭时，你们可以说"搅拌""打蛋""混合""衡量""涂抹"和"品尝"；在你工作时，和孩子玩猜谜游戏，让孩子向你描述一些东西，你可以试着猜一猜。当孩子主动与你交谈时，请停止你正在做的事情，俯身与孩子平视，转述孩子说的话，然后问"接下来发生了什么？"或"你做了什么？"。

通过为你们一起做的事情拍照，帮助孩子学习使用长句。当你们一起看这些照片时，问问孩子当时发生了什么；再通过追问"还发生了什么？"来获取更多的细节。还可以让孩子参与讲故事，你可以给一个故事开头，如"很久以前，有一个紫色和橙色相间的怪物，它……"，然后停下来，让孩子补充这个句子。

孩子完善英语的发音是需要时间的。对他们来说，比较有挑战性的发音包括：l、s、r、v、z、y、ch、sh 和 th。通常在孩子 4 岁时，认识他们的人和不熟悉他们的成人都能听懂他们的讲话。如果孩子发音错误，你就没有必要让他注意到这个错误，而是要用正确的发音重复这些单词。

有时，孩子可能会停顿、犹豫不决或重复说话。口吃通常首次出现在 2—5 岁的孩子身上。请认真倾听，耐心等待，避免要求他们放慢速度。请给孩子一点时间。

> **寻求支持**
>
> 如果你担心孩子的发音问题，请与孩子的老师沟通。如果一个 4 岁孩子在用母语说话时还是不能被陌生人理解，而这些人又是讲与孩子同一种母语的人，那么这个孩子通常需要进一步的检查。如果孩子的母语表达表现出以下问题，一定要向你的初级保健医生寻求帮助，或通过你所在学区的相关机构进行筛查。
>
> - 到 3 岁时，大多数时候不易被他人理解。
> - 到 3 岁时，不曾使用短语（两三个字）进行交流。
> - 到 4 岁时，陌生的成人无法听懂他的语言。
> - 到 4 岁时，不会说听起来像成人说的句子。
>
> 早期识别和干预可以更好地帮助孩子为进入学前班和获得成功做好准备。

第十四章 "我不听!"——遵从指令和权力争夺

给教师

奥特姆努力想让我高兴,但她似乎总是不能遵从指令。如果我告诉她去拿鞋子,把它们穿上,然后等我来系鞋带,她就很可能会把鞋子拿给我,而不是照我说的做。

当我和伊莎贝尔谈话时,我必须非常注意我的措辞。如果她不想做我要求的事情,我们就会有一场"战斗",我认为我不应该为此让步。

※ 标准

遵从简单的口头指令。

什么是遵从指令和权力争夺?

遵从指令对孩子来说并不容易,因为遵从指令需要他们集中注意力,然后记住指令的内容,再按照要求去做。为了帮助孩子学习这项技能,教师必须鼓励他们倾听和合作。你可以通过关注孩子喜欢的学习风格来帮助他学习遵从指示。一个听觉型的学习者需要你告诉他你想要什么;一个视觉型的学习者在你给他看(图片等)的时候会做得最好;一个动觉型的学习者会希望你让他尝试。为了帮助孩子学会遵从指令,你还需要确定他是否已经听到要做什么,他是否知道如何做,以及他是否选择不遵从。

有时,孩子理解指令的内容,知道该怎么做,却选择不做。在某种程度上,这可能是由于他们有发展独立性的需求。在学龄前阶段,孩子努力自己做事,表达自己的想法,并做出自己的决定。有时,孩子在尝试独立的过程中,会抗拒遵从成人给出的指令,当成人坚持而孩子继续拒绝时,这种抗拒可能升级为权力争夺。教师要能辨识一场权力争夺可能迫在眉睫的迹象,学习避免它的方法,并找到帮助孩子学会合作的途径。与幼儿相处的成人必须在支持他们发展独立性和鼓励他们合作之间取得平衡。

> **吸引注意**
>
> 在给出指令之前,吸引一群孩子的注意力的方法之一是玩"请你跟我这样做"的游戏。用正常的说话音量反复唱"请你跟我这样做,我就跟你这样做",

> 同时有节奏地拍打大腿。然后，继续重复"请你跟我这样做，我就跟你这样做"，这次换成有节奏地拍手。接下来，重复吟唱内容，但动作变为打响指或拍肩膀。持续下去，直到所有孩子都模仿你的动作。

观察并决定如何支持

观察一个难以遵从你或其他人给出的指令的孩子。观察之后，考虑所提供的建议，然后为孩子制订一个计划，教他合作和遵从指令。当你确定孩子需要学习什么之后，你就可以帮助他学习遵从简单的口头指令。

孩子是否注意到指令？

幼儿园里有许多会分散或者吸引孩子注意力的事物。当你给孩子发出指令之前，要帮助他集中注意力。可以使用一些信号让他看着你，包括说他的名字、有节奏地拍打或拍打他的肩膀，靠近他并建立眼神交流，请他停止他正在做的事情。在你接着往下说之前，需要关闭音乐或要求大家保持安静来减少噪声。在期望孩子做出反应之前，一定要给予他时间思考你的要求。

孩子是否忘记了你的指令？

有时，孩子很难记住自己听到的东西，他们往往只记得一连串命令中的第一个或最后一个。在本章开篇的例子中，奥特姆只能记住教师发出的一连串指令中的第一个。可以通过使用 KISS 原则来帮助像奥特姆这样的孩子获得更大的成功。KISS 是 Keep It Short and Simple（使指令简短）的缩写，具体是指：每次只提供一个步骤，当孩子能够持续完成一个指令时，增加第二个指令。争取在孩子进入学前班的时候增加到三个指令。

让孩子们复述你说的指令，以帮助他们记住指令的内容。也可以在你的班级中给三四个孩子发出指令，并要求他们告知朋友。每个孩子告诉一个需要遵从指令的朋友，直到班级里所有的孩子都听到指令。重复指令有助于确保孩子听到指令，并帮助他们把指令记在心里。通过让孩子复述一个熟悉的故事，如《金发姑娘和三只熊》[①]

[①] 该书已由长江少年儿童出版社于 2021 年出版。——译者注

(*Goldilocks and the Three Bears*),帮助他们练习记住他们所听到的内容和顺序。还可以一起读一个关于记住指令的幽默故事,如帕特·哈钦斯(Pat Hutchins)的《不要忘记培根》(*Don't Forget the Bacon!*)或乔纳森·伦敦(Jonathan London)的《小格穿衣服》①(*Froggy Gets Dressed*)。

孩子是否需要额外的帮助来完成指令内容?

如果孩子们对自己没有信心,那么他们可能不会按照要求去做,也可能会犹豫不决,观察别人以寻找相关的线索,或者选择离开这份让他们觉得似乎难以承受的工作。要确保英语是第二语言的孩子理解教师给他们发出的指令。教师可以使用图片、简化的语言和手势来增加他们对指令的理解。无论你是和以英语为母语的孩子还是双语学习者一起工作,如果对方有困难,你就一定要给他清晰、简洁的指令。重点是告诉他做什么而不是不做什么,避免模糊的指令,使用孩子能够理解的语言。例如,当你说"小心点!"的时候,你并没有给孩子关于他们要注意什么的信息。相反,你可以说"你的杯子快倒了,请用两只手把它扶正"。使用陈述句表达你的指令。注意不要用问问题的方式表达,也不要在他们必须遵从的指令后面加上"好吗?"。如果你这样表达,他可能会认为他有选择权。例如,如果你说"你准备好开始清理了吗?",孩子可能的回答是"没有",而你真正想表达的是"请你现在就清理"。

要确保孩子知道如何按照你的要求去做。教他清理积木区的步骤。例如,首先你拿起一块积木,把它送到架子边,找到它的位置,然后把它放在那里。一直做到所有的积木都从地上被捡起,并被送到架子边。可能有必要让孩子一开始只做一两步的指令,循序渐进。将玩具的图片贴在放置玩具的容器上,可以帮助孩子成功地放回玩具。在容器所在的架子上放玩具的第二张图片。你甚至可以在学习区的入口处张贴照片,展示该学习区整洁的样子,这样孩子就知道该怎样收拾了。

要根据孩子的学习风格提供指令。对视觉型的孩子来说,要演示或提供有关需要做的事情的图片提示;对听觉型的孩子来说,要给予口头指导;对动觉型的孩子来说,则需要提供尝试的机会。如果你发出口头指令,而孩子没有反应,请等待片刻,让他思考你所说的内容。然后,用稍微不同的方式重申你的指令,以确保孩子理解。如果这样还不足以让孩子行动起来,就要为孩子提供支持。例如,你可以提供手把手的支持,加上手势进行口头指导,或者对每一个步骤都进行口头指导。对孩子的尝试

---

① 该书已由二十一世纪出版社于2008年出版。——译者注

进行表扬，这样他就会觉得受到鼓励，以后将更加愿意遵从指示。你可以说："我看到你把所有的积木放在它们该放的地方，你真的在帮忙打扫我们的教室。"

通过玩歌曲游戏来练习遵从指令，例如可以使用琼·费尔德曼（Jean Feldman）博士的"摇摆舞"（Hokey Pokey）和"噗噗舞"（Tooty Ta）。为孩子提供动作卡片，如某人转过身来、闭上眼睛或跳起来的图片。可以用木偶练习遵从指令，让孩子手上拿着木偶，然后告诉木偶把积木放在盒子里，或把蜡笔递给你。让孩子把清理工作作为一个游戏，请他只捡蓝色的积木，然后捡所有红色的积木；在歌曲结束前完成清理工作；或者，在整理前戴上连指手套。

孩子是否能遵从两三步的指令？

当孩子进入学前班时，他们中的大多数人都能遵循简单的三步指令。当你需要帮助无法遵循多步指令的孩子朝着这个目标努力时，可以在游戏中帮助他们练习遵从指令。玩诸如"西蒙说""船长说"和"请你跟我这样做"的游戏。在玩"请你跟我这样做"时，领导者说"请你跟我这样做"，然后连续演示两三个动作，让其他人模仿。例如，领导者可能会跳起来、拍手，然后在一个孩子（或小组）模仿他之前转身。还可以为孩子创造一个寻宝游戏，让他跟着做。给他的指示是："拿红色的积木，把它放在衣柜里。"当他打开柜门时，他会发现一张贴纸或其他简单的奖品。请他跟着你拍打各种节奏，将指令作为游戏的一部分。在娃娃家里，你可以让他拿一个碗，在里面放一些麦片，然后把它喂给玩具娃娃。让他用绒布板片讲一个简单的故事，或者将简单的图片排序，根据图片内容讲一个故事，以此来增加他对排序的练习。

孩子是否会不假思索地拒绝遵从指令？

学步儿和一些学龄前儿童会不假思索地对所有类型的成人要求说"不"。例如，如果你问一个年幼的孩子是否想要牛奶，他可能会回答"不要"，然后当你不给他任何牛奶时，他会变得很不高兴。要明白，当一个孩子经常说"不"时，他可能不是要表达拒绝。在询问孩子的偏好时，可以通过展示牛奶瓶使要求更加具体，然后提出问题，给出指令，比如说"你想要多少牛奶？"，而不是问一些用简单的"是"或"不是"就可以回答的问题。

有些孩子会模仿周围的人说"不"。如果孩子正处于模仿他人说话的阶段，当你必须阻止他做某事时，应避免用"不要做……"类型的句子，而应代之以"停止做……"。安排好游戏空间，让孩子可以自由探索，不会听到"不要碰这个"之类的语言。想办法对孩子说"可以/是的"。例如，说"可以，当你把玩具清理干净的时候"或者"是的，在你完成之后，你可以这么做"。当你必须坚持一个指令时，简要地解释一下原因，比如说："我不想让你跑进去，是因为你可能会摔伤。"

一天晚上，在幼儿家庭教育课上，快到吃点心的时间，从桌子那里传来了可怕的声音。原来是德文推倒了杰西，他的椅子也被掀翻了。当他们的老师调查事情的缘由时，德文只是说他想要那把椅子（他总是坐在那张桌子和那把椅子上）。他的老师解释说，有人坐在那里，然后指出有其他的椅子可以坐。德文拒绝坐另一把椅子，说："但是我妈妈说我可以坐在那里。"老师说，如果他不坐下，他就会错过吃点心。接下来，老师把注意力转移到其他孩子身上，不理会他的抗议。德文在整个吃点心的过程中一直站着，直到他们的下一次活动开始才再次加入小组。

第二周，老师准备好了在点心时间临近时再进行一次权力争夺。出乎她意料的是，德文直接走到他前一周拒绝的位置上坐下了。

孩子是否因为专注于某项活动而拒绝或延迟遵从指令？

如果强行把孩子从一项十分吸引他的活动中拉走，可能会导致他在做困难的工作或他不太喜欢的活动时因为争吵和抱怨而拖延。或者，他可能被动同意做你要求他做的事情，但继续玩或忙于自己的项目。你要提醒专注于活动的孩子，他必须马上停止自己的活动，否则他的东西就会被清理掉。你要意识到清理工作可能会破坏孩子未完成的项目。所以可以通过画画或拍照的方式来保存孩子的作品，例如积木建筑。或者，把未完成作品的各部分放在一个袋子里，以便孩子下次继续完成。如果你要求孩子把东西收起来，但他没有注意到，那么就把那些吸引他注意的东西都拿走。在孩子做完你要求的事情后，一定要记得把东西再还给孩子。保持日常活动和时间表的可预测性，以减少争执。对孩子做清理工作和困难活动的要求要保持一致。使用图片时间表和工作表，让孩子知道该期待什么，并帮助他开始按你的要求去做。

当你直接要求孩子时，他是否会拒绝？

在发出指令之前，先靠近孩子，这样可以增加他合作的可能性。在帮助他开始行动之前，先说明你的指令。你要让自己避免烦躁、不断地唠叨或发脾气。你的不断唠叨将教会孩子在你达到极限之前不理睬你，你发脾气可能会让孩子觉得他有能力控制你的情绪。多做几次深呼吸，使自己保持镇定。如果孩子没有开始按要求做，可以给他一个选择："你想自己做，还是我帮你做？"有时，孩子想要帮助，那么他最好用的方式是告诉你，而不是用不恰当的行为。提供选择可以刺激孩子独立性的发展。让孩子知道，在他做完你要求的事情后，他可以继续下一个活动。你可以说"你挂完外套，就可以加入游戏"或"你穿上鞋子以后，我就可以帮你系鞋带了"。通过提供不同类型的选择来避免不同情况下与孩子之间的权力争夺。你可以问："你想打扫积木区还是娃娃家？"你要确定的是，你能接受他做出的任何选择。

即使你设定了限制，孩子还是会继续和你争论吗？

有些孩子已经知道，如果他们争论的时间足够长或使用的方式足够有效，他们就会得到他们想要的东西。有些孩子把争论当作拖延战术。当你发现自己陷入与孩子的争论时，请立即停止。你可以说："你想让我改变主意，但我不会的。你现在得停止你的要求。"不要理会孩子进一步的抗议。与另一个孩子一起玩耍，或转移到教室的另一个地方，使自己摆脱与孩子的争论。

如果你未做考虑就回应孩子的要求，你就可能改变自己的主意。让孩子知道你已经重新考虑过了，可以说"我又考虑了一下，我改变主意了"之类的话。但是要向孩子说明你改变主意的理由。

孩子可能会为了保持你对他的关注而争吵。确保你满足了他对关注的需求。在孩子不争吵的一天里，多和他互动几次。一些总是推别人的孩子可能在寻找边界感。为这样做的孩子设定合理的限制，并坚持执行。重新审视你对这类孩子的行为的看法。例如，与其认为他又在和你争吵，不如记住他正在学习变得更加独立或者正在练习变得更加自信。在孩子表现出合作性的时候，一定要认可并表扬他，让他知道这种合作多么有益。

与孩子的权力争夺通常会变成发脾气吗？

在本章开篇的第二个例子中，伊莎贝尔在一天中多次拒绝遵从指令。她，还有其他类似的孩子，在权力争夺中情绪失控，行为演变成了大发脾气。如果你面对的孩子是这种情况，请坚定你的立场。牢记你的目标是获得孩子的合作，而不是赢得一场战斗。只有当事情真的很重要时，才要坚持按照你的方式进行。例如，如果一个孩子在吃点心前几分钟喝了一杯饮料，这可能不是什么大问题。但是，当你在操场上时，你可能需要坚持让他待在一定的范围内，不能乱跑。说明不遵从指令的后果，这往往很容易。然而，经常这样做的结果往往是增加了斗争。应避免使用你无法实施的威胁。例如，如果你无法把他留下，就不要威胁他说他不能去郊游。相反，要想办法说明一个指令，能让他主动提供帮助或者吸引他去做被要求的事情。

确保你没有要求孩子做太多的事情。避免在一天中用太多的要求让他喘不过气。当你知道他累了或饿了时，尽量不要给他一个可能导致权力争夺的指令，暂时减少你的期望，看看这样做是否有助于减少权力争夺。如果孩子每天都有很多机会决定和控制自己的活动，他就可能更愿意按照你的要求去做。让孩子自己决定下一步做什么、帮助重新布置教室或者领导一个小组游戏等，使他获得掌控感。可以考虑把自由游戏时间安排在一天的早些时候，这样下次当你发出指令时，孩子就能更好地听从。要确保孩子有足够的时间游戏，跟随他的领导，让他决定游戏情节和你要做的事情。重建你与孩子的关系，让孩子对你的认可感兴趣，并想让你开心。关于如何应对因权力争夺而导致的发脾气，请参见本书第八章的内容，以获得更多信息。

避免权力争夺的建议

以下是可能有助于减少权力斗争的建议。
- 建立积极的关系。
- 坚定、公平、友好。
- 保持幽默感。
- 给予孩子自我掌控的机会，让他们自己做决定。
- 提供选择。
- 保持时间表和一日常规的可预测性。
- 对清理工作和困难工作的期望要一致。
- 在发出指令之前靠近孩子。
- 指令只说一次，然后帮助孩子开始执行。
- 对是否需要战斗进行判断；只有在真正重要的时候才坚持要求按照你的方式，如安全问题。
- 结束争吵。
- 忽略抗议，从争论中脱离出来。
- 当孩子表现得乐于合作和遵从指令时，给予他积极的评价。

与家长合作

如果孩子不遵从成人的指令，家长可能会感到担忧和沮丧，这是可以理解的。教师需要通过与家长分享信息来帮助他们学习更多关于给予有效指令和获得合作的知识，与他们谈论在幼儿园中有效实施的技巧，询问他们发现的在家中有效的方法。

如果一个孩子总是陷入权力争夺中，你可能会认为是因为父母在家里对他让步了，他才学会了与成人吵闹。也许，你在此之前已经目睹过父母对这个孩子的让步。你要记住的是：有些孩子从很小的时候就试图控制身边的人。当孩子对几乎所有事情争论不休时，父母很容易陷入挣扎之中，我们要理解家长轻易让步的行为。不要指责父母。经常进行权力争夺的孩子对教师和家长都是一种挑战。教师要与家长共情，同时与他们合作，从而在家庭和幼儿园之间建立一致性，这可以帮助减少权力争夺。

制订一个行动计划，帮助孩子在成人第一次向他提出要求时就能够学会遵从指令。如果你在完成了行动计划并给孩子时间学习新技能后仍然感到焦虑，请寻求更多的帮助。

何时寻求帮助

如果孩子在母语环境中接受他人的指令时在以下方面遇到困难，请寻求帮助。

孩子必须能够听到，才能遵从指令。问自己以下几个问题，以确定你是否应该关注孩子的听力问题。

- 孩子是否有耳部感染的病史？
- 孩子在不看你的时候，对自己的名字有反应吗？
- 孩子是否能服从简单的要求，如"指着球"或"绕圈跑"？
- 孩子是否能在别人说出物体的名字时找到或指向物体？
- 孩子是否用适当的笑声、微笑或问题来回应故事？
- 孩子是否对谈话内容发表评论？
- 孩子是否会观察别人，以便知道该怎么做？

如果你看到了令你担忧的情况，请为孩子进行听力检查。

成人可能担心的其他情况如下所示（Greenspan，2001）。

- 孩子似乎能够表达自己的想法，但始终无法遵从指令。
- 孩子无法屏蔽干扰。
- 除非在一对一的情况下，否则孩子很难听到和处理信息。

如果你发现孩子的行为模式表明他没有倾听或者在处理或记忆口头指示方面有困难，请通过当地学区的相关机构对他的听力进行筛查，或者寻求语言专家的评估。

如果孩子经常和你进行权力争夺，请查看你的观察记录，确定它们发生的频率和激烈程度。观察其他相同年龄和气质的孩子，比较你的观察结果。你可能会发现，权力争夺并不像你想象的那样不正常。如果其中的一些事情仍然让你感到不安，请试着确定问题是什么，并解决问题，以及你可以做什么来避免它们。

你可能会发现孩子的不良情绪愈加严重。如果他表现出不合作的行为模式，并升级为爆发愤怒的情绪，无法参与你的活动，或他的发展已经被干扰了，那么你就应寻求更多的支持（Keenan & Wakschlag，2002）。在获得家长的许可后，可以请一位幼儿教育顾问来观察你与孩子之间的互动。这位顾问可能会就如何实施建议给出具体的方法。对幼儿教师来说，学会有效地与不合作的孩子相处是一项必不可少的技能。

如果你唯一担心的是孩子表现出拒绝成人的要求，那么不是很有必要寻求更多的帮助。然而，如果它是孩子一系列令人不安或具有破坏性的行为中的一种，如难以控制愤怒情绪、用消极的方法获取注意力、攻击性或大发脾气，建议家长寻求家庭教育或家庭咨询方面的帮助可能是比较合适的。

行动计划

在制订你的行动计划时，可选择或修改下列某个建议的目标，使其符合你的实际情况。加上你期望的这些技能或行为表现到什么程度，或者幼儿表现该行为的频率。记住：你的目标是促进孩子的成长，而不是塑造一个完美的孩子，你要稍微提高你的期望值，帮助孩子在现有能力的基础上有所进步。然后，确定教师和家长将采取的三项或四项行动，再额外选择一些针对幼儿园和家庭的其他行动。在本书附录中的计划表上记录你选择的行动。

为不听从简单的口头指令的孩子制定的目标示例

- 看着他人并注意他人给出的指令。
- 重复一步、两步、三步的指令（选择其一）。

- 与成人一起完成一步、两步、三步的指令（选择其一）。
- 按照一步一步的口头或视觉提示，完成一步、两步、三步的指令（选择其一）。
- 独立完成一步、两步、三步的指令（选择其一）。
- 在他人的帮助下遵从一步、两步、三步的指令（选择其一）。
- 停止正在进行的活动，以遵从指令。
- 在第一次被要求时就遵从指令。
- 听从指令，且不争论。
- 听从指令，且不发脾气。

家长和教师都可以采用的行动示例

- 使用信号来吸引孩子的注意力。
- 靠近孩子并建立眼神交流。
- 要求孩子停止他正在做的事情。
- 减少干扰性噪声。
- 在孩子做出反应之前，给予其思考的时间。
- 玩一些需要孩子遵从指令的游戏。
- 将清理工作作为游戏。
- 使用 KISS 原则：使指令简短。
- 在一个指令中最多有三个步骤。
- 让孩子重复指令的内容。
- 让孩子复述一个简单的故事。
- 给出清晰、简明、易懂的指令。
- 告诉孩子应该做什么，而不是不应该做什么。
- 使用陈述句给出指令。
- 教会孩子执行任务的步骤。
- 使用符合孩子学习风格的方式给出指令。
- 重述未被理解的指令。
- 提供孩子需要的支持水平。
- 当孩子遵从指令和合作时，给予其积极的评价。
- 将给出指令作为游戏的一部分。
- 保持时间表和一日常规的可预测性。

- 注意孩子在活动中的变化。
- 想办法保存未完成的项目，以便孩子能在其他时间完成它们。
- 使用图片时间表或工作表。
- 使指令/问题具体化。
- 将任务分解成易处理的步骤。
- 指令只说一次，然后帮助孩子执行。
- 从与孩子的更大争吵中抽离。
- 避免发脾气。
- 让孩子明白，需要在开始下一个任务之前完成目前的任务。
- 想办法对孩子说"是的/可以"。
- 对是否需要"战斗"进行判断；只有在事情真正重要的时候才坚持要求按照你的方式做。
- 降低你的期望。
- 给孩子机会让他们感受到自己的力量。
- 在对孩子说"不"时，简要解释你的理由。
- 结束争吵。
- 忽视孩子的抗议。
- 不要威胁孩子。

教师可以采用的行动示例
- 阅读有关顺序列表或指令的书籍。
- 为孩子设计一个寻宝游戏，让他跟随着指令寻找。
- 使用木偶来练习遵从指令。
- 提供图片提示，表明物品应该在的位置。
- 让孩子在你拍打节奏时重复你的节奏。
- 安排时间，让孩子在入园的时候能够进行自我指导。
- 重新建立你与孩子的关系。
- 让顾问观察你与孩子的互动，并与家长分享相关信息。

家长可以采用的行动示例
- 在向孩子发出指令之前，关掉音乐或电视。

- 挑选一个需要你和孩子遵从指令的烹饪活动。
- 制作一张日常活动的图片检查表。
- 让孩子重复一个简短的数字序列。
- 基于对孩子最有利的原则来做决定。
- 将孩子的睡眠作为优先事项。
- 与家庭教育指导师或专门从事幼儿家庭工作的顾问交谈,与孩子的老师分享相关信息。

给家长（1）

关于遵从指令的一些信息

> **什么是遵从指令？**
>
> 遵从指令对年幼的孩子来说并不容易，因为这需要他们集中注意力，然后记住指令的内容，再按照要求去做。为了帮助孩子学习这项技能，你需要确定孩子是否听到了要做什么，知道如何去做，然后选择不遵从指令。一旦确定了孩子的需求所在，你就可以帮助他学习遵从简单的指令。

观察和回应

在给出指令之前，你要让孩子专注地听你说话，可以呼唤孩子的名字、触摸孩子的肩膀或进行眼神交流。在你开始之前，请关闭音乐或电视，以减少干扰性噪声。让孩子停下他正在进行的活动，集中注意力。在让孩子做出回应之前，一定要让孩子有时间思考你的要求。

有时，孩子们很难记住他们听到的东西。他们可能只记得冗长指令的第一步或最后一步。指令要短而简单。简化你的指令，每次只给一个步骤。当孩子能够坚持遵从一步指令时，再增加第二个步骤；到孩子进入幼儿园时，就可以增加到三个步骤。

你可以通过让孩子向你复述指令来帮助他记忆。复述指令有助于确保孩子听到指令，并将你的指令牢记在心。让孩子帮忙复述一个熟悉的故事，如《金发姑娘和三只熊》，可以帮助孩子练习记住他听到的事情和信息的顺序。为了帮助孩子更好地应对一日常规，可以使用核对表，比如用睡衣的图片提醒孩子穿上睡衣、用牙刷的图片提醒孩子刷牙。

不要假设孩子知道成人的期望是什么。重点是向孩子说明应该做什么，而不是不应该做什么。避免模糊的指令，要使用孩子能够理解的语言。例如，当你说"小心点！"的时候，你并没有给孩子关于他们要注意什么的信息。相反，你可以说："你的杯子快倒了，请用两只手把它扶正。"注意不要用问问题的方式给出指令，或者在他们必须遵从的指令后面加上"好吗？"。如果你这样表达，孩子可能会认为他有选择权。例如，如果你说"你准备好开始清理了吗？"，那么孩子可能回答"没有"，但你真正想表达的应该是："请你现在就清理。"

要确保孩子知道如何做你所要求的事情。你可以教给他每项任务的相关步骤。例如，这里有一个有效的两步指令："第一步，捡起所有的玩具，把它们放在玩具篮里。第二步，把所有的脏衣服放到篮子里。"一张展示孩子的房间干净时的照片，可以直观地提醒孩子清理工作应该达成的样子。

以最符合孩子学习风格的方式进行指导。视觉型学习者对采用图片提示他们需要做的事情，反应最好；听觉型学习者通过倾听的方式学习最好。有些孩子通过实践，学习效果最好，因此可以让他们尝试实践需要做的事情。如果你给出了一个口头指令，但孩子没有反应，请等一等，看看孩子是否需要一段时间才能理解你的要求。如果孩子没有反应，你可以用稍微不同的方式重述指令，以确保孩子理解你的要求。如果这还不够，就帮助孩子开始行动。当孩子遵从指令时，给予其积极的评价，例如说："我看到你把所有的积木都放进了桶里，你的房间看起来真的很干净。"

寻求支持

有时你会发现，你和孩子会因遵从指令方面的问题而发生争吵。你已经尝试了这里所描述的所有方法，并且相信孩子知道如何遵从你所给出的指令但孩子仍然选择不合作。如果是这种情况，请向孩子的老师要有关"权力争夺信息"的资料。

如果孩子不遵从指令，你和孩子的老师可能都会担心。你可以与老师讨论幼儿园所采用的有效的方法。如果你发现孩子的行为模式表明孩子听不到指令，或在处理指令、记住口头指令方面有困难，或只能在一对一的帮助下遵从指令，请让孩子参与当地学区的技能筛查。

给家长（2）

关于权力争夺的一些信息

什么是权力争夺？

有时，孩子能理解并遵从指令，但他们抗拒遵从指令，尝试变得独立。当这种情况发生时，孩子和成人会发现自己陷入了难以结束的权力争夺中。你可以学习辨识权力争夺可能来临的迹象，以及如何避免它，从而帮助孩子学会合作。

观察和回应

当你和孩子陷入权力争夺中时，问自己两个问题：第一，孩子知道如何遵从指令吗？第二，你将如何促使孩子合作？关于如何发出有效指令，请参考"关于遵从指令的一些信息"。以下内容是在给孩子发出指令时如何避免争吵的建议。

有些年幼的孩子在听到指令时，会不假思索地说"不"。这也许是因为孩子经常听到"不"。你要想办法自己说"好的/可以"，以帮助孩子更经常地听到"好的/可以"，例如说"可以，在你把玩具清理干净的时候"或"好的，在你完成大扫除后"。

当一项工作看起来难以应对时，孩子可能会有怨言或吵闹。因此，你要确保自己的期望是现实的。然后，把一项任务分解成更容易完成的步骤。让孩子知道，在完成手头的任务后，还有其他活动等着他。你可以说："当你挂上你的外套时，我们就可以玩游戏了。"

总是被从自己选择的活动中拉走的孩子，可能会通过争吵来延迟做困难的工作。或者，他们可能同意做你要求的事，但继续玩自己的游戏。如果是这种情况，请告诉孩子这个活动即将结束。坚持你对困难工作的一致要求，以避免孩子的争吵。使用图片时间表或工作表，让孩子知道你的期望。此外，你需要从孩子的角度思考，清理工作可能会破坏他还未完成的活动。因此，可以把孩子正在做的活动的所有材料放在一个袋子里，这样他就可以在另一个时间继续完成。

如果孩子每天多次拒绝按要求行事，请确保你的要求不会太多。然后，降低你的期望，看看这是否有助于减少权力争夺。当你知道孩子很累或很饿时，尽量不要给他发出指令。减少孩子参与的额外活动，确保孩子有足够的睡眠时间。

当你必须给孩子发出一个指令时，要确保你的指示是有效的。避免不断地唠叨或发脾气。不断地唠叨会让孩子不理睬你；发脾气会让孩子觉得他有能力控制你的情绪。你可以做几次深呼吸，使自己保持镇定。

通过提供选择来避免权利争夺。可以问"你想自己做，还是我帮你做？"或"停车场的车很多，你想牵着我的手还是我的外套？你选吧"。确保你能接受他的任何一个选择。

当你发现自己在和孩子争论的时候，你所做的决定应该以长远来看什么对孩子最有利为依据，而不是以现在比较容易应对为依据。结束争吵，你可以说："你想让我改变主意，但我不会。"不要理会孩子进一步的抗议。如果你不假思索地回应孩子的要求，你就会改变自己的想法。让孩子知道你已经重新考虑过了，可以说"我又考虑了一下，我改变主意了"之类的话，并告诉他你的理由。

经常有机会自己做决定的孩子可能更愿意按照成人的要求去做。决定下一步做什么，能让孩子有机会变得强大。在要求孩子遵从指令之前，请提供充足的游戏时间。在游戏中，让孩子决定故事情节和你要做的事情。

● 寻求支持

与孩子的老师合作，你们就可以以同样的方式应对与孩子的权力争夺。这将帮助孩子了解，有些时候合作和协商是必要的。如果孩子表现出不合作的行为模式并升级为暴发愤怒情绪，阻碍他参与活动，或干扰了学习，请寻求更多的帮助。寻找一个家长教育项目或寻求家庭咨询方面的帮助，以了解更多关于如何帮助孩子学会遵从指令和更容易合作的信息。

第十五章 "再读一遍！"——阅读萌发

给教师

迈尔斯似乎对书本不是很感兴趣，他更喜欢玩积木或拼图，我很少看到他选择去阅读区。我担心，他可能还没有准备好上学前班。

※ **标准**
对阅读表现出初始的兴趣。

什么是阅读萌发？

早在孩子进入学前班或一年级之前，关于阅读的学习就开始了，需要学习的内容远远超过 26 个英文字母。教师可以做很多事情来帮助孩子获得丰富的词汇，这些词汇是孩子理解语言、书籍和故事的基础。当孩子们看到成人为获取信息和乐趣而阅读时，他们了解到阅读的重要目的。成人在和孩子一起阅读时，可以通过互相依偎和交谈建立起情感上的依恋。在教孩子们如何拿书、提醒他们注意环境中的印刷物，并帮助孩子开始认识简单的单词和字母等活动中，成人帮助他们培养积极的阅读态度和重要的前阅读技能。当他们与教师谈论故事时，孩子们了解到所传达的信息，将它们与自己的经历联系起来，随之发现阅读可以打开他们尚未探索的新世界。

观察并决定如何支持

当你观察到孩子对阅读的兴趣正在发展时，问自己以下问题。下面的建议将帮助你制订一个计划，进一步发展他的前阅读技能。

孩子的词汇量是否有限？

孩子通常需要一个丰富的语言环境，以获得大量的词汇。对孩子来说，知道一些单词及其意思是阅读理解的关键。关于帮助孩子积累词汇的建议，请参阅本书第十三章的内容。

吸引注意力和培养兴趣

以能引起你班里的孩子们对即将发生的事情感到兴奋和好奇心的方式来介绍书籍。一旦孩子们对故事感兴趣，你就可以通过让他们参与讲述故事来保持兴趣。下面是一些例子。

- 制作一个惊喜盒。将书中提及的玩具动物或道具放在一个小盒子里。一次描述一个玩具动物或道具，让孩子们猜测他们都是什么。你可以说"所有这些动物都在我们要读的书里。让我们看看是否能在读故事时找到它们"，由此开启阅读。

- 阅读帕特·哈钦斯的《母鸡萝丝去散步》①（*Rosie's Walk*）时，教师可以找来一只玩具母鸡，把它放在教室里的某个地方，然后问孩子们萝丝在哪里了。萝丝可能在桌子下面或画架上面。下次，还可以请孩子们跟着萝丝绕过椅子，走到书架后面，再走到走廊里。

- 让孩子们分散站立，做与埃里克·卡尔（Eric Carle）的《从头动到脚》②（*From Head to Toe*）一书中动物相同的动作。当你读到"你能做到吗？"时，孩子们回答："我能做到。"

- 用娃娃家里的娃娃床和十个毛绒玩具动物讲故事《床上有十个》（*Ten in the Bed*）。第二次讲的时候，请十个孩子在小组前面排队，再次讲述这个故事。每次，你都说："有十个（小朋友）在床上，那个小家伙说：'翻一下，翻一下'。于是，一个（小朋友）翻身，一个（小朋友）掉下去了。"说着，可以让排队中最后面的孩子转过来，然后回到他的座位上。

- 用毛毡做一只巨大的连指手套，或者请一位家长为你织一只。收集简·布雷特（Jan Brett）的《手套》③（*The Mitten*）中的玩具动物，使用这些道具讲故事。当小熊打喷嚏的时候，把手套扔掉，让动物们分散在周围。还可以收集不同的动物，但讲同样的故事，让孩子们用道具复述故事。

- 阅读和吟唱艾琳·克里斯特洛（Eileen Christelow）的《五只小猴子坐在树上面》④（*Five Little Monkeys Sitting in a Tree*）。找到一个鳄鱼木偶或玩具动物。请所有的孩子都站起来。当鳄鱼张开嘴"叭嗒"时，用木偶假装向孩

---

① 该书已由明天出版社于2017年出版。——译者注
② 该书已由明天出版社于2013年出版。——译者注
③ 该书已由吉林人民出版社于2017年出版。——译者注
④ 该书已由湖南少年儿童出版社于2010年出版。——译者注

子们张开嘴"叭嗒"。当向一个孩子张开嘴"叭嗒"时,他就可以坐下来。
- 将一只大玩具熊藏在教室里的某个地方。集体活动时间,将孩子们召集到一起,将他们分成小组,你可以说:"我们要去找熊了,快来吧!"环顾教室,直到发现那只大玩具熊。帮助孩子们安静下来,然后读迈克尔·罗森(Michael Rosen)的《我们要去捉狗熊》①(We're Going on a Bear Hunt)。
- 画出比尔·马丁(Bill Martin)的《棕色的熊、棕色的熊,你在看什么?》②(Brown Bear, Brown Bear, What Do You See?)里的动物。把图片放在一个牛皮纸信封里,一次慢慢地拿出一张图片。在你讲故事的时候让孩子们猜下一个动物。

孩子对书籍和故事缺乏兴趣吗?

儿童在进入幼儿教育机构时,在图书阅读和讲故事方面有不同的经验。有些孩子可能没有太多的机会接触书籍,有些孩子体验过一对一的阅读活动,有些则在集体环境中阅读过书籍。孩子们通过选择独立看书、与小组成员坐在一起听大人读故事、要求读他们最喜欢的书、复述故事中的部分内容以及提出有关故事的问题来展现他们对书籍的兴趣。

通过不同的方式阅读书籍,帮助孩子培养对书籍的兴趣。开始时,一次性地把书读完,稍后再回到有趣的部分或指出图片。在随后的阅读中,停下来问问题,或邀请孩子们预测接下来会发生什么。如果一个故事是孩子们都知道的,你可以在一个熟悉的短语前停下来,让孩子们将这个句子补充完整。用道具、木偶、绒布板片或不同的角色来讲述故事。例如,当孩子知道罗伯特·考兰(Robert Kalan)的《跳啊,青蛙,跳啊!》(Jump, Frog, Jump!)这个故事的可预测模式时,可以换个动物,让他编一个类似的故事,如"爬行啊,蛇,爬行啊"或"嗡嗡叫,蜜蜂,嗡嗡叫"。用道具讲故事,或者让孩子拿着故事中的道具。每当某个词语被说出来,他就可以把道具举到空中。本章开篇提及的迈尔斯非常喜欢动物,他可能愿意听一个关于动物的故事。选择一本书,如露丝·伯恩斯坦(Ruth Bornstein)的《小猩猩》(Little Gorilla),书中

---

① 该书已由河北教育出版社于2020年出版。——译者注
② 该书已由明天出版社于2018年出版。——译者注

有许多丛林动物来参加小猩猩的生日聚会。可以让孩子拿着书中角色的毛绒动物。让他仔细听，当提到他的动物时，他就把动物举起来给大家看。或者，让他在听到某个关键词或短语时站起来。例如，当他听到出自比尔·马丁和约翰·阿尔尚博（John Archambault）的同名书里的"叽喀叽喀蹦蹦"这句话时，他就可以站起来。

收集各种书籍，把它们放在一个独立的阅读区里，包括可预测的故事书、无字图画书、小说、知识性图书、童话故事、数数书、字母书和童谣书。将这些书摊开摆放，以便孩子们能够轻松地做出选择。与不太情愿的小读者一起阅读，或者邀请他进入阅读区。重复阅读孩子们喜欢的故事，帮助他们了解事件的顺序和故事的重要特征。添加道具、绒布片和故事录音，让孩子们可以自己欣赏故事。

孩子能理解故事吗？

孩子不仅要表现出对故事的兴趣，还需要理解故事，并将其与自己的经历联系起来。通常情况下，孩子们会询问和回答有关故事的问题，用自己的话复述故事，或者预测接下来会发生什么，这些都表明他们对故事的理解。如果孩子没有自发地表现出这些行为，可以通读一个故事，然后让他说说故事中的人物在不同时刻的感受。请孩子在书上画出他最喜欢的部分。制作一个班级图表，展示每个孩子最喜欢的角色。问一些开放式的问题，帮助孩子把故事与自己的经历联系起来。例如，问"你曾经发生过类似的事情吗？"或者"他们说……是什么意思？"来请他解释故事的部分内容。注意不要问得太多，以免孩子觉得自己是在被测试，而不是在与人交谈。

孩子是否能适当地用书？

孩子们需要知道许多关于用书的知识，包括如何将书本朝上拿、如何小心地翻页，以及印刷品要从左到右、从前到后阅读。当你给孩子读书时，要说明这些概念，帮助他学习这些概念。可以和他一起谈论书的封面，看一下书的正面和背面。问："它们有什么相同的地方？有什么不同的地方？"指出书名、作者和插图作者的名字（如果有的话）。加以评论，如"让我们从正面开始读，故事是从这里开始的"。在阅读时可以说："我从页面的上面开始往下读。"你一边阅读，一边用手指在字下面划一下，表示你是从左到右阅读的。当要翻页的时候，可以请孩子帮你翻页。如果他正在看有录音的故事书，你在听到提示时，就说："可以翻页了。"

艾登已经在书写区待了很长时间。他拿着一叠纸页对教师说："我正在写一本书，是关于一个男孩和他的恐龙的。这就是那只恐龙。"教师说："你可以像其他书一样给你的书起个名字。你想叫它什么？"他说："恐龙爸爸。你能帮我写一下吗？"教师说："我把它写在这张纸上，然后你可以照着写到你的书的封面上。"艾登拿起教师写字的纸跑回书写区，开始抄写。几分钟后，他回来说："看我的封面！"教师在评论了他精心抄写的书名后，建议再看看其他书的封面，看看还需要什么。艾登和教师注意到，这本书还需要一张图片和作者的名字。艾登又回到了书写区，这次他写了自己的名字并画了一幅画。再一次，艾登把他的书拿给教师看，并自豪地展示自己的封面。教师请他把整本书读给她听。遗憾的是，教师被其他事情暂时打断了，她对艾登说："记住你刚才读到哪一页，我回来的时候你可以继续读完它。"当教师回来时，艾登读完了他的故事，并问："要成为一本真正的书还需要什么？"在和教师一起又看了一些书后，艾登觉得他需要做的最后一个细节是添加页码。他再次回到了书写区。写完后，艾登把他的书放进背包里，宣布回家后要给他的弟弟读这本书。

孩子是否能区分最细微的语音？

当婴儿听到别人跟他们说话时，他们会越来越意识到声音的存在。随着婴儿学会模仿别人，他们的咿呀声开始越来越像他们周围语言的发音。孩子需要有语音意识，这样他们才能区别出说话的声音，并将其与他们正在学习的字母联系起来。能够分辨出最细微的语音，有助于孩子们发展初级阅读技能，以及他们说出新单词所需的技能。

孩子通过押韵和头韵来学习区分单独的语音。押韵的词是指那些结尾发音相同的词，如 hat（帽子）和 cat（猫）。头韵是指以相同字母或发音开头的一系列单词，如 "the big, black bag"（黑色的大袋子）。

教师在阅读童谣时，帮助孩子学习听出单个的语音，表演《杰克好身手》（Jack Be Nimble）这样的童谣，用班上孩子的名字替换"杰克"，并且让唱到名字的孩子跳过一个假装的烛台（儿歌中的情节）。让孩子们一边在绒布板上出示动物，一边唱童谣《稀奇，稀奇，真稀奇》（Hey Diddle, Diddle）。在三个煮熟的鸡蛋和一个生鸡蛋上画脸，唱童谣《矮胖子》（Humpty Dumpty）。每次用一个鸡蛋重复押韵的部分。当生鸡蛋从墙上掉下来的时候，用平底锅接住稀烂的鸡蛋。

用孩子的名字玩押韵游戏，可以说："请名字和 bed（床）押韵的小朋友来排队。"或者说，"今天有人没来。他的名字听起来像 bike（自行车）"。还可以假装你忘记了一个孩子的名字，然后说："让我想想，你的名字是菲利？蒂莉？吉利？不，是威利！"

阅读押头韵的书籍，如凯文·亨克斯（Kevin Henkes）的《莉莉的紫色小包》

（*Lilly's Purple Plastic Purse*）或南希·E. 肖（Nancy E. Shaw）的《扬帆远航》①（*Sheep on a Ship*）。尝试玩押头韵的名字游戏，可以说："如果你的名字开头与 sing（唱）、sat（坐）和 silly（傻傻的）的开头发音相同，就站起来。"在教室里寻找开头发音为 b 的东西，如 block（积木）、book（图书）和 bead（珠子），以引起孩子对单词开头的注意。或者，让孩子说出 table（桌子）、turtle（乌龟）和 tank（坦克）这三个单词的开头。

孩子能认识到文字是有意义的吗？

许多年幼的孩子没有意识到书本上还有文字。他们通过与成人的多次阅读，逐渐开始区分图片和文字。当他们看到成人出于多种目的而阅读时，就会理解文字带有意义。他通过尝试阅读和书写来了解文字。

如果你所教的孩子似乎不曾关注书本上的文字，那么你可以在阅读的时候指着文字。流畅地阅读，同时用手指在字下面滑过。和孩子谈一谈书页上的图画，然后说："现在我要读文字了"。如果他拿着一本书，把文字遮住了，就指出这些文字，让他移开他的手，以便你能看到文字。在你们所处的环境中寻找文字，例如查看假装游戏中杂货店里的食品包装或餐厅游戏区里的菜单，注意储物柜上的名字，还可以在学校或社区里进行寻字活动，寻找标志并读出它们。

孩子可能开始认识自己名字中的字母和朋友的名字，以及一些常见的单词。准备好磁性字母和小黑板，这样孩子就可以尝试组合字母，组成单词。在书写区里摆放字母印章，在美工区里摆放海绵字母。用一个有很多抽屉的分类盒子（可以在五金店买到的那种装螺丝螺帽的容器）来摆放字母块。孩子们可以用这些字母块创造熟悉的名字和单词。制作一些描述常见单词的书籍，供他们阅读。将歌曲或童谣的单词写在图表上，并将每个单词写在索引卡上。不愿阅读的孩子可以将单个的单词与图表上的单词相匹配。

与家长合作

与家长讨论孩子新萌发的阅读技能，描述孩子在观察成人出于不同的目的而阅读中学习到的东西，以及从倾听他人阅读中学习到的东西。与家长讨论每天为孩子读书的重要性。强调孩子在与大人相互依偎听故事或一起看书时学到的技能。谈谈你在为

---

① 该书已由北京联合出版公司于 2018 年出版。——译者注

孩子读书时努力培养他们的技能。描述孩子的发展水平，以及你打算如何进一步培养孩子的前阅读技能。

 何时寻求帮助

对孩子来说，听到单个的语音很重要。如果他在押韵、玩文字游戏或注意语音方面似乎有困难，请检查他的听力。如果孩子说话不清楚、对看书或唱童谣不感兴趣或难以理解简单的指令，请检查他的技能发展是否滞后（Roth, Paul, & Pierotti, 2006）。让孩子的家长与当地学区的相关机构联系，安排一次发育筛查，或向语言病理学家咨询，以获得更多信息。早期干预可以为孩子在整个学校学习期间继续学习方面提供意义重大的帮助。

行动计划

在制订你的行动计划时，可选择或修改下列某个建议的目标，使其符合你的实际情况。加上你期望孩子的这些技能或行为达到什么程度，或者幼儿表现该行为的频率。记住：你的目标是促进孩子的成长，而不是塑造一个完美的孩子，你要稍微提高你的期望值，帮助孩子在现有能力的基础上有所进步。然后，确定教师和家长将采取的三项或四项行动，再额外选择一些针对幼儿园和家庭的其他行动。在本书附录中的计划表上记录你选择的行动。

为你班里阅读技能正处于萌发阶段的孩子制定的目标示例
- 通过_____表现出对书籍和故事的兴趣。
- 通过_____表现出对故事的理解。
- 恰当地使用书籍。
- 使_____押韵。
- 能分辨出_____单词中的第一个音。
- 认识到文字带有意义。

家长和教师都可以采用的行动示例
- 使用不同的策略阅读书籍。
- 问一些开放式的问题：让孩子将句子补充完整或进行预测。
- 让孩子参与故事情节，比如在听到一个关键的短语时让他举起一个道具或做一个动作。
- 阅读各种类型的书籍。
- 重复阅读喜欢的书籍。
- 将故事与孩子的自身经历联系起来。
- 谈论如何用书。
- 阅读时用手指在字下面划过。
- 谈论书的各个部分。
- 玩押尾韵或头韵的单词游戏。
- 阅读有尾韵和头韵的书籍。
- 阅读环境中的文字。
- 让孩子尝试使用海绵字母、磁性字母以及字母印章。

教师可以采用的行动示例
- 使用木偶或绒布板片讲述故事。
- 使用各种吸引眼球和培养兴趣的方法。
- 将孩子们最喜欢的书或书中的人物做成班级图表。
- 制作描述常见词语的书籍。
- 用歌曲图表玩配对游戏。

家长可以采用的行动示例
- 每天给孩子读书或讲故事。
- 从当地图书馆借阅书籍。
- 带上书本，在等待时阅读。
- 在社区里玩寻字游戏。
- 在车上时读出路边的标志。
- 让孩子从广告信上圈出所有他名字中的字母。

给家长

关于阅读萌发的一些信息

什么是阅读萌发？

早在孩子进入学前班或一年级之前，他们关于阅读的学习就开始了，需要学习的内容远远超过 26 个英文字母。家长可以做很多事情来帮助孩子获得丰富的词汇，学习如何使用书籍，认识简单的单词和字母，发现阅读可以打开他们尚未探索的新世界。

观察和回应

通过每天阅读或讲故事，培养孩子对书籍的兴趣。让阅读成为孩子睡前和一天中其他日常活动中的一部分。当你阅读时，请孩子帮你将句子补充完整，或预测接下来会发生什么。让孩子拿着与你正在阅读的故事中的人物相匹配的毛绒玩具动物。每当提到这个动物，孩子就可以把它举到空中。

定期去你们当地的图书馆，借阅各种书籍，包括可预测的故事书、无字图画书、小说、知识类图书、童话故事、数数书、字母书和童谣书。重复阅读孩子最喜欢的故事，帮助孩子了解事件的顺序和故事的重要特征。鼓励孩子独立复述故事的部分内容。

谈论孩子最喜欢的角色，并询问他为什么认为这个角色是特别的。问一些开放式的问题，帮助孩子把故事与个人经历联系起来。例如，你可以问："你有没有发生过类似的事情？"如果孩子想不起来，可以提供一些提示，可以说："还记得奶奶在这里的时候，我们做饼了吗？"请孩子解释故事的部分内容，你可以说："你认为，他们说不知道下一步该怎么做是什么意思？"注意不要问得太多，以免让孩子觉得这更像是一次测验，而不是一场对话。

帮助孩子学习如何使用书籍，可以和他谈谈如何翻页、书本正面和背面的区别，以及如何从左到右阅读文字，指出书名以及作者和插图作者的名字。你可以说："让我们从正面开始读，故事是从这里开始的。"用你的手指在字下面划过，表示你是从左到右阅读的。请孩子帮忙翻书页。

帮助孩子学习识别文字。谈论书本上的图片，然后说："现在我要读这些文字了。"

如果孩子拿着书，把文字遮住了，你可以指出这些文字并告诉孩子你需要看到这些文字才能阅读。在你们所处的环境中寻找文字，比如查看在杂货店里的食品包装和在餐馆里的菜单。当你们在车上时，寻找路边的标志并读出它们。

孩子需要意识到声音，这样才能区分语音，并将其与他们正在学习的字母联系起来。成人可以通过说童谣和玩文字游戏，帮助孩子听辨语音，比如说："我儿子的名字是菲力？蒂莉？吉利？不，是威利！"阅读押韵的书籍，如凯文·亨克斯的《莉莉的紫色小包》或南希·E. 肖的《扬帆远航》。尝试押韵的名字游戏。让孩子在房间里寻找名字开头发音为 b 的东西，如 block（积木）、book（图书）和 bead（珠子），以引起孩子对单词开头的注意。或者，让孩子说出 table（桌子）、turtle（乌龟）和 tank（坦克）这三个单词的开头。

寻求支持

与孩子的老师合作，了解更多关于儿童通常如何发展阅读技能的信息。了解你可以做些什么来支持孩子的努力。如果孩子玩押韵游戏、文字游戏或注意语音似乎很困难，请检查孩子的听力。如果孩子说话不清楚、对阅读书籍或童谣缺乏兴趣，并且难以理解简单的指令，那么就应该进行发育迟缓方面的检查。请与当地学区的相关机构联系，或咨询语言病理学家，以获得进一步信息。早期干预可以为孩子在整个学校学习期间继续学习方面提供意义重大的帮助。

第十六章 "我会写自己的名字了!" ——书写萌发

给教师

瓦妮萨喜欢去书写区给她的朋友写纸条。当她给我看她写的东西时,我看到她做了很多标记和涂鸦。她的线条不是很有控制力,而且缺乏流畅性。

※ **标准**
　　对书写表现出初始的兴趣。

什么是书写萌发?

对许多孩子来说,学习写字是相当自然的,因为他们会探索书写材料,模仿他们看到的成人的书写,然后尝试自己绘制线条和形状。在学习写字时,孩子需要手部肌肉的力量和控制。他们需要能够协调眼睛和手的使用,握住书写工具,并学会画出竖线、横线、圆和曲线。一旦他们认识到书写能帮助人们在许多方面进行交流,他们就会对将基本的笔画组合成常规的字母以进行交流表现出兴趣。

在进入幼儿教育机构时,孩子的书写经验各不相同。有些孩子可能很少接触书写工具,也缺乏使用它们的机会;另一些孩子可能从蹒跚学步开始就有蜡笔等书写工具在手。他们的经历会影响他们萌发的书写技能。

学习双语的孩子在口头熟练掌握第二语言之前,就能画出字母和单词。他们经常用绘画来表达自己。他们如果已经学会了用母语书写,就不需要再学习写字;他们会把这种技能转移到新的语言上。孩子们丝毫不会混淆他们的母语和第二语言的书写(Shagoury,2009)。

观察并决定如何支持

当你观察一个正在学习书写的孩子时,问自己以下问题。你的观察将为你提供有关活动的想法,这些活动将帮助孩子对书写开始感兴趣。

孩子是否使用了各种各样的书写工具？

有些孩子还没有太多的机会使用书写工具。为刚开始使用书写工具的孩子提供大量的资源（如画架、书写区和艺术材料）进行探索。不要把书写活动限制在桌子上。在教室里的各个地方放置剪贴板、纸张等书写工具。让孩子尝试用不同的姿势写字。把大的海报纸贴在墙上或栅栏上，把狭长的画纸放在地板上，在可能的情况下将画架腿撑开不同的距离以改变画架的角度。改变纸张的大小，调换纸张的不同面，供孩子书写。把剪成正方形、圆形或三角形的纸张夹在画架上。鼓励孩子在光滑、粗糙、起伏不平或有图案的表面上书写，例如可以试试覆盖着纺织品的木板、硬纸板、蜡纸、铝箔和砂纸。

想办法让书写成为孩子最喜欢的活动。把画架移到门外，建议孩子为他在积木区建构的建筑画一幅画，或者和他一起为他建构的大楼和塔做标志。在科学区添加带有放大镜轮廓的纸，这样孩子就可以画出他的新发现。

提供便携式写字袋，让家长参与进来，袋里可以装再生纸、记号笔、印文字或图案用的模板、打孔器、单独的擦拭板和记号笔以及字母表等物品。添加优惠券、邮票、可清洗墨水、字母拼图和磁性字母等东西。写一封信给家长，说明你希望这些材料能得到很好的利用。鼓励家长向袋子里添加物品，如回收的打印纸、杂志或广告宣传材料。如果一个家庭用完了其中的一个物品，请他们告诉你，这样你就可以替换它。把信放在塑料护页里，然后塞进袋子里。做一些袋子，让孩子和其他人轮流把袋子带回家。

装备你的书写区

在你的教室里创设一个书写区，在里面提供孩子可以用于书写或创作的各种物品。

- 回收可再利用的贺卡
- 印文字或图案用的模板
- 连点成线的图（没有数字）
- 用三四页草稿纸装订成的小册子
- 铅笔
- 记号笔
- 油画棒
- 订书机和订书钉

- 三孔打孔器
- 邮票
- 信封
- 广告宣传材料
- 旧杂志（适合孩子的）
- 剪刀
- 胶棒
- 不同形状和大小的纸张
- 用于涂鸦的纺织品

孩子是否以非常规的方式抓握书写工具？

许多孩子在抓蜡笔或记号笔时，首先是用掌心抓住，握成拳头。随着他们精细运动技能的提高，他们会发展出将食指和拇指合在一起像用钳子一样抓握的能力。当孩子能用这种方式拿起小东西时，他就很可能转变为用常规的方式抓握书写工具。如果孩子需要学习使用常规的抓握方式，一定要给他很多机会，让他通过捏橡皮泥、使用小剪刀或塑料螺丝刀等工具，以及拧开不同大小的塑料瓶盖以发现里面的惊喜（小饰品或奖品），来增强手部的肌肉力量。

通过练习将拇指和食指捏在一起的活动，帮助孩子发展钳握能力，例如用系带卡、串珠子、把钉子按进木板，或者捏住衣夹，把它们放在比萨圆纸板的边缘。也可以让孩子为一个艺术项目撕纸条。还可以让孩子把塑料碎片从锡罐塑料盖上的孔中推进去，之后可以给他戴上手套，以增加游戏的难度。

你一定要提供大号的蜡笔、马克笔和铅笔供孩子们使用，因为它们更容易被操纵。为有困难的孩子示范合适的抓握方式。描述你拿起书写工具时手指的位置。试着用握笔器来帮助孩子。

 让孩子们看到你在书写

让孩子们看到你因为各种原因而进行书写。当他们看着你时，他们会开始认识到书写是与他人交流的一种有价值的方式。当孩子们理解了书写的价值，他们可能会有学习的动力。可以在以下情况中，让孩子们看到你书写。

> - 当你写下他们所说的话时（例如当孩子口述记录或故事时）。
> - 当你告诉别人一些事情时（例如，你给厨师写了一张纸条，说你要晚5分钟去吃午餐）。
> - 当你需要记住一些事情时。
> - 当你想安慰某人时。
> - 当你在小组讨论中做笔记时。
> - 当你制作班级图表时。

孩子只会乱涂乱画吗？

在学习书写的最初阶段，孩子们会乱涂乱画，并称之为"书写"。在本章的开篇故事中，瓦妮萨经常给她的老师带来一排歪歪曲曲的竖线，并说："这是我的名字。"在这个阶段，孩子可能对自己的笔画缺乏控制。随着她的动作变得更加协调，她画出的线条将变得更加坚定，曲线更加流畅。能力的提高会给她更大的信心。鼓励正在绘制各种笔画的孩子将各种形式的笔画组合成字母。

在这个阶段，孩子可能喜欢使用适合个人大小的白板和黑板。鼓励孩子练习书写，在他喜欢的活动（如计算机活动）附近放一张签到表。给孩子看一张有艺术家签名的艺术品图片，并鼓励他也给自己的作品签名。

孩子是否会模仿书写？

当孩子模仿书写时，他们会画线条、圆圈等，并表现出对书写的初步认识（ITLC Online[①]，2011）。在这个阶段，孩子可能会画出一两个可识别的字母，以及垂直的线和水平的线。有时，当孩子在角色游戏中使用书写时，他们会像成人写草书一样，迅速画出一条连续的高低起伏的线条。

这个阶段的孩子需要你在他练习写字母时提供一些东西给他看。将字母表和数字表放在孩子的视线高度。制作适合孩子大小的字母表，供他抄写。在所有的戏剧游戏主题中放置书写材料。例如，在餐厅里放置订单和菜单，供孩子抄写；在商店或办公

---

① ITLC 的英文全称为 Interactive Technology Literacy Curriculum，Online 中文为在线或网上；ITLC Online 意指网上交互式技术读写课程。——译者注

室里的电话旁放置记录本和铅笔。用口袋图表创设一个教室的信息中心，在每个口袋上写一个孩子的名字，这样每个孩子都可以给其他孩子留言。

钦兰给她的老师带来了一幅色彩斑斓的户外风景画。它充满了细节。教师描述了色彩的使用和钦兰在草丛中加入小动物的方式。钦兰指着画纸底部的几个标记和符号，说："是的，这就是中国的文字。"

孩子在尝试写自己名字的字母时是否会感到沮丧？

孩子会想写自己的名字或常见的单词，或者想抄写标签，但如果不能写出自己满意的字母，他就可能会感到很沮丧。原因之一是，孩子们常常发现很难在脑海中长时间地记住一个单词的表象以再现它。我们可以提供口头提示，如"从顶部开始，向下，再向周围"，帮助孩子获得成功。此外，当孩子独立练习时，提供范例供其复制或描摹。将孩子及其朋友的名字做成名片。把图片贴在索引卡上，在每张图片下面写上一个单词，然后把卡片放在塑料相册里，从而给孩子做一本他喜欢的单词书。给教室里的常见物品贴上标签。请使用英语以外的语言的家长用他们的母语写标签，这样一件物品就可以用英语和孩子的母语来标示。建议孩子把他在学校里最喜欢的东西或他能找到的所有蓝色东西的标签抄写下来。你们也可以玩一个游戏，给孩子一张贴有标签的物品的图片，让他去找，然后他可以把标签上的物品名称抄写到纸上。或者，在某些物体附近放一张便条，让孩子把每个物体的名称抄写到一个新的便条上。

给孩子一些有意义的书写机会，例如在家长之夜前绘制一张教室地图、为生病的朋友制作一张贺卡或者给家长抄写一条信息。在书写区放置带有空白页的小册子。鼓励孩子做一本书，让他为自己的故事加上书名、签名、页码、图片和说明。

特普罗萨在写字台前弯着腰工作了一段时间。他终于抬起头，把他的纸拿到教师面前，问道："这写的是什么？"教师看了看那张排列整齐但没有拼写的字母列表，不知道该怎么做，但她知道特普罗萨的幽默感，所以她抱着试试看的态度，认为自己不会伤害他的感情。她尽自己最大的努力说出了这一连串的字母。特普罗萨对她念出的无意义的词大笑起来。他拿起纸，跑回书写区。几分钟后，他又带回了一串完美的随机字母给她阅读。

这个小游戏对特普罗萨有如此大的激励作用，教师非常高兴。她知道，对于另一个孩子，她也许需要采取不同的方法，可能要找出一组字母来表示一个单词的开头和结尾，即使所有字母都在一起。

与家长合作

有些家长希望孩子通过坐着练习写字母来学习书写。你和这些家长可能对孩子有相同的目标：为上小学做好准备。教师需要与家长合作，帮助他们看到在班级和家中有许多机会发展书写技能。保存孩子的书写作品，并讨论孩子目前的书写阶段。向家长展示孩子可能发展的下一个技能，并谈论你将如何帮助他达到下一个水平。给家长提供相关信息，并使用行动计划来讨论最有用的步骤。

 何时寻求帮助

孩子通常在 3 岁时就能以常规的姿势握住书写工具。请记住，能力可能会有所不同，这取决于孩子有多少机会练习使用书写材料。如果你担心，可以看孩子是否能紧紧捏住你的手、观察他是否有足够的力量握住物体来进行判断。观察孩子是否会通过基本的自我服务技能来展示对精细动作的控制，比如拍打夹克或转动旋钮。观察一个在精细运动技能方面有困难的孩子。如果经过三四个月的有意识的指导，孩子仍没有取得进展，那么你就要鼓励其家长安排他们参加学区提供的发育筛查项目。

行动计划

在制订你的行动计划时，可选择或修改下列某个建议的目标，使其符合你的实际情况。加上你期望的这些技能或行为表现到什么程度，或者幼儿表现该行为的频率。记住：你的目标是促进孩子的成长，而不是塑造一个完美的孩子，你要稍微提高你的期望值，帮助孩子在现有能力的基础上有所进步。然后，确定教师和家长将采取的三项或四项行动，再额外选择一些针对幼儿园和家庭的其他行动。在本书附录中的计划表上记录你选择的行动。

为培养孩子的前书写技能而制定的目标示例
- 使用各种书写工具进行书写或绘画。
- 使用常规的握法握住书写工具。
- 在纸上乱涂乱画。
- 用垂直、水平和弯曲的线条来表达意义。
- 写自己名字或常见的单词（选择其一）中的字母。

- 抄写标签。

家长和教师都可以采用的行动示例

- 提供易于操纵的书写工具。
- 允许孩子以不同的姿势书写。
- 提供不同大小、形状和质地的纸张供孩子书写。
- 将书写与孩子最喜欢的活动结合。
- 提供大量让孩子加强手部肌肉锻炼的机会。
- 帮助孩子掌握钳握的方式。
- 示范适当的抓握方式。
- 试用握笔器。
- 找到自然的方法让孩子每天多次练习写自己的名字。
- 让孩子看到你写字。
- 提供东西给孩子抄写。
- 在假装游戏中投放书写材料。
- 提供有意义的书写机会。

教师可以采用的行动示例

- 在教室里提供画架、书写区和艺术材料。
- 在所有区域里放置剪贴板、纸张等书写工具。
- 分发便携式写字袋。
- 提供适合孩子大小的白板和黑板。
- 创建一个班级信息中心。
- 用不止一种语言给普通物品贴上标签。
- 鼓励孩子写一本书。

家长可以采用的行动示例

- 用水在户外画画。
- 用木棍或小汽车在沙子上画字母。
- 与孩子坐在一起写字。
- 提供能让孩子兴奋的书写工具,如隐色笔或可以在泥巴里写字的木棍。

- 制作一个书写袋。
- 收集、保存和重复使用家里的一些东西,让孩子在上面写字。
- 给孩子写纸条,也请他给你写纸条。
- 一起写购物清单。
- 用橡皮泥搓成的长条制作字母。
- 鼓励孩子制作贺卡或写信。

给家长

关于书写萌发的一些信息

什么是书写萌发？

对许多孩子来说，学习书写是相当自然的：他们探索书写材料，模仿他们所看到的人的书写，然后尝试自己绘制线条和形状。在学习书写时，孩子需要手部的力量，需要握住书写工具，必须学会画垂直的线、水平的线、圆和曲线。一旦他们认识到书写可以帮助人们交流，他们就会有动力去书写，更有可能开始将基本的笔画组合成字母。

你可能急于让孩子开始写字母。请避免通过烦琐无味的操练来教学龄前的孩子书写。相反，要想办法将书写嵌入日常活动中。

观察和回应

确保你有大量的书写和艺术材料可用。不要把书写活动限制在书桌上。让孩子把纸张放在地板上或计算机桌上，或把大块的纸贴在栅栏上。把纸张剪成正方形、圆形或三角形，以改变纸张的大小和形状。让孩子为了感到好玩而在硬纸板、蜡纸、铝箔和砂纸上写字。

寻找方法将书写活动与孩子最喜欢的活动结合。在户外用水画画（在炎热的车道或人行道上看着水蒸发是特别有趣的）；建议孩子画一辆自行车或一个最喜欢的玩具，或者用木棍或小汽车在沙子上画字母。制作标志来标示房屋和塔楼。当你们玩假装餐厅的游戏时，鼓励孩子书写。在玩医生办公室的游戏时，给孩子纸张和铅笔，让他写下处方等。

做一个专门的写字袋，在等待时使用，包括以下物品：回收的打印纸、蜡笔、模板、打孔机、记号笔和字母表。还可以添加新的物品，如优惠券、邮票和可清洗墨水、字母拼图和磁性字母，以保持其趣味性。

通过练习食指和拇指并用的活动，帮助孩子发展正确握住铅笔或记号笔所需的对精细运动的控制能力。让孩子用系带卡、串珠子、把钉子按进木板、捏住衣夹，或为宠物制作笼子而撕纸条。为孩子示范合适的抓握方式。描述你拿起书写工具时手指的位置。

许多孩子会先学习写自己和家人的名字。一旦孩子学会了写这些字母，他们就可以很容易地将笔画转换成其他字母。把孩子及其朋友的名字做成名片。把图片贴在索引卡上，在每张图片下面写一个单词，然后把卡片放在塑料相册里，从而做成一本孩子喜欢的单词书。让孩子练习抄写自己喜欢的单词。

让孩子看到你因各种原因而书写，如写感谢信或列出第二天要做的事情。然后，为孩子提供一些有意义的书写机会，例如为生病的朋友做一张问候卡、给祖父母写一封信或者和家人一起在生日卡上签名。让孩子写一份购物清单，或者在杂货店找到物品后就划掉清单上的物品。

寻求支持

与孩子的老师合作，了解孩子书写技能的发展水平，讨论你们可以帮助孩子达到下一个水平的方法。如果你担心孩子书写技能的发展，请注意他的精细运动技能，如用力捏手、紧握物体、拍打夹克或转动旋钮。如果孩子在这些技能上有困难，请预约由你们所在的学区或医疗服务人员提供的发展筛查项目。

第五编

认知发展

认知发展包含日常生活所需的思维技能，包括数学和科学思维。孩子学习如何数数、一一对应地点数，并比较多少。他们学习对相同的物体进行排序，对属于一类的事物进行归类，并建构简单的模式。他们进行比较和测量。孩子是敏锐的观察者。他们观察周围发生的事情，提出问题，进行猜测，验证他们的思考，并得出结论。他们通过感官、使用放大镜和坡道等简单的工具来了解世界。通过与事物和他人的互动，他们学会理解世界。

孩子需要幼儿教育机构为他们提供动手探索的机会，其环境中丰富的材料可以让他们数数、分类，以各种方式使用。孩子们需要大声思考，需要其他人与他们一起思考。教师可以询问开放式的问题来激发他们的求知欲。适时的陈述，如"我想知道，如果……会发生什么"将促使他们进行实验和学习。孩子们需要教师帮助他们将以前的经历与当前的活动联系起来。例如，教师可能会说，"上次，我们用的是红色和黄色的颜料，它们被混合后变成了橙色。我想知道，如果你今天混合黄色和蓝色的颜料会发生什么？"或者"有其他方式将玩具分组吗？"孩子们需要教师示范如何计数、如何使用图形和图表并帮助他们识别简单的模式。

在可以参加充满学习机会的日常活动的家庭中成长的孩子，将茁壮成长。整理袜子可以成为配对课，摆放餐具可以成为学习一一对应的活动，烹饪可以成为学习干湿等属性的机会。玩去商店的游戏，让孩子们有机会假装计算购买时需要的零钱。当家人在家里谈论科学概念时，孩子们就会学习相关词汇。他们需要家长谈论他们看到、听到和闻到的东西。当周围的成人提出问题和做出预测时，孩子会受益匪浅。家长可以问孩子："你认为，当我们往混合的面粉中加入牛奶时面粉会变稀吗？"

第五编包含四项标准。以下章节将讨论每项标准。与其他领域一样，各州的标准可能比本书中包含的标准更多。此处介绍的标准或类似标准在许多州通行。

- 第十七章：表现出对数字、计数和分类的兴趣。
- 第十八章：识别、复制和扩展简单的模式。
- 第十九章：通过观察来收集信息。
- 第二十章：通过提问和调查环境来收集信息。

学业还是游戏？

我儿子小时候玩的一个游戏是问他的朋友：如果超人和蝙蝠侠打架，谁会赢？或者，如果大鸟和埃尔莫①（Elmo）打架，谁会赢？他们会辩论每个角色的强弱，最终会就获胜者达成一致，或者同意在某次争论中可以持有不同意见。有一天，我问："如果两个超级英雄联手呢？"答案是："那太棒了！"

在一些幼儿教育机构，家长和教师发现自己陷入了类似的争论中——将学业与游戏对立。一些人认为孩子需要学习字母和数字，而另一些人认为他们需要游戏并学会与他人相处。有时，参与辩论的人们似乎希望看到一个明显的赢家。事实上，孩子们需要获得学业和社会情感技能（以及其他技能）的发展，而这些是通过游戏学习的。

家长希望能确保他们的孩子具备为进入小学做好充分准备所需的技能。一些人认为，孩子需要知道ABC等字母和数字，这样才能表明他们为上学做好了准备。家长们从自己的教育经历中回忆起，学习的方法是坐在课桌前，教师提供信息，然后学生通过记笔记将其印入记忆中。他们最熟悉一年级到十二年级的课堂常用的教学方法。不幸的是，许多人认为这是进行教学和学习的唯一方式。

提倡游戏的人知道，3岁、4岁和5岁的孩子最好的学习效果来自做中学——通过动手活动和充满意义的游戏性经验。他们设想有一间教室，孩子们在这里可以根据自己的兴趣转换活动。他们沉醉于读书，将熟悉的故事表演出来。他们互相写信，给父母发信息。他们在坡道上赛车，比较哪辆车跑得最远。他们将连环扣连接在一起，从教室的一端一直延伸到门外。在假扮爬上船以躲避水中的鲨鱼时，他们发挥了想象力并学会与他人相处。

与其试图让学业和游戏论个输赢，不如让它们联合起来。对学业和游戏的目标的考察表明，它们并不矛盾。似乎更大的争议在于为达到目标而设想的教学方法。那些提倡学业的人的目标是希望孩子们学会如何"上学"。那些提倡游戏的人希望孩子们为上学做好准备，但他们希望使用符合幼儿需求的教学方法。当孩子能够在短时间内专注于活动、遵循简单的指示、与他人交流并对前阅读和前数学活动表现出兴趣时，他们就为上学做好了准备。他们需要能够做一些事情，比如复述一个最喜欢的故事、从1数到10，并使用书写工具画一幅画。学业不必以舍掉游戏为代价，游戏也不必排斥学业。幼儿教师可以两者都提供。

为了教授学业技能，幼儿教师可以使用适合年幼孩子的教学方法。当教师脑海里有学习目标（包括学业技能）时，他们可以规划通过日常活动和游戏来教育孩子的活动。教师可以有意地将书写材料放置于教室里的所有区域，并引导孩子们使用它们给

---

① 美国儿童电视节目《芝麻街》中的玩偶名字。——译者注

朋友写便条，或者在鞋店游戏里写销售收据。教师提供绳子、标尺、卷尺和码尺并鼓励孩子们看看他们的纸链在教室里可以伸展多长，就是在教授测量技能。孩子们在坡道上赛车，教师请他们猜测哪辆车会跑得最远并假设原因，就是在支持孩子科学能力的发展。在帮助孩子解决游戏中的冲突时，教师就在教授社会情感技能。在支持孩子的角色游戏主题时，教师就在鼓励孩子想象力和创造力的发展。

当幼儿教师能清楚地说明他们所看到的学习时，他们能够更好地证明，孩子既能学习又能游戏。有一种方法是：将鞋店游戏中孩子创造的一份销售收据贴在家园联系板上并附上说明标签，这可以向家长解释孩子用自己名字中的一些字母和其他符号学习前书写技能。教师可以通过创建一个班级剪贴簿来展示教室里发生的学习，其中包含孩子们测量纸链的照片和一篇日记记录，说明孩子们数着从链条的一端到另一端需要走多少步。教师还可以请家长和他一起观察孩子们的游戏，然后描述孩子在坡道上赛车时表现出的观察、提问和调查技能。

无论教师使用何种方法来记录孩子在游戏中所练习的技能，由此产生的证据都可以让家长、孩子和教师对所发生的学习欢欣鼓舞。通过描述，教师向家长和其他人传达了这一信息：孩子们通过参与有意义的游戏活动来学习为入学做准备的技能。教师的这些努力可以帮助人们看到，当学业和游戏结合起来时，年幼的孩子会取得令人赞叹的成果。

第十七章 "一、二、五、六"——数字

给教师

虽然达里恩可以从 1 数到 10，但当我让他数 10 个物品时，他会跳过数字或按照错误的顺序数数。如果他能正确地从 1 数到 10，那么为什么他不能正确地数物品呢？

※ 标准

表现出对数字、计数和分类的兴趣。

什么是数字？

孩子们从很小的时候就开始学习数学和数字。当他们要求吃更多草莓而且真的多得到一个草莓时，他们就会了解数字。当他们举起手指表示年龄时，他们正在学习数字。即使是蹒跚学步的孩子也经常用手指显示他们的年龄，并在一堆积木上再加一块。为了将这种对数字的非正式理解与学校中使用的更为正式的理解联系起来，孩子们需要成人的帮助。家长和教师提供了许多经验来帮助孩子获得这种更正式的理解。正如达里恩的老师准确观察到的那样，达里恩的唱数能力与他点数物品的能力是不同的。为了让达里恩超越死记硬背的唱数，学会逐个点数物品，教师需要计划针对一一对应数物的活动。

母语非英语的学习者可能有语言障碍，无法展示他们所知道的东西。尽可能多地使用视觉提示并组织结构化活动是非常重要的，这样学习英语的孩子可以向你展示而不是告诉你他们知道什么。尝试学习用每个孩子的母语说出数字 1 到 10。

观察并决定如何支持

在观察孩子如何与数字互动时提出以下问题。下面的建议有助于孩子更好地理解数字，包括集体活动和个人活动。孩子可以从这两种途径的结合中受益。利用你的观察和建议，与家长合作设计一个在孩子对数字、计数和分类表现出兴趣时能支持他的计划。

孩子是否对数字缺乏兴趣？

大多数孩子喜欢玩数字、学习数数。偶尔，有的孩子可能不会表现出兴趣，他可能在自由游戏时间避免参与数字活动、在唱数数歌时变得焦躁不安，或者当你让他玩数学游戏时逃跑。孩子对数字活动不感兴趣的原因各不相同。他们可能对其他活动更感兴趣，也有可能更喜欢在参与活动之前观看和观察。有时，孩子可能会对在大众面前表现感到焦虑或有压力。例如，一个在参与活动之前观望的孩子可能需要成人温柔的鼓励才能感觉更自在，而另一个孩子可能需要参加各种活动来建立信心。不管孩子没有表现出兴趣的原因是什么，保持活动的低调、有趣和无威胁将很有帮助。请重复这些活动或对它们稍加改变，给孩子充足的机会以获得成功。

起初，孩子可能对与他的实际情况相关的数字最感兴趣，例如他的年龄或距离某件特殊事件的天数。请孩子用手指告诉你他几岁了。如果他不愿意，就举起你的手指显示他的年龄，然后和他一起数一数；测量他的身高，给他看纸上的数字，几个月后再量一下，看看他长了多少。让孩子说出或画出他家里的人，然后一起数一数。

给孩子玩数字的机会。可以在角色游戏区创建一个商店，把收银机放在桌子上，让孩子通过按数字键打开收银机。给店里的商品标价，在清单上写下价格，当他假装购物时指出这些价格。把游戏币放在收银机里，指出他使用的钱上的数字。帮助他为购物者算出零钱。

当孩子们知道数字有用且实用时，他们就会对数字感兴趣。当他们看到成人使用数字时，他们想更多地了解数字是如何发挥作用的。用数字谈谈你的工作。例如：当你们记下用餐次数时，大声说出数字；当你们从户外进入室内时，数一数排队的孩子的人数，并宣布"所有人都在这里啦"；当你们谈到即将到来的外出参观活动时，请查阅日历并指出那个日期。

孩子是否无法从1数到10？

虽然从1数到10和数10个物品是不同的技能，但简单的唱数是一个重要的开始。它是一种机械的记忆技能，但它为孩子学习其他的数学技能（如点数物品）提供了途径。因为孩子知道数字的叫法和正确的顺序，这会为接下来的步骤打下基础。

如果你班上的某个孩子是年幼的学龄前儿童，那么一开始他只能从1数到4。年龄较大的学龄前儿童可以学习数到10，再到20（Copley, Jones, & Dighe, 2007）。英语单词"eleven"（十一）、"twelve"（十二）、"thirteen"（十三）、"fourteen"（十四）和"fifteen"（十五）对年幼的孩子来说特别难记住，因为它们不遵循某种模式。通常，孩子会跳过其中一些数字直接数到 20，因为在 20 之后数数变得更容易，这些数字会重复他以前学过的模式。

帮助有困难的孩子通过常规的一日活动来学习数数。例如，数一数为小组活动准备的椅子数量。让孩子和你一起数一数坐下的孩子人数。给他一个停车牌，把这件事变成一个游戏。当正确数量的孩子就座时，他可以竖起停车牌。数一数你们在散步时看到的小鸟的数量或街区里房屋的数量。如果孩子的年龄比较小，请专注于较小的数字，直到他能够持续正确地数数。

使用游戏、歌曲和书籍来加强孩子的数数能力。让孩子通过数空格来移动的游戏，不仅有助于孩子数数，也有助于他们学习一一对应。在自由游戏时间提供"糖果乐园"（Candy Land）游戏、"滑梯与梯子"（Chutes and Ladders）游戏以及"樱桃乐园"（Hi!Ho!Cherry-O）等游戏，并邀请孩子和你一起玩。将数学游戏添加到你们正在进行的学习主题中。例如，制作一个游戏，将你们在散步中看到的社区画出来。画一条路径，其中包含你们沿途所见的事物和地方，例如消防站、商店和公园。孩子们可以用转盘或骰子来确定要走多少空格。特别是要尽力邀请不喜欢数数的孩子一起玩。在数数时改变你的语调或语气，以创造更多的乐趣和增加孩子们的参与度。玩游戏"坐下"（Sit Down）：请孩子们站成一圈，让他们帮助你一起数数。当你一个孩子一个孩子地点数，数到某个数字，如 3 时，最后一个被点数到的孩子就坐下。一个孩子坐下后，继续数到 3。你最终会一遍又一遍地数到 3，直到只剩下一个孩子站着。然后，使用不同的数字进行游戏。在集体活动时唱《五只小鸭子》（Five Little Ducks）或《五只小猴子》（Five Little Monkeys）等带有计数的歌曲。使用书籍、绒布板等道具以帮助孩子们在唱歌时数数。阅读埃里克·卡尔的《好饿的毛毛虫》[①]（The Very Hungry Caterpillar）等书籍，让孩子数数毛毛虫吃掉的食物。使用绒布板或故事全集来帮助孩子数数并增加他的兴趣。将故事全集留给孩子，他可以自己练习讲这个故事。

孩子是否会一个一个地数物品？

一个一个地数物品，被称为"一一对应"。当孩子们学习数物品时，他们可能会犯一些错误，比如即使他们已经数到了并且超过了那个正确的数字，他们也会继续往下唱数，这很常见。要知道最后一个数字是表示"多少"的数字，就需要对数字有复杂的理解。他们也可能开始数得很好，然后就开始混淆顺序。例如，当数五个物品时，

---

① 该书已由明天出版社于 2017 年出版。——译者注

孩子可能会指向每一个物品并数"一、二、五、六"。孩子们会犯的另一个常见的错误是对着一个物品数两次。他们需要大量的时间和重复练习，才能学会一个一个地点数物品。

一开始，可以让孩子将一个物品与另一个物品相匹配。教师先在桌子上放一块积木，然后让孩子在桌子上放另一块积木。当孩子能够始终如一地将一块积木与另一块积木匹配时，就增加到三四块积木。添加一个魔术袋，就可以改变活动。让孩子从一个魔术袋中掏出两三个物品。可以使用孩子特别喜欢的东西，例如小汽车或小型玩具动物。下一步是让孩子数一数你放在他面前的物品。数一数，然后说出总数："一、二、三、四，你从袋子里拿出了四辆车。"

在点心时间，请孩子在每个位置摆放一张餐巾纸，一边放一边数。帮助他以同样的方式放置杯子和盘子，还可以请他帮忙在游戏区放置垫子，或者为午餐摆放餐具，以改变这一活动。同时，帮助孩子数盘子、杯子等餐具的数量。另一种变化是把一些塑料动物排成一排，让孩子给动物喂（用小方块假装的）食物。让他在每只动物面前放一个小方块。数一数动物，再数一数小方块。或者，让孩子在扑克牌上的每个点上放一个硬币，然后数这些硬币。

对班里的孩子进行调查并制作图表。给图表的三列标上不同的主题，主题的创意可以无穷无尽，比如孩子喜欢的书、颜色或冰激凌的味道就是孩子们很喜欢的三个主题。在正方形的纸上写每个孩子的名字，让每个孩子将他的名字放在表示他最喜欢的那一列中。确保名字从列表底部开始，依次向上添加其他孩子的名字，这有助于孩子确定最高、最矮和中间列来读取数据。数出每一列中孩子的个数。让有困难的孩子帮助你。给他一根小木棍，指导他数数。和他一起数完后，问他："有多少小朋友？"孩子如果不确定，可以再慢慢数一遍，直到数出正确的数字。

孩子在比较两组物品时是否无法分辨哪组多、哪组少？

孩子在非常小的时候，就会探索"更多"和"更少"的概念。他们首先会说的词是"更多"。孩子很快就会知道，当他们说"更多"时，他们就会得到额外的食物、阅读第二本书（或者再读一遍同一本书！），或者再来一个充满爱意的拥抱。随着年龄的增长，他们学会将这个概念转化为数字。当年幼的孩子第一次比较两组物品时，他们可能会认为更长或更宽的一组有更多的东西。例如，当看两行物品时，他们会认为较长的一行有更多的物品，即使较短的那行的物品更多。他们没有意识到物品只是更小或彼此间隔更远。当他们具有一一对应计数或匹配对象的技能时，他们会通过点数来确定哪组的物品更多或更少。孩子们很快就可以通过观察分组来识别哪组有更多或更少的物品。下文描述了在不计数的情况下能够识别多少的能力。如果孩子不能分辨出多与少之间的区别,他们就将很难学会"加"或"减"。

在比较数量方面有困难的孩子需要大量的练习和重复来帮助他掌握更多和更少的概念。在点心时间,可以问孩子哪个盘子里的点心多,哪个盘子里的点心少。将两排小汽车放在用积木搭成的街道上,询问孩子哪一排的小汽车多、哪一排的小汽车少。当你们制作爱好调查表时(请参阅前文),在数完每个项目之后,问孩子哪些列更多、哪些列更少。通过使用词语"更多"和"更少",你正在帮助孩子将词语与概念联系起来。

集体活动结束的时候,请每个孩子上来从袋子里拿取比两块多或比两块少的积木。帮助对理解"更多"和"更少"的概念有困难的孩子数一数自己拿的积木,并判断是更多还是更少。

关于数字的书籍

阅读与数字有关的书籍,帮助孩子们开始识别数字。

- 《我会数数》①(*Counting with Apollo*,Caroline Gregoire)
- 《五只绿色斑点蛙》(*Five Green and Speckled Frogs*,Constanza Basaluzzo)
- 《五只猴子床上跳》②(*Five Little Monkeys Jumping on the Bed*,Eileen Christelow)
- 《还要,还要,我还要》③("*More, More, More," Said the Baby*,Vera B. Williams)
- 《陷入泥坑的鸭子》(*One Duck Stuck: A Mucky Ducky Counting Book*,Phyllis Root)
- 《一只小小鸡:数数书》(*One Little Chicken: A Counting Book*,David Elliott)
- 《十条小鱼》(*Ten Little Fish*,Audrey Wood)
- 《十个小宝贝》(*Ten Tiny Babies*,Karen Katz)
- 《床上有十个》(*Ten in the Bed*,Penny Dale)
- 《十只小熊在床上》(*Ten in the Bed*,David Ellwand)
- 《好饿的毛毛虫》(*The Very Hungry Caterpillar*,Eric Carle)
- 《2、3、4里有什么?》(*What Comes in 2's, 3's, & 4's?*,Suzanne Aker)

---

① 该书已由二十一世纪出版社于2010年出版。——译者注
② 该书已由北京联合出版公司于2018年出版。——译者注
③ 该书已由二十一世纪出版社于2020年出版。——译者注

孩子是否无法识别数字 1 到 10？

当一个孩子学会一个一个地数物品时，他已经准备好学习将一个数字名称附加到一个符号上。他可能会先从较小的数字开始，然后逐渐添加后面的数字。或者，他可能从自己的年龄开始。

提供一个充满数字的环境。张贴数字海报；在角色游戏区提供有数字的道具，例如收银机、数字标牌、电话、日历和袖珍记事本。在书写区张贴数字。数数时指向相应的数字。如果你发现某个孩子不认识数字或在你询问时无法指出数字，请继续鼓励他参与数字活动。

阅读艾琳·克里斯特洛的《五只猴子床上跳》或戴维·埃尔万德的《十只小熊在床上》等书籍，边读边指出数字。当孩子们熟悉了这个故事后，给他们装有数字的手杖，让他们在说出或唱出某个数字时举起那根手杖。确保不认识数字的孩子也有一根手杖可以举起。对这一活动进行调整，将五只小猴子放在带有数字 5 的绒布板上，当猴子一个接一个地从床上掉下来时，一次取下一只猴子并放上新的数字。孩子们会把数字和剩下的猴子的数量联系起来。学数字有困难的孩子可以帮助你把猴子取下来或把数字贴上去。当你唱《十只小熊在床上》这首歌时，请孩子们用玩具动物表演这个故事。在自由游戏时间把玩具动物和图书放在阅读区，这样孩子们就可以互相表演故事。鼓励不认识数字的孩子和朋友一起表演这个故事。

设计孩子可以在小组中玩的游戏。用数字和表示数字的圆点制作卡片。给孩子看一个数字，让他拿出相同数量的物品。例如，给孩子看数字 3，让他拿出三个物品。如果他犹豫不决，请他数圆点的数量，然后拿出三个物品。

让孩子和一个朋友组队在教室里进行一次数字大搜索活动。首先，让他们在教室里寻找他们能找到的所有数字。然后，为了使游戏更具挑战性，给他们一张带有数字的卡片并让他们在教室里找到那个数字。先让他们将数字与数字匹配。在他们能够将数字与数字匹配后，给他们一张带有物品的图片，例如三个物品，让他们在教室里找到对应的数字。

娜奥米很担心班上的一个孩子——迈克尔。迈克尔非常活跃，对娜奥米在自由游戏时间提供的数字活动一点都不感兴趣。每当他参加数字活动时，他都会来回跑动、四处游荡或开始打扰其他孩子。娜奥米认为，也许迈克尔还没有准备好进行数字活动，因为他需要更好的自我调节技能。在接下来的几天里，她仔细观察迈克尔，发现他只是一直喜欢动。第二天全班外出时，她把迈克尔带到人行道上，用粉笔画了一个玩跳房子游戏的格子。她画上了数字，并说出数字的叫法。当她教迈克尔如何往方格里扔一块小石头然后开始跳跃时,迈克尔变得兴奋起来。他叫他的朋友过来玩。很快,他们每天都有一小群人在玩跳房子。

迈克尔能够一边动一边学习数字。

孩子在不数数的情况下是否无法识别二、三、四个物品?

孩子发展了不用数数就可以识别二、三、四个物品的能力。他们通过反复接触包含二、三、四个物品的集合来形成这种能力。当孩子们学会这一点时,他们可以更容易地在头脑中进行加减。

给还不能识别数字集合的孩子练习的机会。在桌子上放三块积木,用围巾盖住它们,然后让孩子掀开围巾并告诉你有多少块积木。如果他不能很快说出,就请他数一数。可以改变物品的数量,最多为五个。

阅读苏珊娜·阿克的《2、3、4里有什么?》一书。这本书将形状、颜色和日常物品以两个、三个和四个为一组进行分类。每一页都提供了数组数以及和孩子谈论图片的方法,看看孩子是否能在不数数的情况下认出数组。

制作一个九宫格乐透游戏板。在方格中贴上以二个、三个和四个为一组的物品图片。制作第二套方格配对卡。玩游戏时,每次举起一张卡,问孩子是否有匹配的东西。孩子找到与之匹配的东西时,教师指向图片中物品的数量。也可以换个方式,让孩子举起卡片来玩这个游戏。

马娅刚刚听说她所在的幼儿园要对教师进行早期数学的培训。她很害怕,因为她一直讨厌数学,觉得自己压根儿就搞不明白数学。她确实在教室里安排了数学活动,但没有强调它们。如果她连培训都无法理解,该怎么办?

当她与幼儿园里的其他教师分享她的感受时,他们也表达了自己的犹豫和恐惧。当培训师开始观察到许多教师害怕数学教学时,马娅知道她并不孤单。许多幼儿教育领域的教师都会对数学感到不舒服。

在培训期间,她学习了有趣、简单和引人入胜的活动来教授数学概念和词汇。她发现,她很期待和孩子们一起尝试。她的同事们承诺,在尝试学习新的早期数学策略时要互相支持。

与家长合作

随着中小学学业期望的提高,许多家长比以往任何时候都更关心他们的孩子是否为入学做好了准备。这包括接触读写和数学概念。但是,正如教师们经常感到在课堂上教授早期数学的准备不足一样，家长们在思考儿童早期阶段的数学时也常常感到不知所措。可以分享你的策略和目标，以及他们可以在家里进行的简单活动，以帮助家长了解他们的孩子正在学习什么。为家长提供合作行动的信息。帮助他们认识到，他们已经在与孩子的日常互动中教授数学的方式。如果孩子没有按照预期的方式进步，请与家长一起制订行动计划，促使你们组成一个团队一起努力。

> **何时寻求帮助**
>
> 孩子学习数学概念的年龄差别很大。然而，年龄较小的学龄前儿童通常开始发展1—4的数概念，年龄较大的学龄前儿童能够理解1—10的计数和一一对应。如果孩子在这些发展阶段落后，请提供大量有趣且吸引人的数字活动。不要强迫而应该鼓励孩子参加。当孩子获得成功时，他将继续寻找数学活动。如果孩子的问题仅在于早期数学这一领域，那么他可能不太需要其他服务。但是，如果他在其他认知领域也存在困难，那么需要请他所在学区的相关机构对其进行发育筛查。

行动计划

在制订你的行动计划时，可选择或修改下列某个建议的目标，使其符合你的实际情况。加上你期望的这些技能或行为表现到什么程度，或者幼儿表现该行为的频率。记住：你的目标是促进孩子的成长，而不是塑造一个完美的孩子，你要稍微提高你的期望值，帮助孩子在现有能力的基础上有所进步。然后，确定教师和家长将采取的三项或四项行动，再额外选择一些针对幼儿园和家庭的其他行动。在本书附录中的计划表上记录你选择的行动。

为正在学习数字的孩子制定的目标示例

- 对数字表现出兴趣。
- 按正确的顺序数到10。
- 一个一个地数五个或十个物品（选择其一）。
- 在比较两组物品时分辨哪组更多、哪组更少。
- 认识并能指出数字1到10。
- 在不数数的情况下能够说出两到四个物品的总数。

家长和教师都可以采用的行动示例

- 测量孩子的身高并告诉他。
- 创设一个带有数字的戏剧游戏区。
- 数一数家里和教室里的物品。
- 让孩子摆好桌子来放零食,在每把椅子上放一张餐巾纸。
- 唱数数歌曲。
- 阅读数数书。
- 玩跳房子游戏。
- 让孩子说出哪行的东西更多、哪行的东西更少。
- 在家里和教室里玩数字大搜索活动。

教师可以采用的行动示例

- 谈一谈你如何使用数字。
- 使用绒布人偶或木偶来演示数数书和歌曲里的形象与数目。
- 让孩子将积木进行三三配对。
- 制作儿童偏好图表,问哪一列的名字多、哪一列的名字少。
- 制作带有数字和与数字所表示的数量相匹配的物品的乐透游戏。
- 制作路径游戏,使用骰子来确定要移动多少空格。

家长可以采用的行动示例

- 和孩子一起散步,数一数你们看到的物品。
- 和孩子一起做饭,指出配方中涉及的数字和大小。
- 去兜风,数一数停车标志的数量。
- 和孩子一起去杂货店购物,指出盒子和罐头上的价格和数量。

关于数字的一些信息

什么是数字？

孩子们从很小的时候就开始学习数学和数字。当他们想要更多或再多得到一个草莓时，当他们举起手指表明他们的年龄时，他们正在学习数字。为了将这种对数字的非正式理解与学校中使用的更为正式的理解联系起来，孩子需要家长和教师提供许多数字经验。

观察和回应

有时孩子对数字不感兴趣。如果你的孩子确实如此，请使用有趣、无威胁的计数活动（如棋盘游戏、测量身高和唱数数歌）来强化他们的数字概念。乘车时，可以数一数卡车或停车标志的数量；散步时，可以数一数商店、街区里的房屋或街道上的汽车的数量；在家里，可以数一数房间里的窗户、家里的人数或者盘子里的饼干。不要给孩子施加压力——很有可能，在看到你用数字做饭或考虑某样东西的价格时，孩子会对如何使用数字产生兴趣。

和孩子一起玩商店游戏。收集空的麦圈盒、燕麦片盒和饼干盒。一起制作游戏钱币。假装购物，然后为物品付款。询问孩子你欠了多少钱。帮助孩子计算零钱。和孩子一起做饭。当你用量杯和汤匙测量时，大声读出数字。

靠记忆数数的能力是学习数物品数量之前的重要一步。年幼的学龄前儿童通常可以数到四。年龄较大的学龄前儿童可以学习数到十，再到二十（Copley, Jones, & Dighe, 2007）。英语单词"eleven"（十一）、"twelve"（十二）、"thirteen"（十三）、"fourteen"（十四）和"fifteen"（十五）对年幼的孩子来说特别难记住，因为它们不遵循某种模式。通常，孩子会跳过其中一些数字直接数到二十，因为在二十之后数数变得更容易，这些数字会重复他以前学过的模式［如"twenty-one"（二十一）、"twenty-two"（二十二）等］。

阅读与计数有关的书籍，例如《五只猴子床上跳》《五只绿色斑点蛙》等。阅读《好饿的毛毛虫》，数一数毛毛虫吃的食物。

一件一件地数物品，被称为"一一对应"。当孩子第一次学习一件一件地数物品时，他们会犯许多错误：即使数到了正确的数量，他们仍然会继续数；弄乱数字的顺序；或一个物品数两次。

将物品与物品匹配，可以帮助孩子学习一一对应地数数。你拿出一块积木，让孩子也拿出一块积木。或者，让孩子从袋子里拿出两个东西。使用孩子喜欢的东西，比如小汽车或小动物玩具。当孩子摆餐具的时候，注意在每个位置放一个盘子。请他在蛋糕烤盘的每个孔中放置一个蛋糕杯托。

一个已经学会了一个一个地数物品的孩子，就已经准备好学习将数字名称附加到相应的符号上。指出日历、电话、计算器、计划书和尺子上的数字。当你开车时，指出标志上的数字。

随着孩子数学知识的增加，他们会发展出不用数数就能一眼看出二个、三个和四个物品的能力。将三块积木放在桌子上，与孩子一起玩一个游戏。用毛巾盖住它们，让孩子将其取下并告诉你有多少块积木。不能很快说出数量的孩子可以数一数。改变物品的数量，最多为五个。保持游戏简短、有趣。

大多数年幼的学龄前儿童开始发展对数字一到四的概念，而年龄较大的学龄前儿童可以理解数字以及数字一到十与物品的一一对应关系。你可能会惊讶于孩子在日常互动中已经学习了很多数学知识。

寻求支持

如果孩子没有对数字表现出兴趣或没有按照预期取得进步，请与孩子的老师谈一谈，询问他正在观察什么、做了什么来帮助你的孩子。与孩子的老师一起制订行动计划，作为一个团队一起努力。如果孩子在学习数学概念方面的困难似乎与其他认知领域的困难有关，请参与你们所在学区的发育筛查项目。

第十八章 "红的，绿的，红的，绿的"——模式

给教师

我试图用一个配对游戏来引发萨曼莎对模式的兴趣。她所要做的就是将不同颜色的按钮与卡片上的模式相匹配，但她根本不想参与。现在我束手无策。我猜她只是不喜欢与模式相关的活动。

※ 标准

识别、复制和扩展简单的模式。

什么是模式？

模式无处不在。我们可以从桌布上的方格、高速公路中央的黄色虚线以及棒球场上被割过的草的纹路中发现模式。诸如拍手、拍手、跺脚、拍手、拍手、跺脚、拍手、拍手、跺脚这样的动作，或以红色、蓝色、红色、蓝色、红色、蓝色顺序排列的彩色积木，都是模式。但大人和孩子并不总是能注意到它们。模式可以是简单的，也可以是复杂的。一旦孩子们开始看到模式，他们就会乐于去发掘新模式。他们首先能识别模式，然后学习复制它们，最终创造出自己的模式。成人不仅可以帮助孩子识别模式，而且可以帮助他们用语言命名和描述模式。

只有在被重复时，模式才成为模式（Taylor-Cox，2003）。虽然这是显而易见的，但教师在组织涉及模式的活动时需要牢记这一点。一个模式要被重复数次，以确保孩子看到它如何一步步变成最后的模样。学习模式是早期数学的重要组成部分。观察和制作模式，有助于孩子理解事物是如何协同作用的，并会鼓励他们预测接下来会发生什么（Jain，2011）。

与由形状或数字组成的模式相比，孩子通常更容易挑选出由鲜艳的颜色构成的模式。虽然模式可以用字母来构成，但最好不要给年幼的孩子使用。字母构成的模式可能会使孩子感到困惑，因为他们同时也在专注于学习字母的名称和发音（Copley，Jones，& Dighe，2007）。

观察并决定如何支持

观察每个孩子与模式互动的方式。接下来的问题和建议可以帮助你为正在学习模式的孩子制订一个计划。许多建议既可以与一个孩子也可以与一组孩子一起实施。集体活动对所有孩子都有好处，也能激励个别孩子去识别、复制和扩展简单的模式。

这个孩子无法识别模式吗？

孩子们喜欢学习模式，但一开始要想识别模式可能需要成人的帮助。可以帮助他们认识到每天的日程安排、白天和黑夜的轮转、"摇摆舞"都包含模式。在你识别模式时，请经常使用"模式"一词，这样孩子们就会熟悉它。当孩子无法指出图片中、她的衣服上或你放在展示板上的形状所包含的模式时，请尝试以下建议帮助他进行识别。

将一个空间里可能会干扰视觉的物品清除，让孩子专注于你所创造的模式。拿出彩色方块。首次引入模式时，一个好的选择是积木或类似的物品，它们仅在一个维度（例如颜色）上有区别。和孩子坐在一起，共同构建一个简单的颜色模式，如"蓝色、红色、蓝色、红色、蓝色、红色"，你可以告诉孩子："看，这儿有个模式，看到了吗？蓝色、红色、蓝色、红色、蓝色、红色。"用其他两种颜色重复上述步骤。如果孩子似乎很投入并且仍然感兴趣，那么可以创造第三种模式。保持简单的模式——只涉及两三个因素。在孩子变得焦躁不安或分心之前，结束活动。

阅读苏珊·林（Susan Ring）的《我看到了模式》（*I See Patterns*）一书。书中的模式很容易从动物、昆虫、篱笆和柱子以及田地里一排排玉米的彩色图片中被辨识出来。读完这本书后，召集一小群孩子，在教室周围寻找模式。要确保你已经为这个活动准备好了带有模式的材料，这样孩子们才能成功找到。把有模式的盘子放在娃娃家，把链扣按模式排列放在桌面上，用有模式的台布铺桌子，在绒布板上贴上有模式的镂空图案，在阅读区里摆放有关模式的书。把你关注的孩子邀请进小组，在和他一起散步时向他指出那些模式。还可以问问他看到了什么样的模式。在一张纸上列出找到的模式，并让他向整个班级的孩子汇报。对这个孩子有多渴望分享他所学到的模式进行判定。如果他愿意，就鼓励他指出或描述模式。

3月，一个4岁儿童班级的教师阿比，计划并开展了一些模式活动。当她和孩子们一起参与活动时，她注意到萨曼莎和其他一些孩子，包括班上的一些双语学习者，并没有像她预期的那样进步。他们很难识别模式，在复制模式时更是遇到困难。她想知道，这些孩子是否需要更多的动作和更少的语言来更好地理解模式。阿比决定把这些孩子拉到一起，着重用动作和演示来教会他们模式。第一次课，她演示了拍手、跺脚、拍手、跺脚、拍手、跺脚的模式序列。她让这些孩子和她一起做动作。在他们表演完动作模式后，她重复了单词"模式"。然后，她尝试了另一个动作序列，并重复了单词"模式"。很快，包括双语学习者在内的孩子们将这些动作与单词"模式"联系起来。第二次课，她尝试了一个模式艺术项目。她演示如何将丝带、艺术羽毛和泡沫盘组成模式。在那个月晚些时候的一节课上，她将一个学习双语的孩子与一个以英语为母语的孩子配对，并要求他们在教室里找出模式。她发现，她使用的动作和清晰、简练的英语越多，这类孩子就能越好地理解。

如果有一天，学习模式有困难的孩子穿的衬衫或裤子上有模式，那么你要抓住这个机会。在小组学习时间，请穿着带有模式的孩子站起来，让其他孩子指出或描述他衣服上的模式，如红色和绿色条纹。与学习模式有困难的孩子谈论他衬衫上的图案。例如，如果他穿着一件蓝白相间的条纹衬衫，就可以指着条纹说"看！这里有一个模式：蓝条纹、白条纹、蓝条纹、白条纹、蓝条纹、白条纹"，然后让他重复你的话或指出这个模式。

将班级的一日流程以模式的形式展现出来。帮助这个孩子认识到，全班每天都按照同样的顺序进行活动。当你指向日程表上的每一项时，解释一下洗手是第一个环节，然后是早餐，接下来是大组活动。第二天，再次向孩子描述日程表中的模式。为了使模式更加明显，可以在前两项活动旁边贴上色块，例如在洗手池旁边放一个绿色方块、在早餐旁边放一个黄色方块。每天都向孩子指出同样的模式（Copley, Jones, & Dighe, 2007）。

孩子不会复制模式吗？

孩子一旦能识别出周围的模式，就可以开始复制它们。通常，孩子会从简单的模式开始，只涉及几个彩色的物品或形状，然后过渡到更复杂的模式。

可以用许多容易获取的物品来构成模式。试着用纽扣、叶子、形状模具、塑料动物或绒布板片来建构模式，也可以用乐器、双手、模仿动物的叫声来建构声音模式。例如，将全班孩子分为两组，让一组孩子扮演鸭子发出"嘎嘎"的叫声，另外一组孩子扮演小鸟发出"喳喳"的叫声。请这两组孩子以"嘎嘎、喳喳、喳喳、嘎嘎、喳喳、喳喳"的顺序发出声音以创造模式；还可以唱含有模式的歌，比如《老麦克唐纳》（Old MacDonald）里的"Ee-I-Ee-I-O"。

在孩子们开始自由活动之前,教师可以在积木区以各种模式摆放好积木。当孩子们进入积木区时,教师与他们坐在一起,指向一个模式并让他们制作一个这样的模式。只用五到七块积木,孩子们就可以用一一对应的方式复制它们。首先使用彩色积木,例如黄色积木、绿色积木和红色积木,然后重复该模式两到三遍。邀请一个复制模式有困难的孩子和你一起做,鼓励他复制模式,让他知道他什么时候做对了,要具体指出他是如何复制模式的。例如,告诉他:"看,你做了一个模式。你放了一块黄色积木、绿色积木和红色积木,然后你又放一块黄色积木、绿色积木和红色积木。"

将购买来的或教师制作的模式卡陈列出来。让这个孩子把不同颜色的纽扣按照他看到的模式进行摆放。先请他把纽扣直接放在卡片上的模式上面,然后让他在旁边的桌子上摆出卡片上的模式。从最简单的模式开始,逐渐过渡到更复杂的模式。让其他孩子参与活动并谈论卡片上的模式。请孩子们互相描述这些模式。

当孩子可以熟练地识别和复制模式后,带他去户外,进行一次有关模式的散步。请他告诉你他看到的模式。他可能会注意到公寓的门窗、大门或人行道上的各种模式,也可能会发现自然界中的模式,例如毛毛虫身上的棕色和橙色条纹。为这些模式拍照片,带回教室。打印照片并让孩子挑选一个模式并画出来。提供纸张、记号笔、铅笔、橡皮擦和蜡笔。如果孩子在选择或绘制模式时遇到困难,教师要和他坐在一起,指出那些模式:"看到了吗?这里有三个窗口,它们下面还有三个窗口。你想画那个吗?"接受孩子的所有画作。将这些画作展示在你用照相机拍的照片的旁边。几个星期的模式学习之后,再进行一次有关模式的散步,再次拍照,让这个孩子回来后将模式画出来。让他比较这两次的照片,讨论照片中的不同之处。

孩子不能扩展简单的模式吗?

虽然扩展简单的模式和复制模式是非常相似的技能,但扩展模式意味着孩子明白了模式几乎可以无限重复。如果某个孩子在这项技能上有困难,当你要求他扩展或重复模式时,他可能只会默默地看着你,或者也可能逃避参加这类活动。让活动变得没有威胁、充满乐趣,将有助于孩子以自己的方式参与活动。

孩子们被要求排队或围坐下来的过渡时间是练习模式活动的好机会。一旦孩子们聚在一起,就可以开始一个简单的模式:每个孩子举起手臂,或将它们放在身侧。与四五个孩子一起展示模式。让第一个孩子把手举过头顶,第二个孩子把手垂在身侧,然后重复这个模式两三遍。通过描述模式给出口头提示"上、下、上、下、上、____",让孩子们填空。让其余的孩子用手重复这个模式,并在需要时提供帮助。注意将有困难的孩子安排在靠近队列末端的位置,这样他就可以看到被重复的模式。尝试另一种模式,例如"面向前、向后、向前、向后,或坐、站、坐、站"。通过在模式中加入第三个姿势,例如"坐、站、跪",使模式更复杂。使用一种从一个地方到另一个地方的运动模式,比如"滑、跳、跳、滑、跳、跳、滑、跳、跳"或"踏步、踏步、跳、踏步、踏步、跳"。使用身体动作,可以帮助孩子理解模式以及如何扩展它们。

把一张长条纸放在地板上,制作一幅模式壁画。以孩子可以重复的模式作为开端。例如,用一支绿色记号笔画两条直线和一个圆圈;重复几次这个模式。请孩子扩展该模式。再示范画两条蓝色、两条红色、两条蓝色和两条红色的直线。在孩子了解如何扩展简单的模式后,让他把圆圈(两条直线和一个圆圈模式)换成粉红色这样不同的颜色,从而使活动对他来说更有挑战性。现在,模式变成了两条绿色直线和一个粉红色圆圈。

用简单的模式开始串几串珠子,让孩子重复模式。一个模式可以是"红色、绿色、黄色、红色、绿色、黄色、红色、绿色、黄色"。介绍活动并在孩子串第一条项链时和他坐在一起,直到他理解了这个模式。如果他不重复模式,就再一次指出模式是如何发展的。如果他做错了,不要评论,而是要向他展示正确的顺序。例如,如果你的模式是"红色、绿色、黄色",但孩子放了一个蓝色的珠子,请指出模式并问他模式是什么,然后问他的模式是否匹配。如果他说"是的",你就要指着蓝色的珠子,说"我想知道,这颗蓝色的珠子是否匹配"。你指出这一点后,孩子通常会看出错误的模式并自己纠正。

孩子是否能创造自己的简单模式?

一旦孩子能够识别、复制和扩展模式,他们就会学习创造自己的模式。如果孩子在创建自己的模式方面有困难,请确定他是否理解并能完成本章前文描述的所有步骤。他可能要到明白如何扩展模式后才能创造模式。重复之前的模式活动,帮助孩子回顾早先的学习,然后请他创造一个模式。

邀请孩子通过排列帮助计数的小物件(小塑料玩具,如彩色水果或恐龙)来创造自己的模式。当他完成后,请他描述他的模式。如果孩子在创造模式时遇到困难,请减少可用物品的数量。只提供两三种物品(例如香蕉、苹果和梨)供他使用。向孩子介绍编织板(你可以用旧相框制作:在旧相框平行的两边之间系上一些松紧带,剪下长度与相框宽度相同的各种颜色的丝带)。让孩子用丝带编织模式。他可以在松紧带上面、下面、上面、下面编织丝带,或者他的模式也可能是在上面、上面、下面、上面、上面、下面。让孩子在画架上用一条细长的纸条和两三个橡皮墨水图章，或者使用细长的纸条和圆点艺术图章创造模式。

召集一小群孩子聚在一起，包括那个没有创造模式的孩子。请一个孩子创造一个模式，然后其他孩子复制或扩展它。让所有孩子轮流创造自己的模式。帮助有困难的孩子创建一个简单的模式。成为领导者并让其他人复制自己创造的模式，这能极大地激励孩子。模式可以通过在纸上用记号笔画、连接小塑料连环扣或使用像跳棋棋盘那样的塑料盘来制作。

用贴纸制作模式书。把空白页放在一起做成小册子，可以将贴纸粘在空白页上。鼓励这个孩子用贴纸制作模式。他完成后，请他描述每一页上的模式，教师写下孩子的话用作说明。让孩子们阅读彼此制作的书。

与家长合作

家长可能不了解模式在孩子早期数学发展中的重要性。要帮助他们更好地理解，识别和形成模式如何帮助孩子发展预测能力。与家长分享有关他们孩子的模式活动的信息。帮助他们思考，一家人在穿衣、吃饭或乘车旅行时可以进行哪些与模式有关的活动。询问家长，他们的孩子喜欢什么，并鼓励他们找到与其兴趣相关的模式活动。与家长分享以下信息，一定要将孩子在幼儿园中的进步反馈给他们。

> **何时寻求帮助**
>
> 孩子理解和识别模式的能力，部分取决于他的经验以及与这些概念的接触。鼓励有困难的孩子继续参与模式活动。保持活动的吸引力，并在孩子识别或准确复制某个模式时给予其积极、具体的反馈。如果你已经在环境中呈现了模式，但孩子仍然无法识别或复制它们，特别是如果他已经4岁或更大时，请仔细查看他的其他认知发展指标。如果你发现孩子还有其他的认知困难，请让其参与你们所在学区的发育筛查项目。

行动计划

在制订你的行动计划时，可选择或修改下列某个建议的目标，使其符合你的实际情况。加上你期望的这些技能或行为表现到什么程度，或者幼儿表现该行为的频率。记住：你的目标是促进孩子的成长，而不是塑造一个完美的孩子，你要稍微提高你的期望值，帮助孩子在现有能力的基础上有所进步。然后，确定教师和家长将采取的三项或四项行动，再额外选择一些针对幼儿园和家庭的其他行动。在本书附录中的计划表上记录你选择的行动。

为正在学习模式的孩子制定的目标示例

- 识别模式。
- 复制模式。
- 扩展模式。
- 创造自己的模式。

家长和教师都可以采用的行动示例

- 指出教室或家里的模式。
- 阅读有关模式的图书。
- 在教室或家的四周寻找模式。
- 请孩子用彩色积木复制一个模式。
- 请孩子画出模式。
- 请孩子给你看他的衬衫或裤子上的模式。
- 请孩子用彩色珠子来扩展模式。
- 请孩子创造一个模式来让你复制。
- 用贴纸制作一本模式书。

教师可以采用的行动示例

- 摆出模式（墙纸、布料、餐具），让孩子发现。
- 使用模式卡片供孩子复制。
- 给散步时发现的模式拍照，请孩子将其画出来。
- 带领孩子进行与模式有关的运动活动。
- 制作与模式有关的壁画。

家长可以采用的行动示例

- 指出你发现的模式。
- 帮助孩子识别衣服上、活动中和动作中的模式。
- 和孩子一起用记号笔在一张纸上轮流扩展模式。

给家长

关于模式的一些信息

什么是模式？

模式无处不在。我们可以从桌布上的方格、高速公路中央的黄色虚线以及棒球场上被割过的草的纹路中发现模式。模式可能简单，也可能复杂。一旦孩子们开始看到模式，他们就会乐于去发掘新模式。他们首先能识别模式，然后学习复制，最终创造出自己的模式。你不仅可以帮助孩子识别模式，还可以帮助他用语言来命名和描述模式。学习模式是早期数学的重要组成部分。观察和创造模式，有助于孩子理解事物是如何协同作用的，并帮助他们预测接下来会发生什么。

观察和回应

帮助孩子认识到，每天的日程安排、白天和黑夜的交替以及"摇摆舞"都包含模式。经常使用"模式"一词，让孩子熟悉它。呈现给孩子的模式一开始要保持简单，通常只有两三个因素。

阅读苏珊·林的《我看到了模式》一书。书中的模式很容易在动物、昆虫、篱笆和柱子以及一排排玉米地的彩色图片中被辨识出来。在你的房子周围寻找模式。指出那些有模式的盘子、墙纸或被子。将你们观察到的模式列一个清单，让孩子画一画这些模式。

指出孩子衣服上的模式。比如，如果孩子有一件蓝白相间的条纹衬衫，你可以指着条纹说："看！这是一个模式——蓝条纹、白条纹、蓝条纹、白条纹、蓝条纹、白条纹。"然后，请孩子在你描述模式时，重复你的话或指向每个条纹。

在可以识别模式后，孩子就可以开始复制这些模式。孩子最有可能从简单的模式开始，只涉及几个彩色的物品或形状，然后过渡到更复杂的模式。你们可以尝试用纽扣、叶子、形状或塑料动物创造模式，用重复的单词模式唱歌，如《老麦克唐纳》中的"Ee-I-Ee-I-O"。

用彩色方块拼成一个模式，或用记号笔在纸上画出各种模式。让孩子自己摆一个与之相似的模式。仅用五到七块积木摆出模式，这样孩子就可以一一对应地进行复制。"黄色、绿色、红色、黄色、绿色、红色"是简单的三部分模式。当孩子成功识别出一种模式时,你要明确地指出来。例如,说:"看!你摆了一个模式。你用了一块黄色积木、绿色积木和红色积木,接着你又摆了一块黄色积木、绿色积木和红色积木。"

在孩子能够识别和复制模式后,可以外出进行一次与模式有关的散步,专门寻找模式。孩子可能会注意到房屋的窗户、人行道上的长方形或自然界中的模式,例如毛毛虫身上的棕色和橙色条纹。为这些模式拍照片,打印出来,并让孩子画出模式。如果你发现这对孩子很困难,请和他一起坐下并指出这些模式:"看,这里有三个窗户,在它们下面还有三个窗户。"

从一个简单的模式开始串一串珠子,让孩子重复这个模式。如果孩子没有发现模式,请再次向他说清楚这个模式是如何发展的。不要指出孩子所犯的错误;相反,向孩子展示正确的顺序,然后说:"我想知道,这颗蓝色的珠子在这里是否合适。"这时,孩子很可能会看出错误的模式并自己纠正。

邀请孩子使用橡胶墨水图章,或者使用细长的纸条或贴纸,或者用小的塑料连环扣或像跳棋棋盘那样的塑料盘,来创造新模式。

寻求支持

如果你和孩子一起进行与模式相关的活动已有一段时间,但你的孩子仍然难以识别或复制它们,特别是当他已经4岁或更大时,请仔细查看他的其他认知发展指标。如果你发现孩子有其他的认知困难,请让其参与你们所在学区的发育筛查项目。

第十九章 "来看这个！"——观察

给教师

欧文全神贯注于他发现的蚁丘。许多蚂蚁带着食物碎屑，在一小堆沙子里进进出出。当我问他"你看到了什么？"时，他没有回答。

※ 标准

通过观察来收集信息。

什么是观察？

当孩子们看到他们感到好奇的东西时，他们会观察它，提出问题，进行猜测，"收集证据、组织自己的想法并进行解释"（Anderson, Martin, & Faszewski, 2006, p. 32）。这一过程是科学思维和构成科学探究的基础。科学既是探究的过程，也是探究的内容。我们都需要了解科学，这样我们才能解决问题，做出明智的决定，并参与有关世界面临的问题（如污染和气候变化）的讨论。我们的社会需要科学思想家进入科学、技术、工程和数学领域。

科学学习发生在整个幼儿园阶段。孩子们在搭建积木时会研究重力、对称和平衡等概念。他们在美工区混合颜料时了解物理变化，在感官台上用水做实验时了解水流和压力。教师可以安排特定的空间供孩子进行科学探索。在这些学习区里，教师可以提供意在扩展孩子天然的好奇心的科学活动。教师可以添加用于检查、测量和记录发现的工具。当教师引导孩子们进行探究时，学习就得到了拓展。孩子们通过与教师谈论他们看到、听到、触摸或体验到的东西来加深自己对观察内容的理解。

观察并决定如何支持

与正在学习观察的孩子相处时，请记住以下问题，并采用以下建议培养孩子们的求知欲，帮助他们学会使用观察来收集信息。

孩子对用自己的感官探索材料缺乏兴趣吗?

孩子是积极的学习者。他们不只是看着一个物品,还会使用所有的感官来了解它。为了了解一个物品的物理特性,孩子们看它、品尝它、闻它、听它是否发出声音并触摸它。他们摆弄它,是为了看它用于做什么、如何发挥作用以及如何做出反应。

可以在点心和进餐时间提供活动,帮助孩子利用感官探索味觉。鼓励孩子品尝一口新食物,但不要强迫他。介绍一些不同的词汇来描述各种口味,如"苦""甜""咸""辣"和"酸"(但要建立一个在其他科学活动中"不尝"的安全规则)。

收集一些类似的物体,例如大种子、坚果、松果、石头或树叶,从而为孩子提供使用视觉的机会。添加放大镜、测量工具和记录孩子的观察结果的材料。收集许多不同类型的叶子,沿着叶子的外边缘勾画其轮廓,将它们分类,在叶子背面涂上颜料并将其压在纸上,将其纹理拓印下来。和孩子谈论他在探索叶子时看到了什么。用绳子和木桩将一片草地围起来,将孩子的注意力集中于在这个范围内发现的物品上。注意孩子可能有的过敏反应。如果他对草过敏,他就可能不得不探索人行道裂缝中的生命体。

让孩子有机会注意听他所能听到的东西。悬挂三四个不同大小的三角铁。请他敲击三角铁,辨听音高的差异。或者,收集不同尺寸的金属罐(确保没有任何锋利的边缘),让孩子尝试用不同的器具,例如橡皮擦、金属勺子或鼓槌,敲击金属罐,实验发出不同的声音。尝试将不同类型的音乐,例如摇篮曲、华尔兹或进行曲等,用画笔或颜料画出来。用两个小罐装米,用两个小罐装豆子,再用两个小罐装沙子,玩声音匹配游戏。将六个小罐混合摆放,让孩子摇晃它们,判断哪两个声音相同。可以问孩子:"它们为什么是相同的?哪两个声音最小?哪两个声音最大?"阅读保罗·肖沃斯(Paul Showers)的图画书《边听边走》(*The Listening Walk*),然后和孩子一起去散步,留心听各种声音。带上纸笔,将你们听到的声音罗列下来。

将棉球放入空的盐瓶中,探索不同的气味。在棉球上滴几滴杏仁香精、橙汁或柠檬汁。让孩子闻一闻,并描述他闻到的气味。加入几滴薄荷或香草精,为橡皮泥增添香味,也可以在蛋彩画颜料中加入几滴香精。种植香草,让孩子揉搓叶子,闻一闻它们的香气。去户外散步,闻一闻盛开的丁香花,嗅一嗅雨后清新的空气。

使用感官台,让孩子有机会感受不同的物品。将水、沙子、棉球、土壤或小鹅卵石放在感官台上。用有纹理的织物、瓦楞纸板、纱线和不同类型的丝带制作拼贴画。和孩子一起持续搜寻粗糙、光滑、坚硬或柔软的东西。除了体验事物的质感之外,还教孩子用词语描述事物,例如"锯齿状的""光滑的""粗糙的""圆形的""黏糊糊的"

和"凹凸不平的"。把一只长袜子箍在麦片盒上，袜子的底部盖住盒口，袜管延伸到盒外，变成一个袖子，便于孩子把手伸进里面，这样可以做出一个触感盒。在盒子里一次放入一个质感不同的物品，让孩子伸手进去，通过触摸进行猜测。如果他不太情愿触摸各种物品，请考虑他有关感官信息的阈值；有些孩子会回避让自己感到不舒服的质感（请参阅本书第六编关于感觉阈值的内容）。

> **用书籍鼓励观察**
>
> 下面列出了一些有助于支持孩子们进行观察的书籍。提出开放式问题，以鼓励孩子们进行观察。将这些和许多类似的书籍一起放在教室的最爱图书系列中。
>
> - 《在那高高的草丛里》[1]（*In the Tall, Tall Grass*，Denise Fleming）
> - 《粗糙吗？光滑吗？闪闪发光吗？》（*Is It Rough? Is It Smooth? Is It Shiny?*，Tana Hoban）
> - 《边听边走》（*The Listening Walk*，Paul Showers）
> - 《三只老鼠爱涂色》（*Mouse Paint*，Ellen Stoll Walsh）
> - 《我的五种感觉》[2]（*My Five Senses*，Aliki）
> - 《下雪天》[3]（*The Snowy Day*，Ezra Jack Keats）
> - 《再看一眼》（*Take Another Look*，Tana Hoban）
> - 《圆形》（*What Is Round?*，Rebecca Kai Dotlich）
> - 《方形》（*What Is Square?*，Rebecca Kai Dotlich）
> - 《谁弄翻了小船？》[4]（*Who Sank the Boat?*，Pamela Allen）

孩子是否能根据物品的物理特征进行识别或描述？

孩子们往往渴望了解他们所看到的东西。一旦他们对一件物品产生兴趣，就可以鼓励他们描述它的属性、进行观察并得出结论。通常，孩子们会先通过一个简单的属性或特征来识别和描述物品，例如说"这是红色的"，然后说"它是红色的、圆形的，

---

[1] 该书已由二十一世纪出版社于 2013 年出版。——译者注
[2] 该书已由北京联合出版公司于 2012 年出版。——译者注
[3] 该书已由明天出版社于 2018 年出版。——译者注
[4] 该书已由青岛出版社于 2013 年出版。——译者注

是一个球"。

如果一个孩子尚未开始描述物品的物理特征，那么可以给他提供一系列物品进行匹配和分类。提出与他的能力水平相适应的问题。从一个开放式问题开始："你注意到了什么？"如果你没有得到回复，就再提一个封闭式问题，例如："按钮是什么颜色的？"如果孩子仍然有困难，请他将这个物品与另一个颜色相同的物品匹配。告诉他，他正确匹配了两个红色按钮。在本章的开头，欧文的老师注意到他聚精会神地观察蚁丘。她首先问欧文他看到了什么（一个开放式问题），当他没有回答时，她问了封闭式问题："那些是什么？它们在做什么？"最后，她给欧文带来了一个剪贴板、一张纸和一支记号笔，心想他或许能够用微型世界展现他所看到的一切。

展示一组物品，如岩石、树叶或松果。为孩子提供一个放大镜，以便他更仔细地观察。近距离观察对年幼的孩子来说非常有吸引力，即使是最不情愿的小小科学家也能被激发出热情。大多数孩子可以使用手持放大镜；为难以握住镜头的孩子提供桌面放大镜，他可以透过镜头摆弄物体。教师站在附近，记录孩子注意到了什么。根据孩子所说的话和孩子进行对话。对孩子进行反馈："我听你说松果有刺。关于松果，你还注意到了什么？它们让你想起了什么？"列出孩子使用的单词，以此记录他的词汇量。

教孩子记录他的观察或经历，这样他就可以记住并思考这些经验；让他口述给成人听，这样他们的经历就可以被写下来。你也可以让他以自己的方式记录他的观察。鼓励孩子用剪贴板和纸张、笔记本和记号笔、白板、橡皮泥等其他三维材料、图表、图形或照相机，表征他所看到的一切。

孩子是否可以描述他观察到的变化？

孩子们经常对他们看到的变化惊叹不已。例如，当孩子倒立时，他会自发地描述他看到的世界是如何的不同。教师可以帮助孩子学习描述变化，例如：在炎热的天气里，让孩子在户外用水画画以了解水的蒸发；把雪带进教室，看着它融化；或者种下种子，看着它们长大。测量草籽或豆芽的生长情况。在科学日记上记录你看到的新生长情况。与孩子一起烘焙是另一种方式，你们可以讨论烘烤面糊，使其变成松饼的物理变化。

与一个没有描述变化的孩子谈论橡皮泥在被挤压、滚动或敲击时如何改变形状。让他注意耙子在湿沙中拖过时划出的线条。当他用多种颜色的颜料绘画，或者用滚筒绘画，然后用梳子刮擦时，请他描述发生了什么。玩一个游戏，让孩子们闭上眼睛，然后做出改变，比如把椅子放在桌子上或摘下你的眼镜，让他们说出其中的不同之处。

与家长合作

一些家长可能会觉得学龄前儿童太小，不适合进行科学活动。教师可以帮助他们看到孩子们在日常活动中同样有科学经验，鼓励他们通过与孩子交谈、参与令孩子兴奋的活动和提出可能促成进一步发现的问题来助力孩子的科学发现。撰写家园沟通册，重点介绍可以在家中进行的简单的科学活动，并为他们提供本书中的相关信息；也可以张贴教室里进行的调查记录，以激发他们的想法。

 何时寻求帮助

检查你的记录，以确定该孩子是否表现出以下任何一种行为模式。

- 经常在教室里闲逛，不参与活动。
- 不积极投入探索。
- 对某事过度着迷，无法将他的注意力转移开。
- 3 岁后依然会将不可食用的物品放入口中。
- 4 岁时无法描述一件物品的一个或多个特征。

如果你发现以上任何一种行为模式持续了几周，请与家长讨论，让当地学区的相关机构对孩子的能力进行筛查。

行动计划

在制订你的行动计划时，可选择或修改下列某个建议的目标，使其符合你的实际情况。加上你期望的这些技能或行为表现到什么程度，或者幼儿表现该行为的频率。记住：你的目标是促进孩子的成长，而不是塑造一个完美的孩子，你要稍微提高你的期望值，帮助孩子在现有能力的基础上有所进步。然后，确定教师和家长将采取的三项或四项行动，再额外选择一些针对幼儿园和家庭的其他行动。在本书附录中的计划表上记录你选择的行动。

为尚未使用观察来收集信息的孩子制定的目标示例

- 使用感官探索材料。

- 用一两个物理特征描述物品（选择其一）。
- 描述自己观察到的变化。

家长和教师都可以采用的行动示例
- 提供新的食物供孩子品尝。
- 介绍描述味道、景象、声音、气味和质地的词汇。
- 提供一系列类似的物品。
- 提供放大镜和测量工具。
- 让孩子画出他在一片草地或人行道裂缝中看到的东西。
- 沿着物品的边缘，勾画其轮廓。
- 将一系列物品分类。
- 用乐器和家居用品进行声音实验。
- 阅读支持观察的书籍，并描述你在书中看到的图片。
- 进行感官漫步，专注于你看到、听到或闻到的事物。
- 种植草药并闻一闻它们的香气。
- 进行触摸式寻宝游戏。
- 提出问题，以提示孩子描述物品。
- 鼓励孩子记录他看到、听到、闻到、尝到或触摸到的东西。
- 设计活动，帮助这个孩子描述他看到或经历的变化
- 玩橡皮泥，谈论当你摆弄它时它是如何变化的。

教师可以采用的行动示例
- 为不同类型的音乐画画或涂色。
- 制作沙锤并探索它们发出的声音。
- 探索气味容器中的不同气味。
- 玩有香味的橡皮泥或用有香味的蛋彩画颜料画画。
- 在感官台上放满各种物品。
- 制作有多种质地的拼贴画。
- 做一个感觉盒，让孩子猜里面是什么。
- 在湿沙中留下痕迹。
- 做混合颜色的实验。

家长可以采用的行动示例

- 和孩子一起做饭时谈论气味。
- 和孩子一起做饭时讨论食物的变化。
- 在浴缸里装满水,让孩子尝试用量杯做实验。
- 对袜子进行分类并描述它们的异同。
- 注意季节变化的迹象。
- 谈论适合天气的衣服。

关于观察的一些信息

什么是观察？

孩子们在探索世界时投入科学活动。他们在搭建积木时会研究重力、对称和平衡等概念。他们在将沙子或土壤与水混合时了解物理变化。他们通过与人们谈论他们看到的、听到的、触摸的或体验的东西来加深自己的理解。

观察和回应

许多日常活动为你和孩子提供了一起探索科学的机会。孩子们是积极的学习者。

他们不只是用眼睛看事物，还用所有的感官来了解它。为了探索一个物品的物理特性，孩子会看着它，闻一闻，听它是否发出声音，触摸它，如果它是可食用的，那就尝尝吧！孩子会摆弄一个物品以观察它可以用作什么、如何发挥作用和如何做出反应。通过提供不同的食物来帮助孩子学习使用味觉，并介绍描述各种口味的词语，如"苦""甜""咸""辣"和"酸"。

通过收集一些类似的物品，如松果、岩石或树叶，为孩子提供使用视觉的机会。给孩子一个放大镜、纸张和铅笔来记录观察结果。用绳子和工艺木桩把一块草地围起来，让孩子画出他看到的东西。秋天，和孩子一起散步。收集不同类型的叶子，沿着它们的边缘勾画其轮廓，并将它们分类。

让孩子有机会倾听各种声音。收集不同尺寸的金属罐（确保没有锋利的边缘）。让孩子试验用不同的物品（如橡皮擦、金属勺子和木勺子）进行敲打，发出声音。和孩子一起散步，听一听周围的声音，列出你们听到的所有声音。

种植香草药，让孩子揉搓叶子，然后闻一闻香味。当你们一起做饭时，谈论不同的气味。比如：在将香草加入饼干面团时，闻一闻香草的气味；在倒果汁时，闻一闻橙子的气味；在做柠檬水时，闻一闻柠檬的气味。

在浴缸里装满水。让孩子溅起水花，用各种容器倒水，或者用吸管吹泡泡。来一场触摸式寻宝游戏，找出粗糙的、光滑的、坚硬的或柔软的东西。帮助孩子描述锯齿状的、光滑的、粗糙的、圆形的、黏糊糊的和凹凸不平的东西。孩子首先学会通过单一特征来识别和描述物品。在他们说物品是红色、圆形的、是一个球之前，他们会先说物品是红色的。为孩子提供一系列可以用于匹配和分类的物品。如果孩子没有自发地描述物品的物理特征，那么你可以问："你注意到了什么？"你如果没有得到回应，就再询问"它是什么颜色的？"或"摸上去什么感觉？"。

孩子们经常惊叹于他们所看到的变化。孩子可以通过以下方式体验变化：在炎热的天气里在户外用水画画——水消失了；把雪带进屋子——它会融化；种下种子——它们会长大。和孩子谈论橡皮泥被挤压、揉搓或敲打时是如何改变形状的。注意季节变化的迹象，例如，你们从幼儿园回家的路上，天变黑了，天气更冷了，或者草变绿了。谈论适合季节的衣服。

烹饪会让孩子了解物质是如何变化的。一起做饭，讨论当你添加更多的牛奶时面糊是如何变稀的，当你烘烤它时它是如何变硬的。让孩子通过挤压橙子来制作果汁。

 寻求支持

如果孩子还没有表现出对科学活动的兴趣，请寻找你周围发生的科学现象。和孩子分享你对新发现的热情。询问孩子的老师，你还能做些什么来帮助孩子学习通过感官收集信息。如果孩子经常在看电视或电子产品之外的时间四处闲逛且不参与其他活动，对某事过度着迷而无法被转移注意力，3 岁之后依然将不可食用的物品放入口中，或者 4 岁时无法描述物品的一个或多个特征，请考虑让当地学区的相关机构对孩子的能力进行筛查。

第二十章 "我要试试！"——调查

给教师

玛迪经常会用自己的方式对事物做出解释。她的解释不总是正确的，但她正在试图理解她所看到的事物。

※ 标准

通过提问和调查环境来收集信息。

什么是调查？

理解世界始于孩子天生的好奇心（请参阅本书第十一章的内容）。为了了解某个物品或材料，孩子们将观察、好奇并提问。他们的学习动力有助于他们集中注意力在一个问题上，做出预测，并启动调查。他们调用所有的感官和可用的工具来收集并记录数据。一旦他们收集了数据，他们就会分析证据并进行比较。他们会思考挑战了他们当前理解的新信息，并发展出更多的想法和理论。与他人交流自己的理论时，他们将加深自己的理解（Chalufour & Worth, 2005）。当周围的成人鼓励孩子们进行调查时，孩子们会进行进一步的研究并修正他们的想法，直到得出合理的解释。

许多幼儿教师对组织科学活动感到困难。他们可能会提供科学活动让孩子们探索，但不知道如何将这些活动提升到一个新的水平来支持孩子们的调查。如果你对自己组织科学活动并无信心，请在开展之前尝试摆弄材料。提出自己的问题，进行探究。对探究过程进行学习和实践，这与你要探索的科学概念一样重要。考虑与你社区里的科学专家合作。这个人可能会让你了解一项活动的基本概念并增强你的信心。你不必知道所有的答案，但你可以鼓励孩子们提问，创设一个鼓励他们做实验的环境，帮助他们寻找问题的答案，从探索走向探究和理解。

观察并决定如何支持

为孩子提供大量提问和通过动手调查进行学习的机会非常重要。在帮助孩子学习提问和调查环境时，请考虑以下问题和建议。

孩子是否对提问和寻求答案缺乏兴趣?

当身体和情感上都处于可以安全探索的环境中时,孩子才会提出问题并寻找答案。创造一个所有孩子都可以自由提问的环境,接受所有的猜测和预测,提出开放式问题,这样孩子就不必担心犯错。给孩子示范如何提出问题并尝试不同的方法。例如,如果你试图用竖立的积木获得连锁反应(就像多米诺骨牌那样),你可以说:"我想知道,积木之间需要相距多远,才能在我推倒一块积木时,它会撞倒下一块积木?"

特别要注意帮助尚未提出问题的孩子。你希望他能感受到足够的安全去冒险。也许这个孩子有疑问,但没有大声问出来。观察他的表现,看他是否有疑问,却没有向你提出来。例如,他是否将一些物体放在天平上,又取下一些物体?如果是这样,他可能会问自己:"我是否要在天平的这一侧放置重物以使其保持平衡?"或者,当建构好的积木塔倒塌后,他是否会使用新的方法重新搭建?在这种情况下,他没有说出来的问题可能是:"我需要把哪些积木放在底部,这样塔才不会倒塌呢?"猜测孩子可能问的问题,为他示范如何提出问题。当孩子大声提出问题时,不要急于回答。相反,可以鼓励孩子自己发现答案。你可以问"你尝试做了什么?你还能做些什么?"或者"怎样才能找到你想知道的答案呢?"。通过各种调查试验,尝试不同的方法,可以培养孩子思维的灵活性。

科学中的问题解决

问题解决和科学探究的过程是相似的。不同情况下,用语会有所不同。

解决问题

1. 发现问题。
2. 收集信息。
3. 生成解决方案/策略。
4. 选择最好的一个或几个方案,制订计划。
5. 实施计划。
6. 评估计划的实施。
7. 根据需要修改计划。

科学探究

1. 提出问题。
2. 观察并收集信息。

3. 做出预测。

4. 决定如何验证预测。

5. 进行调查。

6. 分析和评估数据。

7. 产生更多的想法和理论，并与他人交流。

孩子是否愿意使用工具来收集信息？

当孩子们进行探索和调查时，他们会获得进一步的理解，并且可以在使用多种工具时记录他们的观察结果。工具会提供信息、促进改变、帮助测量并协助记录发现。

如果你注意到一个孩子没有使用工具进行科学发现，那么就和他一起使用工具。可以问他："你以前见过这样的东西吗？在哪里？它是用来做什么的？它有什么作用？是怎么用的？你觉得自己可能会使用它吗？"（Chalufour & Worth, 2003）一旦孩子熟悉了许多工具，就可以询问他"能帮助你了解这方面信息的最好的工具是什么？"或"什么是帮助你记录工作的最佳工具？"，以帮助他选择最合适的工具进行调查。

通过提供各种放大工具，例如手持式放大镜、桌面式放大镜或整页阅读式放大镜，让孩子有机会仔细观察。可以问他："放大镜有什么作用？使用放大镜时，你注意到了什么？你是怎么让这个东西变清楚的？哪里看得最清楚？"一旦孩子有机会近距离查看物品，就帮助他把看到的东西记录下来。在一张纸上画一个放大镜的轮廓，让孩子画出自己的发现，或者给孩子一部照相机，让他给物品拍照。然后，请孩子将自己的发现标注在照片上。

帮助孩子分享他的发现。可以问他："你做了什么？当_____的时候，发生了什么？你注意到了什么？下次，你会尝试做什么？"记录孩子所认为的下一步应该做的事情。帮助孩子回忆他的想法，这可以作为第二天活动的开始。

开放式问题

问一些时机正好、措辞恰当的问题，对于有效的教学至关重要。你可以通过提出让孩子思考的开放式问题来促进他们的学习（与开放式问题相对的是封闭性问题，这些问题往往是专门的，需要记忆或只用一个单词回答。封闭式问题的示例包括："它是什么颜色的？""有多少？"）。开放式问题的例子如下所示。

- 关于……你知道些什么？
- 如果……会发生什么？
- 你还能尝试做些什么？
- 你还能用……做什么？
- 你注意到了什么？
- 你是怎么知道的？
- 是什么让你有那个想法？
- 你认为，为什么会这样？

有些孩子可能不习惯被问到问题，另一些孩子可能会害羞，不愿意回答。如果孩子害羞，那么教师发表自己的评论或问自己一个问题可能是一个不错的起点。一定要让所有孩子有时间思考你提出的问题，然后再期待他们回答或提出另一个问题。接受他们的回答，这样他们就会认为自己很成功。

孩子是否能对收集或观察到的物品进行比较？

学龄前儿童喜欢收集东西。他们的口袋总是鼓鼓的，背包因为装满宝贝而变得沉重。这些宝贝以及教师收集的物品，为孩子们提供了比较的机会。他们可能收集岩石、树叶、松果、种子、坚果和贝壳。可以在孩子们的视线水平上展示教师收集的东西，以激发他们的兴趣。提供水桶、塑料的食品盒、鸡蛋盒或冰块托盘等容器，让孩子们对自己收集的物品进行分类整理。如果某个孩子没有自发地整理物品，可以问他"这些物品是一起的吗？"或"还有其他类似的吗？"。接受孩子对物品进行分类的方式。询问"是什么让它们相同？"来帮助孩子发现自己分类的理由。询问"有什么不同？你注意到什么？"来帮助孩子进行比较。

帮助孩子在不同的调查试验中学习做比较。例如，你可以通过引入坡道和斜面来安排一次对重力和运动的调查。使用不同长度的宽木板、塑料雨水槽或凹形坡道。允许孩子将坡道的一端放在椅子上、桌上或一堆积木上来制作斜坡。让孩子尝试将不同的物体（如球、积木或汽车）滚下坡道。在斜坡上添加砂纸或凸起物。当孩子用不同的角度、不同的物品和不同的障碍做实验时，可以问他："你注意到了什么？"绘制汽车行驶距离图表，帮助孩子记录观察结果，或者写下孩子对在斜坡上增加一个凸起物时发生的情况的描述。

教孩子使用图表来整理和比较数据。在油布上画上网格，制作一个真人大小的图表。把图表放在地板上，让孩子在每个格子里放一件物品。所有相同的物品排成一行。布置好物品后，让孩子退后一步，想一想这张图表告诉了他什么。帮助孩子进行班级调查，找出孩子们最喜欢的玩具、最喜欢的食物以及他们最喜欢的书。

为每个孩子制作一个包含三列的图表，并提供一张名片或照片。让孩子向其他人询问调查问题，然后将他们的姓名或照片放在相应的一列中。确保孩子从图表底部开始贴照片，然后在每列的顶格添加其他孩子的名称。帮助孩子阅读数据，确定哪一列最长、哪一列最短和哪一列是中间的。

调查和记录工具

学龄前儿童可以使用许多工具进行调查和记录。以下内容能够帮助你思考孩子在你的班级环境中可以使用的工具。

- 放大镜
- 不同大小的滴管
- 球形滴管
- 勺子
- 漏斗
- 量杯
- 天平
- 秒表
- 计算机
- 关于植物、动物、鸟类、昆虫、机器、土地、空气和水等主题的书籍
- 温度计
- 标尺、码尺和卷尺
- 双筒望远镜
- 雨量计
- 筛子
- 手电筒或笔形电筒
- 纸张和铅笔
- 照相机

孩子是否能解释他观察到的东西？

当孩子们试图理解他们所看到和经历的事情时，他们会为自己的观察想出初步的解释。在研究解释时，他们的理论会经过多次修改。接受孩子不完整的理解和奇妙的思维。提出开放式问题，为孩子们准备材料，以测试他们的预测。随着经历的增加，孩子们将加深自己的理解。他们的想法会变得更加合理，更接近当前的理解（Chalufour & Worth，2005）。

本章开篇故事中3.5岁的玛迪告诉她的老师，下雨是因为一个巨人从云层中挤出了水。她的老师收集了一些海绵并将其投放到水台，让玛迪进一步探索她的解释。他们还在下雨天观察了窗外的乌云。老师鼓励玛迪描述她所看到的一切。然后，他们阅读了一本描述云以及导致下雨的原因的书。玛迪使用这些信息来修正她对不同类型的云以及下雨时会发生什么的理解。那年春天的晚些时候，玛迪提醒老师注意密布的乌云，并说："我认为那些云里全是水。"

鼓励孩子思考并描述他的实验结果。例如，如果孩子对沉浮的物品感兴趣，请设计有助于他做实验的活动。提供各种尺寸的船，提供不同的材料（例如弹珠、积木、塑料动物或金属垫圈），将材料放在船上。可以问孩子："你需要做什么才能让船下沉？你认为，它为什么会沉没？"

与家长合作

有些家长可能认为，科学教育是学校的责任。他们可能对科学学习有过并不美好的经历，也可能对自己的科学理解水平并不满意。教师要帮助他们看到，孩子们一直都在从事科学探索。在家园沟通手册中写上活动想法，帮助家长将科学看作日常生活中的一部分。鼓励家长在体验新事物时享受孩子的仰慕。帮助他们学会通过提问来支持孩子的科学探索。为家长提供以下书面材料，与他们一起思考支持提问和调查技能发展的活动创意。

 何时寻求帮助

查看你的记录，以确定孩子是否表现出以下任何一种模式。
- 经常在教室里四处闲逛，而不是忙于活动。
- 经过6个月的温和鼓励后，仍不参与科学探索活动。
- 对某事过度着迷，而无法转移注意力。
- 经过6个月的介绍和示范后，对大多数科学材料仍过于恐惧。

> 如果你发现上述任何行为模式持续了几个月，请与家长讨论，让当地学区的相关机构对孩子的能力进行筛查。

行动计划

在制订你的行动计划时，可选择或修改下列某个建议的目标，使其符合你的实际情况。加上你期望的这些技能或行为表现到什么程度，或者幼儿表现该行为的频率。记住：你的目标是促进孩子的成长，而不是塑造一个完美的孩子，你要稍微提高你的期望值，帮助孩子在现有能力的基础上有所进步。然后，确定教师和家长将采取的三项或四项行动，再额外选择一些针对幼儿园和家庭的其他行动。在本书附录中的计划表上记录你选择的行动。

为不通过提问或调查环境来收集信息的孩子制定的目标示例

- 提出问题并寻找答案。
- 使用工具收集信息。
- 对已观察到的对象进行比较。
- 对观察结果做出合理的解释。

家长和教师都可以采用的行动示例

- 创设一个身心安全的环境。
- 接受孩子的问题、猜想和预测。
- 引导孩子的探究过程。
- 提出开放式问题。
- 在期待答案之前给孩子思考问题的时间。
- 示范如何提问。
- 示范尝试不同的探索途径。
- 大声提出孩子也许正在思考答案的问题。
- 向孩子介绍用于科学发现和记录的工具。
- 帮助孩子为他的调查选择最好的工具。
- 提供一个放大镜，让孩子更细致地观察。
- 帮助孩子记录他所看到的一切。

- 帮助孩子谈论他的发现。
- 收集一系列类似的物品。
- 提供用于分类和整理的容器。
- 接受孩子分类的方式，找出他的分类理由。
- 接受孩子不完整的理解。
- 提供更多探索和加深理解的机会。

教师可以采用的行动示例
- 记录孩子认为的下一步计划，当孩子再次开始调查时帮助他回忆。
- 帮助孩子进行调查。
- 教孩子整理数据。
- 帮助孩子确定他从图表中发现了什么。

家长可以采用的行动示例
- 鼓励孩子回答自己的问题。
- 为孩子收集到的东西提供容器。
- 鼓励孩子对收集到的东西进行分类。
- 鼓励孩子进行比较。
- 在你的社区里进行科学探索。

 给家长

关于调查的一些信息

 什么是调查？

理解世界始于孩子们天生的好奇心。他们的学习动力帮助他们专注于一个问题，预测他们可能会发现什么，并进行调查。孩子们使用他们所有的感官和可用的工具来收集并记录数据。一旦他们收集了数据，他们就会分析证据并进行比较。他们会思考挑战了他们当前理解的新信息，并发展出更多的想法和理论。当周围的成人鼓励孩子们进行调查时，孩子们会进行进一步的研究并修正自己的想法，直到得出合理的解释。

科学探究的过程涉及以下多个步骤。

1. 提出问题。
2. 观察和收集数据。
3. 做出预测。
4. 决定如何验证预测。
5. 进行调查。
6. 反思和分析数据。
7. 产生更多的想法和理论。

许多日常活动可以帮助孩子们学习这些重要的技能。

观察和回应

只有在孩子不惮于犯错误的风险时，他们才会愿意问问题、寻找答案。接受孩子天马行空的猜想，以帮助孩子自由提问和回答。为孩子示范如何提出问题和尝试不同的探索方法。例如，你如果想把一些东西放在最上面的架子上，但够不到那么高，就可以说："我想知道，怎样才能把这个东西放在最上面的架子上。如果我踮起脚尖，也许我可以够到它，也许我可以请爸爸帮忙，或者我可以使用凳子。"

孩子是否有一个他正在思考答案的问题？孩子是否使用新方法重新搭建倒下来的积木楼？通过猜测问题来为孩子示范提出问题，可以说："你需要在底部放置哪些积

木，这样你的塔就不会倒塌？"通过问"你尝试做了什么？你还能做什么？"来鼓励孩子独立发现答案。

通过提出开放式问题来拓展孩子的思维，包括"你对……了解多少？""如果……会发生什么？"和"你还能尝试做什么？"。一定要给孩子时间思考，然后再期待他回应或问另一个问题。如果你接受他的答案，那么他会感到成功。

提供孩子可以用来调查的工具，如量杯、秒表、卷尺、漏斗、筛子、手电筒和放大镜。给孩子一部照相机，让他为物品拍照；询问孩子的发现："你做了什么？当＿＿＿＿的时候，发生了什么？下次，你会尝试做什么？"

学龄前儿童喜欢收集东西。他们可能收集岩石、树叶、松果或贝壳。提供水桶、塑料食品容器、鸡蛋盒或冰块托盘等容器，让孩子对这些宝贝进行分类整理。如果孩子没有自发地对物品进行分类，那么可以问他"这些物品中哪些可以放在一起？"或者"还有其他类似的物品吗？"。通过询问"有什么不同？你注意到什么？"，让孩子进行比较。

孩子们在试图理解他们所看到和经历的事情的过程中进行猜测。随着经验的增加，他们的理论会经历多次修改。接受孩子不完整的理解和奇妙的思维（例如"当我数到3时，路灯会变为绿色"）。孩子不断增长的经历将完善这些理论并使它们更加合理。

寻求支持

询问孩子的老师，他们在幼儿园中进行了哪些科学探索活动。了解你可以在家里做些什么。通过为学龄前儿童开设的课程、参观科学馆，或者户外活动，寻找在社区里探索科学的机会。如果在鼓励科学调查几个月后，孩子仍然对科学材料感到恐惧，不参与科学探索活动，或者对某事过于着迷，你无法转移他的注意力，请通过你所在学区的相关机构来筛查孩子的能力发展状况。

第六编

运动能力发展

孩子身体的生长、发展贯穿于整个早期阶段。当他们探索如何移动时，他们学会了坐、爬、走和握住勺子。这一技能发展是他们理解空间、协调和运动的基础。随着孩子们积极活跃地活动身体，他们会具有强壮的肌肉、健康的骨骼，而且更有可能保持健康的体重。良好的身体健康和动作发展使孩子能够充分参与当前和未来的活动，并带来对自己身体能力的自信和自豪。

通过身体活动，孩子们学习构成这一领域的精细运动技能和大肌肉运动技能。他们将了解大肌肉的平衡、力量、协调以及发展忍耐力。他们学习手眼协调并使用手部的小肌肉。幼儿教师应该知道，孩子需要身体活动和富含营养的食物才能获得最佳发育。为了增加孩子们需要的体育活动量，教师应该提供活跃的室内外游戏活动。在室内和户外，可以鼓励孩子们参与小组游戏，也可以允许他们独自向目标投球。设置障碍路径，帮助孩子们计划如何穿越空间、探索快或慢，决定是走路、跑步还是爬行。

孩子的独立需要精细运动技能的发展。孩子们利用精细运动技能给朋友写便条、翻书页、扣衬衫上的纽扣、刷牙和用勺子喝汤。要提高孩子的精细运动技能，教师应该提供大量的工具和材料供孩子操作。例如，在玩拼图、美术材料、书写工具、钉板、积木和珠子时，孩子都在练习精细运动技能。

孩子们需要家人帮忙制定时间表，让他们能够锻炼身体、在需要时休息以及在饥饿时进食。通过准备健康的食物和参加体育活动，家长可以帮助孩子养成健康的习惯。他们可以帮助孩子学习使用手部的小肌肉，鼓励孩子使用餐具独立进食，给他们小玩具玩。家长应该让孩子参与家庭的日常活动，活动中他们要同时使用到双手和眼睛。

与其他领域一样，各州的标准可能比本书中包含的标准更多。第六编包括许多州都认可的以下两项标准。

- 第二十一章：表现出大肌肉的力量、平衡和协调性。
- 第二十二章：表现出手眼协调能力及小肌肉的力量和控制。

乔和他的母亲在走进教室时都皱着眉头。乔的老师纳塔利娅判断出，那样的日子又来了。乔去挂夹克、放背包的时候，他的妈妈和纳塔利娅走进了大厅。乔的妈妈说："今天早上一切都不顺利。从他的袜子开始。我给他穿上袜子，他就把它们扯下来。我再给他穿上，他又会把袜子扯下来。他一直告诉我这是不对的。他开始哭泣，我问他能不能把袜子弄好。他试了试，但没成功。我只知道，他想让袜子的接缝正好在他的脚趾甲那里。我们终于搞定了，这样他可以忍受袜子并开始穿鞋。我起码绑了六次鞋带，不是太紧就是太松。我们只好放弃了，他穿着拖鞋。对不起，但我们真的太沮丧了。"

这样的早晨对乔和他的妈妈来说是常事。乔穿衣服的时候会出现问题，比如标签摩擦他、裤子太痒了，或者鞋子和袜子让他觉得不舒服。乔也不喜欢学校里有些东西的感觉。有时，他不想去户外，因为他担心鞋子里有操场上的沙子。而且，有时他不想参加美术活动，因为他不想弄脏手。

每个孩子都有一个让他感到舒适的感觉阈值。它是孩子气质的一部分，是他与生俱来的反应方式。每个孩子对感官信息的阈值都在一个连续体上的某个地方。在这个连续体的一端，孩子的感官反应最不敏感；在其另一端，孩子则有强烈的反应。想一个你班上的孩子，问你自己，他对他看到、听到、感觉到或闻到的东西有多敏感。他对噪声、质地、光线和温度的感知程度如何？

大多数孩子都处于这种感官连续体的中间。他们可能有一些敏感，偶尔会避免或一定要某些特定的东西，但他们会从容应对大多数的感官信息。创设一个充满了可以看、摸和闻东西的环境，帮助孩子体验各种不同的感知觉输入。但这个环境也应该能让孩子感到平静，他们在需要的时候可以马上摆脱感觉。

乔对他感觉到或触摸到的东西反应强烈。他避免接触那些质地让他感到不舒服的东西。有时，他很难应对这种感觉，他会发脾气、拒绝穿某些衣服或者把令他感到不适的物品扔到房间外面。也有些时候，乔不会被这些感觉困扰，他可以充分地参与活动。比起其他感觉，他似乎更容易应对味觉和嗅觉。其他孩子可能表现出不同的敏感性。例如，另一个孩子可能会在声音太大时堵住耳朵，或者在光线太亮时遮住眼睛。

乔以及其他这样敏感的孩子可能时常需要暂停一下感知觉。你平时应仔细观察教室环境。减少悬挂在天花板上或挂在墙上的物品数量。偶尔播放背景音乐。尝试用台灯代替顶灯，只照亮教室里的某些区域。添加地毯和织物壁挂，以吸收声音。教室里一定要有一个安静、放松的空间，让孩子可以远离感官输入，比如阅读区。

有些孩子需要更多的感官刺激。需要更多感官信息的孩子可能会通过主动感知来获得。这样的孩子可能会靠在大人身上、四肢展开地趴在地毯上，或者紧紧抱住他人。鼓励他们参与沙水游戏或玩橡皮泥等感官游戏，可以帮助这样的孩子通过感官获取信息。在不同的时间尝试细沙或粗沙，以感知变化。在颜料中添加一滴薄荷香精，或为拼贴画提供不同的织物和丝带，以增强艺术活动的各种感觉体验。做一个感知盒，在里面放上不同的东西，比如棉球、覆盖着砂纸的立方体或纱球。想办法让孩子们尽可能多地使用大肌肉。让他们玩紧抵墙壁的游戏，或进行诸如移动重物或倒垃圾之类的体力活。

有些孩子处于感官连续体的极端。这些孩子对其他人认为理所当然的景象、气味和质地要么反应强烈，要么根本没有反应。他们难以组织和处理通过感官接收到的信息。因为他们不像其他人那样组织或处理信息，所以他们不知道如何以可接受或适当的方式回应周围的事物。

如果你班上有孩子因特别需要感官刺激或躲避感官刺激而使人际关系、学习或行为受到影响，请咨询早期干预专家或当地的儿科医疗保健顾问。寻求与职业治疗师或接受过感觉统合理论培训的人进行交谈。描述你看到的孩子的一些行为和反应强度。询问家长是否看到一些相同的行为。鼓励家长请专门从事感觉处理的医疗保健机构对孩子进行评估。如果孩子在感觉统合方面遇到问题，早期干预就可以帮助他学会应对。

第二十一章 "我能奔跑、跳跃、飞速前进！"
—— 大肌肉运动技能

给教师

卡洛斯对身体运动不太感兴趣。在户外时，他选择在沙池里玩卡车，几乎不去玩攀爬架、荡秋千或滑滑梯。

※ 标准

表现出大肌肉的力量、平衡和协调性。

什么是大肌肉运动技能？

在年幼的孩子所做的大多数事情中，他们的身体处于活跃状态。通过这些活动，他们身上大肌肉的力量和协调性都会得到发展。他们在游戏、工作、娱乐和运动中还学习了许多技能，这些技能将被完善、整合，以供日后使用。

最近，一些幼儿园出于对学业成就和入学准备的关注，减少了孩子们的身体运动时间。这完全是错误的选择，因为研究表明体育活动有助于集中注意力并可以改善学习效果。科学家已经发现，运动刺激大脑的联结，体育活动为大脑提供氧气和营养，对儿童的学习能力产生强烈的影响（Poole，Miller，& Church，2005）。体育活动还为儿童提供了释放精力和缓解压力的机会。当孩子们在体育活动中流畅地运动并且有力量和耐力时，他们会感到自豪，有成就感。

男孩和女孩都需要有机会来进行运动及身体活动方面的探索。除了探索之外，他们还需要在如何锻炼肌肉、增强协调性和耐力等方面得到指导。给孩子提供这些机会，有助于他们培养健康的生活方式所需的技能和习惯。

观察并决定如何支持

当你在幼儿园中观察孩子进行身体活动时，问自己以下问题。文中所提供的建议将帮助你制订计划，以支持孩子发展大肌肉的力量、平衡能力和协调性。

孩子会用尚不成熟的走、跑方式活动吗？

到了 3 岁，孩子应该能够以均匀的步态走路和跑步。他们应该能交替双脚爬楼梯，在进行复杂的活动（例如在荡秋千时摆动双臂和双腿）时肢体动作越来越协调（Sanders，2002）。如果你班上的某个孩子走路或跑步时有困难，请为他提供大量的运动机会，例如随着音乐或鼓的节奏走路或跑步、在换到下一个活动时走路过去。在久坐的活动中加入运动，例如把喜欢的故事表演出来，而不只是坐着听。请孩子表演他喜欢的故事，比如埃里克·卡尔的《从头动到脚》、露丝·克劳斯（Ruth Krauss）的《胡萝卜的种子》①（*The Carrot Seed*）和保罗·加尔东（Paul Galdone）的《三只坏脾气的小山羊》。请他随着音乐，比如儿童音乐以及流行音乐和古典音乐，摆动身体。

孩子是否能以爬行、双脚跳、单脚跳或者奔跑的方式活动？

一旦孩子掌握了行走和跑步这两个基本技能，他们就开始发展更多的移动技能，如双脚跳、奔跑、单脚跳、蹦蹦跳跳地走和跨跳等。同时，他们正在发展运动规划技能（motor-planning skills），即学习协调自己的动作和想法，以便从一点移动到另一点，而不会撞到其他人或事物。你可以通过设置障碍路径来帮助孩子学习移动技能和运动规划技能。鼓励孩子以不止一种方式通过障碍路径（比如踮起脚尖、像鸭子一样蹲着摇摆走路，或者像蛇一样滑行）。以下是一些易于整合的障碍路径建议。你可以加上自己的想法。

- 把码尺挂在两把椅子或大箱子上，让孩子跨过或跳过它（或者从下面滑行穿过）。
- 在桌子底下或隧道里爬行或滑行。
- 绕着交通锥或大塑料瓶奔跑、滑滑板车或跳跃。
- 在四散的方块垫子或呼啦圈里踩踏或跳跃前行。
- 在地板上用胶带粘或用绳索摆成直线、波浪线或曲折线，请孩子踩在上面保持平衡地行走。
- 爬上三阶的梯子，然后跳到地毯上或者跳进一堆软垫里。

提供一些活动，让孩子练习快慢、前后、左右、上下地移动。要注意改变速度和方向。例如，当你请他像鸟、青蛙、马或蛇等不同的动物一样移动时，他会改变速度和方向。举起动物的图片，让学习双语的孩子也能参与活动。制定"无碰撞"规则。

---

① 该书已由北京联合出版有限公司于 2018 年出版。——译者注

让孩子像机器人、婴儿一样走路，或者像一棵树一样在风中摇摆。玩一些需要孩子暂停并保持不动的练习游戏。说出一个动作，让孩子做出来，然后说"定"。在你叫出下一个动作之前，他应该保持静止三四秒钟。你可以说："扭，扭，扭，定！跳，跳，跳，定！"在孩子学习新的移动技能时，为他提供语言提示。当他学习跳跃时，你可以说："向前一步，跳！向前一步，跳！"当孩子奔跑时，你可以说："两只脚都跑起来，两只脚都跑起来。"

孩子对使用各种运动器材缺乏兴趣吗？

孩子们通过与环境中的事物互动和反复练习来学习大肌肉运动技能和控制技能。他们通常会找到无须使用或购买有特定用途的器材的练习方法，例如在原木、路缘石或60厘米的壁架上保持平衡。幼儿园更可能需要允许孩子练习大肌肉运动活动的器材。基本的运动器材包括秋千、滑梯、平衡木、踏板玩具、儿童跑步机、攀爬设备、垫子、球、体操垫、塑料球拍、沙包、圆锥形玩具、篮圈、运动光盘和靶子。如果你没有自己的攀爬设备，请定期去附近的公园或社区体育馆。通过使用各种器材，孩子们获得力量、协调能力并学习控制物体，如投掷、接球、踢、击打和弹跳。

让每个孩子都拥有一件器材，这一点不太可能，也不必要。但是你要确保，大多数器材都不需要孩子们轮流等待。将孩子们划分成小组，给他们足够的机会练习。设置固定位和轮换位。重复提供各种活动，全年都要有这些活动，让年幼的孩子可以充分练习。

看护与安全

在孩子使用大肌肉运动器材时，必须将看护和安全放在首位。器材应无危险且处于良好的工作状态。需要仔细看护孩子，以防止他们受到伤害。在孩子们玩耍的时候，教师能从繁忙的一天里休息一下是很诱人的。但是你仍然需要细心看护孩子，以保护其在秋千前走过时不被击中，或滑滑梯时不会压到坐在滑梯底部的另一个孩子。以下是一些需要遵循的安全提示。

- 定期检查设施，确保拧紧螺母和螺栓。
- 保持器材处于良好的工作状态。
- 使用适合孩子的器材。
- 妥善捡拾及处理垃圾。
- 使用足够大的空间，以允许孩子移动并避免碰撞。

- 教孩子正确使用器材。
- 制定一些重要的安全规则：一次只能有一个人在滑梯上；从滑梯上滑下来；在人行道上行走，不可以在秋千前行走。
- 当孩子几乎能够完全靠自己完成任务时，提供口头指导或身体支持。
- 保持警惕并密切监督。

如果你班上的某个孩子对玩大肌肉运动器材犹豫不决，那么你可以鼓励他进行适当的冒险。他需要尝试新的和稍微具有挑战性的事情，以了解他可以完成有困难的任务。他可能害怕接球，认为球会击中他。可以帮助他从接软球（如蓬蓬球或沙滩排球）开始学习。玩的时候，教师要站在他附近，直到他获得信心。如果其他孩子很活跃，不太自信的孩子就可能需要靠近成人或与成人一起玩。让孩子自己选择他可以应对的挑战级别。提供各种类似的物体，例如橡皮球、沙滩排球、乒乓球、网球和毛线球。想办法让他获得成功。你可以给他一个大球拍，方便他击球。给他纱巾，让他抛接。当纱巾在空中缓缓地飘着时，孩子可以有更多的时间去抓住它们。想办法在角色游戏中融入身体活动。例如，孩子可以骑着他的三轮车去假装的商店里加油或使用大纸板积木搭建一座房子。

卡洛斯在老师发现了一辆大型踏板玩具自卸卡车后就开始动起来了。起初，他没有尝试去骑它，而是把车推到轨道上，拖运和倾倒他和其他孩子收集的石头。他在车上装满球，在收玩具时把球都扔进篮子里。他坐在车子上面，其他人推着他。最终，他学会了踩踏板，他的老师在一旁说："你要用一只脚用力踩！现在换另一只脚！"

室内大肌肉运动活动

可以在室内进行很多大肌肉运动活动。以下是一些建议列表，你也可以添加自己的想法。

- 使用纱线或粉笔创造一系列环状运动路线。孩子们循着路线行走或从起点跳到另一个起点。
- 将盒子、篮子或呼啦圈放在地板上、椅子上或架子上，以改变抛掷的角度。孩子们可以将沙包扔到目标物中。让他们确定自己想要站在距离目标物多远的地方。
- 让孩子们用头、肘、膝盖或手击打沙滩排球，以保持它不落地。

- 在天花板上悬挂一个沙滩排球。孩子们可以用卷起的报纸来击打它。
- 腾出一个宽敞的空间。孩子们可以将每只脚各套一个鞋盒,在教室里滑来滑去,假装滑冰。
- 用胶带或粉笔在地板上画一个用于玩跳房子游戏的格子,让孩子们用棋子或硬币标记跳过的格子。
- 用胶带在地板上贴成 V 字形。V 的顶部应相距约 45 厘米,将孩子们带到另一端的点上。孩子们可以从一侧胶带跳到另一侧胶带上,从窄端开始,逐渐增加每次跳跃的距离。
- 将码尺当作木马,用椅子或圆锥体摆跑道。请孩子们骑着木马在跑道上快速前进。
- 为了避免碰撞,让所有骑马人顺着一个方向跑。
- 将椅子或圆锥体摆成跑道,孩子们可以站在旧枕套里,在跑道上跳来跳去。为孩子们计时,以增加乐趣;让他们努力提高自己的最高记录。

孩子是否会避免参加要用到大肌肉运动技能的身体游戏?

年幼的孩子还没有准备好进行长时间、不间断的剧烈活动。他们需要被分割成 10~15 分钟的结构化或有指导的身体活动,每天至少需要进行 60 分钟。他们每天还需要至少 60 分钟的非结构化活动(Pica,2006)。他们受益于室内外的运动空间。在你的幼儿园里创建一个大肌肉运动学习区,让孩子们在可以进行身体游戏的空间中练习大肌肉运动技能。它可以是教室里的一个角落,也可以是宽敞的走廊。确保有足够的空间让孩子们可以安全移动。如有必要,对一次进入该学习区的人数进行限定。

如果孩子没有参加活跃的大肌肉运动活动,那么你自己可以加入游戏,然后邀请他加入或成为你的伙伴。一定要强调合作而不是竞争,让他觉得自己是团体中的一员。鼓励他尝试参加活动,最初的几次尝试中有进步就好,不需要达到完美。通过高激励性的活动,比如追泡泡,来诱使他变得更加积极。邀请孩子参加允许每个孩子以自己的方式移动的活动,例如,"让我看看你如何像豹子一样奔跑"。在剧烈的运动后,接着进行一个更安静的运动:"让我看看你如何像大象一样走路。"

帮助一个参与了剧烈活动的孩子过渡到一些更安静的事情。给他看一个布娃娃。谈谈它是如何倒下的,胳膊和腿是如何松动的。让它弯腰、低下头。让它站起来,摆动它的手臂，然后将它的手臂落在身体的两侧。或者，请他伸出一只手指来代表生日蛋糕上的蜡烛。让他一次慢慢地吹灭一支蜡烛。

孩子是否缺乏与年龄相适应的大肌肉运动力量、平衡和协调能力？

孩子们需要发展协调能力和平衡能力，才能在环境中走动，并参加爬楼梯和骑三轮车等日常活动。他们需要强壮的肌肉来进行搬运重物这样的日常活动。他们需要身体健康，以防止受伤，保持健康的身姿。孩子们从教师的指导中受益，学习更复杂的运动技能，如投掷和接球。例如，当孩子扔东西时，教师需要教他向前迈出一步，脚与投掷手臂相对。指导孩子练习如何执行一项技能，然后给他独立尝试的活动机会。孩子们可以通过玩"打扫后院"（Clean Up the Backyard）的游戏来练习大肌肉运动技能。用一排椅子或地板上的胶带线将空间分成两半。栅栏的每一侧各有一半的孩子。向他们解释，他们正站在后院。如果后院脏乱，他们就要把东西越过栅栏扔到邻居的院子里。然后，给每一边的孩子们扔一堆毛线球，孩子们把它们扔过栅栏。不时地让孩子们停下来，数一下两边的毛线球数量。看哪边更脏乱，再重新开始。

教孩子如何跳跃，可以说："双脚着地站立。弯曲膝盖。伸直双腿，双脚蹬离地面。双脚着地。"用方块地毯给孩子们练习。让孩子绕着一块方块地毯跳，跳到它前面，跳到它上面，从一块地毯上跳到另一块地毯上。教孩子如何踢球："眼睛盯着球。把踢球的脚放在它后面。用脚的一侧推球。"然后设置一个室内保龄球馆，在那里孩子可以踢泡沫球来击倒塑料瓶。教他用一只脚跳，提醒他弯曲膝盖提起一只脚，并张开手臂保持平衡。指导之后的练习时间是孩子进行自我指导的跳房子游戏。

与家长合作

如果家长看到自己的孩子难以完成运动任务，他们可能会担心。他们也可能担心孩子超重。而其他人可能会怀念自己参与体育活动的经历，并希望自己的孩子也能如此。当你与家长合作时，要强调培养健康习惯的重要性。要记住，有些家庭可能没有足够的空间让孩子在家中活动，或者没有安全的户外游戏空间。居住地区的气候、家长的忙碌程度也会影响他们帮助孩子参与体育活动的能力。可以与家长讨论一些简单但能鼓励孩子参与体育活动的方法；强调可以用家里找到的材料进行的活动。谈论孩子能如何提高自己的能力，而不是与他人比较。鼓励家长去发现并评价孩子的进步表现，例如说："上次你往篮子里扔了四只袜子，这次你扔了六只。"可以给家长一些家庭活动的建议，并与他们一起头脑风暴，想出更多的办法。

何时寻求帮助

为表现出以下一项及更多情况的孩子寻求帮助。
- 肌肉看起来松弛或松软。
- 坐椅子有困难。
- 因长时间行走或排长队而抱怨。
- 缺乏力量。
- 平衡能力差。
- 不协调。

鼓励家长请当地学区的相关机构或职业治疗师对孩子的大肌肉运动发育情况进行筛查。包括指导锻炼身体在内的早期干预，可以提高孩子的技能，帮助他过上健康的生活方式。

行动计划

在制订你的行动计划时，可选择或修改下列某个建议的目标，使其符合你的实际情况。加上你期望的这些技能或行为表现到什么程度，或者幼儿表现该行为的频率。记住：你的目标是促进孩子的成长，而不是塑造一个完美的孩子，你要稍微提高你的期望值，帮助孩子在现有能力的基础上有所进步。然后，确定教师和家长将采取的三项或四项行动，再额外选择一些针对幼儿园和家庭的其他行动。在本书附录中的计划表上记录你选择的行动。

儿童肥胖

太多年幼的孩子超重。这个问题似乎是由不活跃的生活方式和不良的饮食习惯造成的。成人有责任为孩子们提供健康的食物，鼓励孩子多运动。

教师和家长可以通过以下方式帮助孩子（Maimon，2008）。
- 提供健康的食物选择。
- 鼓励孩子尝试新食物（可能需要多次介绍新食物，孩子才会尝试）。
- 以多种方式烹饪蔬菜及其他健康食品，例如生食、蘸酱或煮汤。
- 谈论"垃圾食品"（偶尔可以吃的食物）和"健康食品"（对你有好处的食物，

可以在正餐或零食中食用)。
- 教孩子了解适当的量；孩子的胃只有他的拳头那么大，这就是填满它所需的全部体积（Maimon，2008）。
- 永远不要强迫孩子吃光盘子里所有的食物。
- 永远不要用食物作为奖励或动力。
- 每天至少提供 1 小时的非结构化体育活动。
- 将体育活动融入日常活动中，例如从一个地方走到另一个地方时走较长的路、用运动活动填补过渡时间，或者在孩子坐着时采用运动休息法。
- 塑造健康的身体，培养健康的饮食习惯。
- 在家园沟通手册和公告板上提供健康和营养提示。
- 向医疗保健专业人士咨询相关建议，以确保你所在的幼儿园正在帮助孩子培养终身的健康习惯。

为需要努力发展大肌肉的力量、平衡能力和协调性的孩子制定的目标示例

- 使用成熟的行走和跑步形式。
- 双脚跳、单脚蹦或飞奔（选择其一）。
- 从一个点移动到另一个点而不撞到东西。
- 使用各种游戏设备。
- 承担适当的风险。
- 积极参与游戏。
- 表现出力量、平衡或协调性（选择其一）。

家长和教师都可以采用的行动示例

- 随着音乐或鼓的节拍律动。
- 练习快慢、前后、左右和上下移动。
- 努力改变速度和方向。
- 制定"无碰撞"规则。
- 练习需要孩子停止并保持不动的游戏。
- 在孩子学习新技能时为他提供语言提示。
- 密切地看护。

- 鼓励孩子承担适当的风险。
- 调整活动以确保孩子在活动中取得成功。
- 想办法鼓励孩子将体育活动作为角色游戏的一部分。
- 参与体育游戏并邀请孩子加入你参与的游戏。
- 强调合作而不是竞争。
- 鼓励孩子尝试活动并有所进步。
- 帮助孩子从剧烈的活动过渡到更安静的活动。

教师可以采用的行动示例

- 步行前往下一个活动。
- 想办法在久坐的活动中增加运动因素。
- 设置运动站点，让孩子旋转着穿过它们。
- 设置障碍路径，鼓励孩子以多种方式通过它们。
- 提供各种各样的同类大肌肉运动器材（例如不同种类的球）。
- 让孩子自己选择难度水平。
- 提供几段 10~15 分钟的指导性体育活动，每天总计达 60 分钟。
- 每天提供总共 60 分钟的非结构化体育活动时间。
- 指导孩子如何施展某项技能。
- 在幼儿园中创建一个大肌肉运动区。
- 提供孩子可以以自己的方式运动的活动。

家长可以采用的行动示例

- 使用家居材料来帮助孩子锻炼身体。
- 收集如沙包、球、塑料瓶、塑料球拍、篮圈、运动光盘和篮子这样的材料。
- 关掉电视和计算机，一起开心地运动。
- 鼓励孩子进行 10~15 分钟的爆发式活动。
- 定期参观附近的公园或游戏场地。
- 记录你们一起进行的体育活动。

关于大肌肉运动技能的一些信息

什么是大肌肉运动技能？

在年幼的孩子所做的大多数事情中，他们的身体都处于活跃状态。通过这些活动，他们身上的大肌肉的力量和协调性得到发展。他们在游戏、工作、娱乐和运动中还学习了许多技能，这些技能将被完善、整合，以供日后使用。体育活动有助于孩子们集中精力，助力他们的学习。它可以帮助他们释放被压抑的能量，并为能够参加体育活动而感到自豪。男孩和女孩都需要运动以及培养健康的生活方式所需的技能和习惯的机会。

到了3岁，孩子应该能够以均匀的步态走路和跑步。他们应该能交替双脚爬楼梯，在进行复杂的活动（例如在荡秋千时摆动双臂和双腿）时肢体动作越来越协调。一旦孩子掌握了行走和跑步的基本技能，他们就开始发展更多的技能，如双脚跳跃、奔跑、单脚跳跃、两脚交替跳跃和跨跳等。同时，他们学习如何协调自己的动作和想法，以便可以从一点移动到另一点，而不会撞到其他人或事物。

观察和回应

你可以做很多事情以帮助孩子学习这些技能。鼓励孩子尝试不同的移动方式，例如踮起脚尖走、像鸭子一样蹲下走或像蛇一样爬行。玩一些需要孩子停下来并保持不动的游戏，你可以说："扭，扭，扭，定！跳，跳，跳，定！"在孩子学习新的运动技能时，为他提供语言提示。当他学习跳跃时，你可以说："向前一步，跳！向前一步，跳！"收集各种材料，如沙包、球、塑料球拍、呼啦圈、运动光盘和用于投掷目标的篮子。定期去附近的公园玩。

如果孩子对使用大肌肉运动器材犹豫不决，请予以鼓励。孩子可能害怕接球，怕被球击中。可以从接软球开始，你在他旁边站着，直到他获得自信。寻找确保孩子成功的方法，例如：使用一个大塑料球拍，以使击球更容易；抛接纱巾而不是球，因为纱巾飘得很慢，可以给孩子更多的时间去抓。关掉电视和计算机，开始动起来。以下是你在家可以做的一些事情。

- 把袜子扔进盒子、篮子或篮圈里，将投掷目标物放在地板、椅子或架子上，以改变投掷的角度。
- 用头、肘、膝盖或双手弹起沙滩排球，使其保持在空中不落地。
- 穿上旧袜子或站在碎布上假装滑冰，以帮忙清洁地板。
- 追逐泡泡。
- 将一件件要洗的衣物扔进洗衣机。
- 用塑料瓶和软球玩保龄球游戏。
- 用一个旧枕头套作为跳袋，摆放椅子，让孩子绕着椅子跳跃。

家长自己积极运动，并邀请孩子加入你的行列，这会促使孩子更加积极地运动。请注意，年幼的孩子还没有做好长时间剧烈活动的准备。他们需要 10～15 分钟的爆发式活动，而不是成人做的 30 分钟的剧烈运动。当你们一起玩的时候，一定要强调合作而不是竞争。鼓励孩子尝试活动并有所进步。记录你们一起玩的运动活动。

寻求支持

与孩子的老师合作，更多地了解孩子大肌肉的力量和协调性发展得如何。一起想出让孩子参与体育活动的简单方法。如果孩子表现出以下不止一种情况，请让当地学区的相关机构或职业治疗师对他的技能进行检查。

- 肌肉看起来松弛或松软。
- 因长时间行走或排长队而抱怨。
- 平衡能力差。
- 不协调。

包括指导锻炼身体在内的早期干预，可以帮助孩子拥有健康的生活方式，提高孩子的运动技能。

第二十二章 "我能剪、画、串珠子!"——精细运动技能

给教师

阿里安娜切东西的时候左手和右手都会用上。一天,她用右手拿剪刀;第二天,她会换用左手。我想,到3.5岁时,她就会知道该用哪只手了。

※ 标准

表现出手眼协调能力及小肌肉的力量和控制。

什么是精细运动技能?

随着孩子们的成长和发育,他们对手部小肌肉的使用能力逐渐精进。精细运动活动能够发展孩子的手眼协调能力。当他们拿起亮片放置在拼贴画中、用小块积木建造一座塔、在绳子上系珠子或使用滴管给颜料添加颜色时,他们使用手指和拇指进行精细动作的能力会得到发展。一些精细运动任务,例如拉上夹克的拉链或系鞋带,对许多孩子来说很有挑战性。通过耐心地练习,大多数孩子在参与桌面活动、使用书写和绘画工具时,在精细动作控制方面会表现出很大的进步。

儿童早期学习的精细运动技能为其以后在学校活动中使用的诸如书写、使用工具或操作科学材料之类的技能打下了基础。如果一个孩子很难进行精细运动活动,他就可能会意识到自己不熟练或有困难。之后,他可能想要避免那些能提高他技能的活动。对孩子的需求保持警觉并在方法上具有创造性的教师和家长,可以帮助孩子在这方面取得进步。

观察并决定如何支持

观察一个没有参与或似乎在精细运动活动中遇到挑战的孩子。问自己相关的问题,并在支持孩子手眼协调能力、力量和控制能力的发展时使用下列建议。

各个学习区所涉及的精细运动

教师可以鼓励孩子在教室里的各个学习区练习精细运动技能,示例如下。

艺术区
- 使用绘画工具。
- 在纸上签名。
- 将小块碎纸巾放在纸上制作拼贴画。

大肌肉运动区
- 捡起沙包。
- 写下分数。
- 为靶子画一个靶心。

科学区
- 将小物件放在天平上。
- 使用磁棒测试金属。
- 拿着放大镜。

积木区
- 用小块积木搭宝塔。
- 为积木建筑制作标志。
- 在道路上驾驶小汽车。

角色游戏区
- 在餐厅为顾客写订单。
- 为洋娃娃穿脱衣服。
- 使用医生的工具假装进行检查。

书写区
- 制作贺卡。
- 使用墨水印章。
- 给同学写便条。

阅读区
- 翻书页。
- 将绒布板片放在板上。
- 打开和关闭光盘播放器或录音机。

计算机区
- 报名轮流使用计算机。
- 使用键盘。
- 使用鼠标。

数学区
- 在分类物品时拾取和放置物品。
- 计数物品时用手指指点。
- 写数字。

感官台
- 将水倒入漏斗中。
- 用勺子寻找埋在沙子里的物品。
- 拉、伸展和挤压。

生活区
- 扣纽扣、按按扣、拉拉链、系领带。
- 从纸巾盒中抓住并拉出纸巾。
- 打开和关闭水龙头。

点心区
- 使用餐具。
- 从小罐子里倒牛奶。
- 拿着杯子。

孩子会逃避桌面活动吗?

提供桌面活动是幼儿教师提供机会让孩子们练习精细运动技能的一种方法。这些活动要求孩子们在玩小玩具时要抓握、捏住或放置小物件。桌面活动的例子包括拼合小玩具、小型建构材料以及拼图。将桌面游戏材料有吸引力地展示在低矮的架子上,这样孩子们就可以自己做出选择并将它们带到桌子上。通过标记它们的位置或粘贴图片来明确材料所属的位置,以便孩子们可以将材料归还到适当的位置。定期轮换材料,再次提供玩具时孩子将重新产生兴趣。重复活动,让孩子们可以多次练习。大多数孩子会发现一些能激起他们兴趣的游戏材料。

如果孩子逃避桌面活动，就不要强迫他参加。相反，可以将桌面玩具移到孩子感兴趣的区域，例如将小积木放置在单元积木的区域、将鬃毛积木放在感官台上，或将螺栓构造玩具添加到角色游戏的加油站里。在教室里的其他区域也提供精细运动活动。孩子可能会在娃娃家假装搅拌或给煎饼翻面、给娃娃穿脱衣服、在书写区使用打孔器或在户外沙水区挖土。在角色游戏区开设一家冰激凌店。孩子可以使用彩色棉球和冰激凌勺制作冰激凌。在感官台上放水，添加量杯，孩子可以用量杯倒水，用滴管挤压运水。

鼓励孩子玩橡皮泥或黏土。当孩子击打、压扁、揉搓或者挤压橡皮泥或黏土时，其力量和灵活性都将得到发展。鼓励孩子加入你的游戏。向他提供建议、资源和材料来美化或扩展他正在做的事情。示范如何搓出长条、为他做的假鸟蛋捏个窝、用剪刀剪断橡皮泥，或用饼干模具去压切橡皮泥。提供牙签、吸管或工艺棒，以便孩子可以戳或者连接零件。把东西放在橡皮泥里，让孩子把它们挖出来。

难以完成精细运动任务的孩子，可能更喜欢以不同的角度在桌子以外的平面上工作，可以鼓励孩子趴着拼拼图、站在画架上画画，或者盘腿坐在地板上玩小雕像。

孩子是否缺乏对书写、绘画和涂色工具的控制能力？

随着年幼的孩子练习精细运动技能，他们对书写、绘画和涂色工具的使用和控制越来越熟练。到 4.5 岁时，大多数进行过精细运动练习的孩子都能够熟练地握住铅笔或记号笔。经过更多的练习，他们学会了适度用力，在绘画和书写字母时笔触流畅。

许多孩子首先用拳头包住蜡笔或记号笔，这是全手抓握。随着他们精细运动技能的发展，他们发展了将食指和拇指捏在一起对指抓的能力。当孩子可以通过这种方式捡起小物件时，他就可能可以采用常规方式抓握书写工具了。帮助有困难的孩子练习各种将拇指和食指捏在一起的活动。让他把玩具扣在一起、把木钉按进木板、将扭扭棒扭成各种形状，或者捏住衣夹将未干的画夹在晾衣架上。提供大蜡笔、大记号笔和幼儿铅笔，它们可能更容易抓握。向年幼的孩子示范正确的抓握方式。描述拿起书写工具时手指的位置。

孩子是更熟练地使用右手还是左手，通常到 4 岁时会变得很清楚。在本章开篇的示例中，阿里安娜在 3.5 岁时仍在发展用手偏好。像阿里安娜一样，一些孩子可能在 7 岁之前可以随便使用任何一只手。用手偏好"由复杂的神经连接控制"（Puckett & Black，2007）。在确定用手偏好之前，可以将提供的工具摆放在孩子身体的中线，孩子可以用任何一只手拿它。最终，他会开始用更有力、更熟练的手拿起工具。一定要为选择使用左手的孩子准备左手剪刀。

为需要练习精细运动技能的孩子提供探索艺术和书写材料的时间。提供各种书写和艺术材料，包括蜡笔、记号笔、彩色铅笔、黑板、墨水印章、各种纸张、刷子、滚筒、棉签和手指蜡笔（顶部有球状凸起）。正在学习控制书写材料的孩子可能更喜欢使用记号笔，因为记号笔容易出墨，写起来更顺畅。为孩子制作很多连点成画的图片，点和点之间间隔大约6毫米，构成一个简单形状的轮廓。让孩子连接这些点，画出孩子最喜欢的动物或玩具的黑色的粗线轮廓。将描图纸固定在上面，让孩子在原来的线条上画出自己的图画。如果他不愿意画画或写字，那么可以尝试一些更有趣的活动，比如手指画、在装满沙子的托盘上写字或在湿沙上画画。

提供种类繁多的开放性艺术活动。强调过程而不是作品。鼓励孩子撕纸做拼贴画，用约2.5厘米宽的彩色胶带制作抽象派艺术作品（教孩子如何拉胶带并把它从切割器上撕下来）；或者用丝带、织物、纸张和亮片做拼贴画。鼓励孩子涂色，使用粗粗的画笔、双柄刷子或油漆滚筒。用滴管将颜料滴到咖啡过滤器上。

孩子是否缺乏手眼协调能力？

孩子们在练习时会获得技能并表现出更好的手眼协调能力。继续提供让他们有机会提高动作精确度的任务。通常，这意味着他们操作的材料变得更小、更复杂。在这个领域需要帮助的孩子，需要先在大件物体上取得成功，然后在努力操纵更小、更具挑战性的物体时得到鼓励和支持。提供真正有趣的活动，例如用镊子拾取和放置拼贴材料、用打孔器打出不同形状的工艺纸片。将彩色管子、吸管或零食谷物圈串成项链。对纸牌进行排序或者玩纸牌游戏，如"钓鱼""抽乌龟""翻纸牌"等；玩带有小棋子的棋盘游戏，如"糖果乐园"或飞行棋。让孩子拉伸橡皮筋并将其套在钉板的钉子上，鼓励他在计算机上使用键盘和鼠标。给他一个儿童卷尺来测量他制作的链子的长度或朋友的身高。

一定要提供手抓食物以外的食物，并鼓励孩子使用叉子和勺子自己进食。让孩子用玩具锤子把高尔夫球座敲进泡沫塑料块或南瓜中。提供儿童安全剪刀和足够硬的、方便剪切的纸张，帮助孩子学会使用剪刀。开始时，请孩子剪断纸条或修剪纸张的边缘。接下来，鼓励他剪掉纸张上的角。和孩子聊一聊他的工作手，即拿着剪刀的那只手；以及辅助手，即拿着纸张的那只手。为孩子画一条约5厘米长、0.6厘米宽的直线，让他沿着这条线剪切，然后将线延长到大约15厘米，并将宽度减小到大约0.3厘米。最后，孩子可能已经准备好沿着曲线和有角度的线剪切。提供孩子需要的支持水平。例如，他可能需要你和他一起剪切、用有四个指孔的剪刀或在他合上后会自动打开的弹簧剪刀，或者像"开，合，开，合"这样的口头提示。还可以通过提供能剪出扇形、锯齿状或波浪形边缘的工艺剪刀来促进孩子更多地练习。在孩子感到受挫之前，让他休息。

鼓励孩子参与需要精细运动技能的日常活动。请他在你读书的时候翻页。让他用挤压瓶给植物洒水。在孩子为自己穿衣服，学习扣扣子、按按扣、拉拉链时提供支持。一边唱手指谣，一边用手部动作表现。《小蜘蛛爬水管》（The Itsy Bitsy Spider）、《五只猴子床上跳》《一、二，扣鞋子》（One,Two, Buckle My Shoe）和《打开、关上》（Open, Shut Them）等手指谣都需要孩子练习精细运动技能。

与家长合作

与精细运动技能有困难的孩子的父母交谈。描述精细运动技能在日常活动中的重要性以及它们与以后的学校活动的关系。有些父母可能会想为孩子做事，而不是给孩子完成任务所需的时间。当父母赶时间时，这是可以理解的，但这会剥夺孩子练习技能的机会。还有一些父母为孩子做事的时间比较长，这也许是出于文化原因。如果你看到这种情况，可以鼓励父母在游戏或不着急的时候锻炼孩子的精细运动技能。为父母提供以下书面材料，与他们一起思考可以开展哪些活动，提供哪些玩具，以支持孩子这些重要技能的发展。

> **何时寻求帮助**
>
> 孩子们按照自己的节奏发展精细运动技能，这取决于他们有关需要这种精确度的材料的经验。如果一个学龄前儿童的手部肌肉力量不足、转移工具时将其从一只手换到另一只手而不能一只手拿着工具穿过身体的中线递到斜前方、用四个手指弯曲勾住物品而不是用食指和拇指对指拿起物品，或者在使用书写工具时施力过大或过小，那么你所在学区的相关机构、职业治疗师或理疗师提供的发育筛查将有助于他。

行动计划

在制订你的行动计划时，可选择或修改下列某个建议的目标，使其符合你的实际情况。加上你期望的这些技能或行为表现到什么程度，或者幼儿表现该行为的频率。

记住：你的目标是促进孩子的成长，而不是塑造一个完美的孩子，你要稍微提高你的期望值，帮助孩子在现有能力的基础上有所进步。然后，确定教师和家长将采取的三项或四项行动，再额外选择一些针对幼儿园和家庭的其他行动。在本书附录中的计划表上记录你选择的行动。

为需要锻炼手眼协调能力、手部小肌肉力量和精细运动控制的孩子制定的目标示例

- 参加桌面活动。
- 表现对书写、绘画和涂色工具的控制。
- 表现力量、手眼协调和精细运动控制（选择其一）。

家长和教师都可以采用的行动示例

- 提供各种促进精细运动技能发展的材料。
- 定期轮换材料。
- 定期重复活动。
- 鼓励孩子先用大物品，再使用小物品。
- 培养孩子的成功感和自信心。
- 在孩子感到受挫之前，让他休息一下。
- 鼓励孩子玩橡皮泥或黏土。
- 允许孩子在不同的位置和不同的台面上工作。
- 练习可以让孩子将拇指和食指捏在一起的活动。
- 提供大蜡笔、大记号笔和幼儿铅笔。
- 示范抓握书写工具的恰当方式。
- 描述拿起书写工具时手指的位置。
- 将工具材料摆放在孩子的身体中线位置。
- 提供各种书写及艺术材料。
- 对纸牌进行排序或玩纸牌游戏，如"钓鱼""抽乌龟""翻纸牌"等。
- 玩带有小棋子的棋盘游戏，如"糖果乐园"或飞行棋。
- 鼓励孩子在计算机上使用键盘和鼠标。
- 鼓励孩子使用叉子和勺子。
- 帮助孩子学会使用剪刀。
- 让孩子在你读书的时候翻书页。

- 让孩子用挤压瓶给植物喷水。
- 在孩子为自己穿衣服，学习扣扣子、按按扣、拉拉链时提供支持。
- 一边唱手指谣，一边做手指动作。

教师可以采用的行动示例
- 提供桌面活动，将材料有吸引力地展示在低矮的架子上。
- 在教室里的各个区域提供精细运动活动。
- 将精细运动活动融入角色游戏中。
- 提供各种大小的材料供孩子选择。
- 提供充足的时间供孩子探索艺术和书写材料。
- 提供种类繁多的开放性美术活动。
- 在艺术活动中强调过程而不是成品。
- 提供成功使用简单工具的机会。

家长可以采用的行动示例
- 请孩子在你烹饪时帮助搅拌食材。
- 提供浴缸蜡笔，让孩子在浴缸里画画。
- 提供人行道粉笔，用于户外绘画。
- 给孩子尽可能多的时间进行自我服务。

给家长

关于精细运动技能的一些信息

什么是精细运动技能？

随着孩子的成长和发展，他们可以用手指上的小肌肉做出精确的动作。精细运动活动能够发展孩子的手眼协调能力。大多数孩子在玩小物件并使用书写和艺术工具时，在精细运动控制方面表现出很大的进步。这些技能为以后的学校活动奠定了基础。

观察和回应

你可以做很多事情帮助孩子发展这方面的技能。搭建或玩需要孩子抓住、握住和放置小物件的游戏，比如拼接玩具、摆弄小型建构材料、串珠子和拼拼图，有助于培养精细运动技能。如果孩子逃避这些类型的活动，请不要强制他参与。相反，想办法将精细运动活动融入孩子最喜欢的消遣活动中，例如提供给洋娃娃穿脱的衣服或提供用于挖沙的容器和铲子。鼓励孩子在不同的位置工作，比如可以趴在地板上拼拼图、把纸贴在墙上画画，或者盘腿坐在地板上玩小雕像。

鼓励孩子玩橡皮泥或黏土，通过敲打、压平、滚动或挤压获得力量和灵巧性。示范如何搓出长条、为孩子做的假鸟蛋捏个窝，或用饼干模具压切橡皮泥。提供牙签或吸管，以便孩子可以连接部件。

如果孩子难以使用小物品，请先鼓励他使用大物品，这有助于培养他在尝试更具挑战性的事情时所需的自信心和成功感。例如：在使用真正的多米诺骨牌之前，用积木制作多米诺骨牌；在尝试魔法屏（一种将小钉子插到平板上，会显现发光的形象的玩具）或其他小钉子玩具的钉子之前，尝试使用钉板和带有大抓纽的钉子。在孩子感到受挫之前，让他休息一下。

到 4.5 岁时，大多数使用过书写工具的孩子都能够熟练地握住铅笔或记号笔。如果孩子觉得握住书写工具比较困难，可以提供大的蜡笔和记号笔，这将使孩子更容易抓握。示范适当的抓握方法，描述你拿起书写工具时手指的位置。孩子可能更喜欢使用记号笔，因为颜色可以毫不费力地流淌出来。如果孩子不愿画画或写字，请尝试高激励性的活动，例如玩浴缸蜡笔、人行道粉笔或麦格纳涂鸦。通过练习，孩子将学会施加适量的压力，画出流畅的线条，进行绘画和书写字母。

让孩子练习将拇指和食指捏在一起的活动。提供系带卡，用衣夹将其夹在一起，放在比萨圆盒或冰激凌桶的边缘；将谷物圈串成项链作为零食；玩纸牌游戏，如"钓鱼"或"翻纸牌"；用小棋子玩棋盘游戏，如飞行棋；鼓励孩子在计算机上使用键盘和鼠标。

孩子更熟练地使用右手还是左手，通常到 4 岁时会变得很清楚。然而，一些孩子可能会在 7 岁之前继续随意使用任何一只手。如果孩子不确定使用哪只手，你可以将提供的工具摆放在孩子身体的中线位置。孩子可以用任何一只手拿它。最终，他会开始用更有力、更熟练的手拿起工具。

鼓励孩子在日常生活中使用精细运动技能，比如在你读书时帮忙翻书页、把牙膏挤到牙刷上或者用勺子吃饭。在孩子自己穿衣服的时候给他足够的时间去练习扣扣子、按按扣和拉拉链。你可以先把拉链的底部安好，剩下的部分交给孩子。

寻求支持

和孩子的老师一起头脑风暴，讨论你可以在家中使用的活动和玩具，以支持孩子的精细运动技能发展。如果学龄前孩子的手部肌肉力量不足、转移工具时将其从一只手换到另一只手而不能一只手拿着工具穿过身体的中线递到斜前方、用四根手指弯曲勾住物体或者在使用书写工具时施加的压力过大或过小，请你所在学区的相关机构、职业治疗师或理疗师对孩子的技能进行筛查。

附 录

家长和教师行动计划表

日期：_____

儿童姓名：_____

目标

_____
_____
_____

家长和教师将采取的行动

1. _____
2. _____
3. _____

教师将采取的行动

1. _____
2. _____

家长将采取的行动

1. _____
2. _____

当你们将计划付诸行动时，请反思下面的问题。用你们的反思来制订下一步计划。

- 哪些方法最有效？你们是如何知道的？
- 情况有改善吗？什么时候？似乎是什么原因促成了改善？
- 你们遇到阻碍了吗？似乎是什么原因导致阻碍？
- 你们认为还有其他可行的办法吗？

就＿＿＿＿＿＿＿＿＿＿问题，我们将记录讨论进展或修改计划（设定一个从现在六周到三个月的日期）。

签字

教师：＿＿＿＿＿＿＿＿＿＿＿＿＿＿＿＿＿＿＿＿＿＿＿＿＿＿＿＿＿＿＿＿＿＿

家长：＿＿＿＿＿＿＿＿＿＿＿＿＿＿＿＿＿＿＿＿＿＿＿＿＿＿＿＿＿＿＿＿＿＿

参考文献

Anderson, Karen L., Dean M. Martin, and Ellen E. Faszewski. 2006. "Unlocking the Power of Observation: Activities to Teach Early Learners the Fundamentals of an Important Inquiry Skill." *Science and Children* 44 (1): 32–35.

Bedrova, Elena, and Deborah J. Leong. 2007. *Tools of the Mind: The Vygotskian Approach to Early Childhood Education*. 2nd ed. Upper Saddle River, NJ: Pearson Education.

Bernstein, Henry. 2011. "Stuttering Four-Year-Old." FamilyEducation. Accessed April 21.

Brodkin, Adelle M. 2003. "Between Teacher & Parent: 'She Cries When I Leave.'" *Early Childhood Today*.

———. 2006. "Between Teacher & Parent: 'Why Can't I Play, Too?'" *Early Childhood Today*.

Chacko, Anil, Lauren Wakschlag, Carri Hill, Barbara Danis, and Kimberly Espy. 2009. "Viewing Preschool Disruptive Behavior Disorders and Attention-Deficit/Hyperactivity Disorder through a Developmental Lens: What We Know and What We Need to Know." *Child and Adolescent Psychiatric Clinics of North America* 18:627–43.

Chalufour, Ingrid, and Karen Worth. 2003. *Discovering Nature with Young Children*. St. Paul, MN: Redleaf Press.

———. 2005. *Exploring Water with Young Children*. St. Paul, MN: Redleaf Press.

Child Development Institute. 2011. "Language Development in Children." Child Development Institute. Accessed April 21.

Copley, Juanita V., Candy Jones, and Judith Dighe. 2007. *Mathematics: The Creative Curriculum Approach*. Washington, DC: Teaching Strategies.

Croft, Cindy, and Deborah Hewitt, eds. 2004. *Children and Challenging Behavior: Making Inclusion Work*. Eden Prairie, MN: Sparrow Media Group.

Decker, Barbara Smith. 2011. "How Children Learn to Speak and What to Do if You Suspect Problems." Accessed April 21.

Early Childhood Services Team: Community Living Toronto. 2011. *Supported Inclusion—Tip Sheet: Turn Taking*. City of Toronto. Accessed April 22.

Feldman, Jean R. *Dr. Jean & Friends.* Melody House B001AZ2HJQ, compact disc.

Gallagher, Kathleen Cranley, and Kelley Mayer. 2008. "Enhancing Development and Learning through Teacher-Child Relationships." *Young Children* 63 (6): 80–87.

Gartrell, Dan, and Kathleen Sonsteng. 2008. "Promote Physical Activity—It's Proactive Guidance." *Beyond the Journal:* Young Children *on the Web.*

Gower, Amy L., Lisa M. Hohmann, Terry C. Gleason, and Tracy R. Gleason. 2001. "The Relation among Temperament, Age, and Friendship in Preschool-Aged Children." Paper presented at the Biennial Meeting of the Society for Research in Child Development, Minneapolis, MN.

Greene, Alan. 1998. "Learning to Share."

Greenspan, Stanley I. 2001. "Meeting Learning Challenges: Working with Children Who Have Language Difficulties." *Early Childhood Today.*

Heidemann, Sandra, and Deborah Hewitt. 2010. *Play: The Pathway from Theory to Practice.* St. Paul, MN: Redleaf Press.

Hewitt, Deborah, and Sandra Heidemann. 1998. *The Optimistic Classroom: Creative Ways to Give Children Hope.* St. Paul, MN: Redleaf Press.

Honig, Alice Sterling, Susan A. Miller, and Ellen Booth Church. 2007. "Ages & Stages: Understanding Children's Anger." *Early Childhood Today.*

ITLC (Interactive Technology Literacy Curriculum) Online. 2011. "Stages of Children's Writing." Western Illinois University. Access April 22.

Jain, Sugandha. 2011. "Fun Family Activities Teach Patterns." EduGuide. Accessed April 22.

Keenan, Kate, and Lauren S. Wakschlag. 2002. "Can a Valid Diagnosis of Disruptive Behavior Disorder Be Made in Preschool Children?" *American Journal of Psychiatry* 159:351–58.

Koralek, Derry G., Amy Laura Dombro, and Diane Trister Dodge. 2005. *Caring for Infants & Toddlers.* 2nd ed. Washington, DC: Teaching Strategies.

Kostelnik, Marjorie J., Laura C. Stein, Alice Phipps Whiren, and Anne K. Soderman. 1998. *Guiding Children's Social Development.* 3rd ed. Albany, NY: Delmar Publishers.

Kurcinka, Mary Sheedy. 2006. *Sleepless in America: Practical Strategies to Help Your Family Get the Sleep It Deserves.* New York: HarperCollins.

Kutner, Lawrence. 2011. "Insights for Parents: Helping a Child Learn to Share." Accessed April 22.

Levin, Diane E. 2003. "Beyond Banning War and Superhero Play: Meeting Children's Needs in

Violent Times." *Young Children* 58 (3):60–64.

Maschinot, Beth. 2008. *The Changing Face of the United States: The Influence of Culture on Early Child Development*. Washington, DC: Zero to Three.

Maimon, Martin. 2008. "Michelangelo and the Prevention of Childhood Obesity." *Exchange* 181 (May–June): 76–78.

Maxwell, Kelly, Sharon Ritchie, Sue Bredekamp, and Tracy Zimmerman. 2009. "Using Developmental Science to Transform Children's Early School Experiences." *Issues in PreK–3rd Education* 4: 1–6.

NAEYC (National Association for the Education of Young Children). 1995. *Responding to Linguistic and Cultural Diversity: Recommendations for Effective Early Childhood Education*. Washington, DC: NAEYC.

National Scientific Council on the Developing Child. 2007. *The Science of Early Childhood Development: Closing the Gap Between What We Know and What We Do*.

NIDCD (National Institute on Deafness and Other Communication Disorders). 2000. "Speech and Language: How Do I Know If My Child Is Reaching the Milestones?" National Institute on Deafness and Other Communications Disorders.

Pica, Rae. 2006. "Physical Fitness and the Early Childhood Curriculum." *Young Children* 61 (3): 12–19.

Poole, Carla, Susan A. Miller, and Ellen Booth Church. 2003. "Ages & Stages: How Children Build Friendships." Early Childhood Today.

———. 2005. "Ages & Stages: How Children Develop Motor Skills." *Early Childhood Today*.

Puckett, Margaret B., and Janet K. Black with Joseph Moriarity. 2007. *Understanding Preschooler Development*. St. Paul, MN: Redleaf Press.

Rivkin, Mary S. 2010. "Natural Learning: Guide Your Child's Curiosity Outdoors and Open Up a Love of Science." Accessed January 20.

Roth, Froma P., Diane R. Paul, and Ann-Mari Pierotti. 2006. "Let's Talk: For People with Special Communication Needs." American Speech-Language- Hearing Association.

Sanders, Stephen. 2002. *Active for Life: Developmentally Appropriate Movement Programs for Young Children*. Washington, DC: National Association for the Education of Young Children.

Shagoury, Ruth. 2009. "Language to Language: Nurturing Writing Development in Multilingual Classrooms." *Young Children* 64 (2): 52–57.

Spiegel, Alix. 2008. "Creative Play Makes for Kids in Control." National Public Radio.

Stephens, Karen. 2004. "Reaching Out to Parents with Technology." *Exchange* 157 (May–June): 14–18.

Tabors, Patton O. 1997. *One Child, Two Languages: A Guide for Preschool Educators of Children Learning English as a Second Language.* Baltimore, MD: Brookes Publishing.

Taylor-Cox, Jennifer. 2003. "Algebra in the Early Years? Yes!" *Young Children* 58 (1): 14–21.

Tomlin, Carolyn R. 2011. "Managing Aggressive Behavior in Young Children." *Earlychildhood News.* Accessed April 20.